U0429318

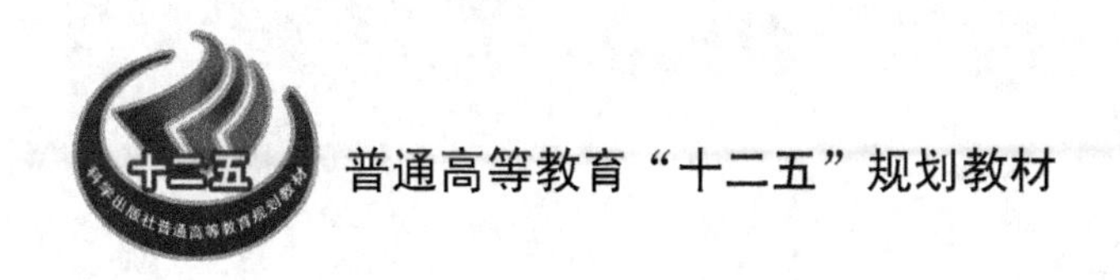

全国高等院校食品专业规划教材

食品添加剂

马汉军　田益玲　主编

科学出版社
北京

内 容 简 介

本书以最新的GB 2760—2011《食品安全国家标准　食品添加剂使用标准》等一系列标准、法规为基础，参考最新食品添加剂研究成果，力求保证内容的准确性、科学性和实用性。

全书共20章，通过案例导入，按照食品防腐保鲜、色香味改善、质构改良、营养强化等顺序，分别介绍各类食品添加剂的基本理化特性、安全性、功能特点、作用原理、使用方法和标准；另外实践探索创新部分有利于提高读者实际动手和创新能力，培养读者发现、分析、解决问题的能力。

本书可作为高等院校食品科学与工程、食品质量与安全及相关专业本科教材，也可供相关专业的研究生和技术人员参考。

图书在版编目(CIP)数据

食品添加剂/ 马汉军，田益玲主编. —北京：科学出版社，2014.9

普通高等教育"十二五"规划教材. 全国高等院校食品专业规划教材

ISBN 978-7-03-041672-8

Ⅰ. ①食…　Ⅱ. ①马…　②田…　Ⅲ. ①食品添加剂-高等学校-教材　Ⅳ. ①TS202.3

中国版本图书馆CIP数据核字(2014)第183663号

责任编辑：陈　露　高　微
责任印制：谭宏宇 / 封面设计：殷　靓

科学出版社 出版
北京东黄城根北街16号
邮政编码：100717
http：//www.sciencep.com

南京展望文化发展有限公司排版
虎彩印艺股份有限公司印刷
科学出版社出版　各地新华书店经销

*

2014年8月第　一　版　开本：889×1194　1/16
2018年2月第六次印刷　印张：11 3/4
字数：380 000

定价：40.00元

全国高等院校食品专业规划教材

《食品添加剂》编辑委员会

主　编　马汉军　田益玲

副主编　刘　源　任丹丹　宋照军　邱春江　黄　明

编　委　(按姓氏笔画排序)

马汉军(河南科技学院)　　马挺军(北京农学院)
王海燕(河北经贸大学)　　田益玲(河北农业大学)
任丹丹(大连海洋大学)　　刘　源(上海海洋大学)
杨　萍(哈尔滨商业大学)　　邱春江(淮海工学院)
宋照军(河南科技学院)　　赵秋艳(河南农业大学)
高雪琴(河南科技学院)　　黄　明(南京农业大学)
崔培梧(湖南中医药大学)　　颜玉华(金陵科技学院)

全国高等院校食品专业规划教材
筹备专家组

前言

食品添加剂对食品工业的发展起着举足轻重的作用，甚至可以说是现代食品工业的“灵魂”。按照《中华人民共和国食品安全法》第99条，GB 2760—2011《食品安全国家标准　食品添加剂使用标准》以及《食品营养强化剂卫生管理办法》第2条，食品添加剂是指为改善食品品质和色、香、味，以及为防腐、保鲜和加工工艺的需要而加入食品中的人工合成或者天然物质。营养强化剂、食品用香料、胶姆糖基础剂、食品工业用加工助剂也包括在内。目前纳入国家标准的食品添加剂已达2300种，分为23个类别。伴随着食品工业的高速发展，食品添加剂的开发和生产已经成为现代食品工业的一个重要组成部分，成为食品工业技术进步和科技创新的重要推动力，可以说“没有食品添加剂，就没有现代食品工业”。

本书作为与食品相关专业的教材，在结构安排上，以食品添加剂保持和改善食品品质的功能为主线，防腐保鲜、改善色香味和质构改良为核心，并在每篇开始设置“案例导入”，引起学生的兴趣，在每篇最后设置“实践探索创新”项目，让学生将所学的理论知识在实践中验证；在编写思路安排上，除了常规性介绍食品添加剂的性质、作用、使用注意事项外，还将最新的研究进展和发展趋势融于教材中，使学生充分了解本行业的发展动态和方向；在内容安排上，突出实用性，尽可能以实例形式介绍代表性添加剂的使用方法，起到较强的示范作用。

本书由河南科技学院马汉军教授和河北农业大学田益玲教授牵头，联合上海海洋大学、大连海洋大学、南京农业大学等12所高等院校教学一线教师集体编写。在编写过程中，得到科学出版社和兄弟院校有关同行专家的热情鼓励和支持，并提出了许多宝贵的意见与建议，在此一并表示衷心的感谢。尽管编者作了很大的努力，但因学识水平及能力有限，不妥及疏漏之处恳请广大读者和同行专家予以批评指正。

编　者

2014年5月

目录

第二篇 食品防腐保鲜

第四章 食品防腐

17

第五章 食品抗氧化

30

第六章 食品色泽改善

43

第七章　食品增香

第八章　食品酸度调节

第九章　食品甜味调节

第十章　食品增鲜

第十一章　食品调味

第三篇 食品质构改良

第十二章 食品乳化剂

第十三章 食品增稠

第十四章 食品膨松

第十五章　食品稳定凝固

第十六章　食 品 抗 结

第十七章　食品水分保持

第四篇　营养强化及其他食品添加剂

第十八章　食品营养强化剂

第十九章　食品加工助剂

第二十章 其他食品添加剂

附 录

第一篇　绪　论

案例导入

据媒体报道：一部《舌尖上的中国》，让中国人的味蕾成了明星。一时间，大江南北，遍地都是对各式美味的品咂声。我国的饮食文化源远流长，美味食品数不胜数，但我们也注意到，近年来的食品安全事件在消费者享受美味的同时给他们心里投下一丝阴影，因为我们舌尖上停留的不仅是美味，还可能有藏在美味背后的违法添加物。近年来"三聚氰胺"、"苏丹红"、"牛肉膏"、"染色馒头"、"瘦肉精"等一系列食品安全事件引起社会的广泛关注，由于它们都是因违法使用一些添加物所导致的，很多人于是就将矛头指向了食品添加剂，认为它是危害公众食品安全的"罪魁祸首"。

大部分消费者由于缺乏食品添加剂的基本知识，不了解食品添加剂在改善食品品质特性及在食品加工中的作用，片面地认为食品的不安全都是由于食品添加剂引起的。也有一些不法分子为节约成本、牟取暴利，非法将原本就不属于食品添加剂的添加物当作食品添加剂来使用，或过量、滥用食品添加剂，再加上一些不科学的宣传或断章取义，部分媒体对诸如"石灰面粉"、"反式脂肪酸堪比农药杀虫剂"等的不实报道，更加重了消费者对食品添加剂的误解，将食品安全事件的起因归咎于食品添加剂，严重损害了整个食品添加剂行业在消费者心目中的形象。

目前，消费者对食品添加剂缺乏安全感的主要原因，从一定程度上说是将"食品添加剂"与"非食用物质"、"非法添加物"或"有害添加物"相互混淆，其实这些概念是完全不同的。中国工程院院士、北京工商大学副校长孙宝国对《中国经济周刊》解释说："首先应该为食品添加剂正名，这些导致毒祸的添加物并非是食品添加剂，人们把违法添加物与食品添加剂的概念混淆了，食品添加剂成了食品安全问题的替罪羊，但是现在几乎所有食品中都含有食品添加剂。"孙宝国院士认为，食品添加剂不但对身体没有坏处，反而是确保食品安全的物质，没有食品添加剂就没有食品安全；食品添加剂不仅能够改善食品的"品相"和口感，还有利于食品加工，能更适应生产机械化和自动化，最重要的是，食品添加剂方便食品保存，能够防止食品变质。

食品添加剂对于现代食品工业至关重要，甚至可以说是现代食品工业的"灵魂"。按照我国食品工业"十二五"发展规划，到2015年，食品添加剂制造业总产值将达到1100亿元，产品产量达到1100万t，年均增长10%以上，食品添加剂行业将成为食品工业技术进步和科技创新的重要推动力，可以说"没有食品添加剂，就没有现代食品工业"。

本篇要解决的主要问题

一、什么是食品添加剂？什么是非法或违法添加物？

二、食品添加剂有哪些种类？

三、食品添加剂的利弊有哪些？

四、如何科学使用食品添加剂？如何对食品添加剂进行有效监管？

第一章

食品添加剂概述

第一节　食品添加剂的定义、分类和作用

一、食品添加剂的定义

随着食品工业的发展，食品添加剂发挥着越来越重要的作用，食品添加剂的品种、功能、应用范围在不断变化，我国对食品添加剂的定义也随实际需要进行修订。按照《中华人民共和国食品安全法》第99条，《食品安全国家标准　食品添加剂使用标准》(GB 2760—2011)以及《食品营养强化剂卫生管理办法》第2条，中国对食品添加剂定义为：为改善食品品质和色、香、味，以及为防腐、保鲜和加工工艺的需要而加入食品中的人工合成或者天然物质。营养强化剂、食品用香料、胶姆糖基础剂、食品工业用加工助剂也包括在内。

食品添加剂具有以下三个特征：一是为加入食品中的物质，因此它一般不单独作为食品来食用；二是既包括人工合成的物质，也包括天然物质；三是加入食品中的目的是为改善食品品质和色、香、味以及为防腐、保鲜和加工工艺的需要。

需说明的是，在我国，有些添加到食品中的物料不是食品添加剂，如淀粉、蔗糖等，称为配料。但在我国的食品标签法中，食品添加剂又列入标签配料项内，这与国际接轨是必要的，所以配料与食品添加剂在概念上似乎很难有严格的划分。根据国内目前的习惯，对配料的定义概括为：食品中的配料是指生产和使用不列入食品添加剂管理的，其相对使用量较大，一般常用百分数表示构成食品的添加物，但不管是配料还是食品添加剂都要服从食品安全法及其他相关法规的管理。

非法添加物是指在法律、法规上明令禁止用于食品生产的化学物质，如最近几年的瘦肉精、吊白块、三聚氰胺、敌敌畏等对人体有显著危害的一类物品(很多都是工业用的)。目前我国只要不在《食品安全国家标准　食品添加剂使用标准》(GB 2760—2011)中的物质均不能作为食品添加剂加入食品。食品添加剂不等于违法添加物，有的公众谈食品添加剂色变，更多的原因是混淆了非法添加物和食品添加剂的概念，把一些非法添加物的罪名扣到食品添加剂的头上显然是不公平的。《国务院办公厅关于严厉打击食品非法添加行为切实加强食品添加剂监管的通知》中要求规范食品添加剂生产使用：严禁使用非食用物质生产复配食品添加剂，不得购入标识不规范、来源不明的食品添加剂，严肃查处超范围、超限量等滥用食品添加剂的行为，同时要求在2011年年底前制定并公布复配食品添加剂通用安全标准和食品添加剂标识标准。

由于对食品添加剂的认识和理解不同，一些国际性组织和不同国家对食品添加剂的定义各不相同。联合国粮食及农业组织和世界卫生组织设立的国际食品法典委员会(CAC)发布的《食品添加剂通用法典标准》(GSFA)对食品添加剂的定义为，其本身通常不作为食品消费，不用作食品中常见的配料物质，无论其是否具有营养价值，在食品中添加该物质的原因是出于生产、加工、制备、处理、包装、装箱、运输或储藏等食品的工艺需求(包括感官)，或者期望它或其副产品(直接或间接地)成为食品的一个成分，或影响食品的特性。该定义的范围不包括污染物，或为了保持或提高食物的营养质量而添加的物质。

欧盟对添加剂的定义是不论其是否具有营养价值，本身通常不作为食品消费，也不是食品特有成分的任何物质，它们在食品的生产、加工、制备、处理、包装、运输或存储过程中，由于技术的目的有意加入食品中会成为或者可合理地预期这些物质或其副产物会直接或间接地成为食品的组成部分。

美国对食品添加剂定义是指有意使用的，导致或者期望导致它们直接或者间接的成为食品成分或者影

响食品的特征的物质。在食品包装或者食品容器生产过程中使用的物质，如果能直接或者间接地成为（被包装的或者容器中的）食品成分或者影响食品特征，也符合食品添加剂的定义。在这个概念中的“影响食品特征”不包括物理作用。如果包装中的成分不向食品中迁移，它就不会成为食品成分也就不是食品添加剂。如果使用一种物质不会成为食品的成分，但是使用这种物质会给食品带来不同的风味、组织结构或者改变食品的其他特征，这种物质是食品添加剂。美国的食品添加剂分为直接食品添加剂（direct food additive）、次级直接食品添加剂（secondary direct food additive）和间接食品添加剂（inderect food additive）。

日本《食品卫生法》对食品添加剂的定义是，一种在食品制造和加工过程中使用的物质，或者是用于以食品加工或防腐为目的的物质。划定为指定添加剂、现有添加剂、天然香精和通常作为食品也可以作为食品添加剂的物质。

另外，我国台湾地区对食品添加剂的定义是指食品的制造、加工、调配、包装、运输、储存等过程中用于着色、调味、防腐、漂白、乳化、增香、稳定品质、促进发酵、增加稠度、强化营养、防止氧化或其他用途而添加与食品或与食品接触的物质。

二、食品添加剂的分类

随着食品工业产品的多样化，食品添加剂的种类和数量发展相当迅速，据有关资料报道，国外所使用的食品添加剂已达 14 000 种以上，美国允许使用 3200 种，日本 1100 种，欧盟 1100～1200 种。目前我国食品添加剂有 23 个类别，2300 多个品种。

食品添加剂有多种分类方法，如可按其来源、功能、安全性评价的不同等来分类。

1. 按来源分类 国际上，按来源食品添加剂可分为三类：一是天然提取物；二是利用发酵等方法制取的物质，如柠檬酸等；三是纯化学合成物，如苯甲酸钠。

在我国，按来源食品添加剂可分为：天然食品添加剂和化学合成食品添加剂两类。天然食品添加剂是指利用动植物或微生物的代谢产物等为原料，经提取所获得的天然物质。“天然”物则是以自然界的物质为原料采用物理、生化（发酵）、加热等方法制取。化学合成食品添加剂是通过化学手段使元素和化合物产生一系列化学反应而制成，是指利用各种化学反应如氧化、还原、缩合、聚合、成盐等得到的物质，其中又可分为一般化学合成品与人工合成天然等同物。“人工合成”物是指天然物中不存在的通过化学合成而得到的化合物，而“天然等同”物则是天然物中存在但通过化学合成而得到的化合物，如我国使用的 β-胡萝卜素就是通过化学方法得到的天然等同物。

2. 按功能（用途）分类 食品添加剂的分类大多采用按用途、功能来分类。我国在《食品安全国家标准 食品添加剂使用标准》（GB 2760—2011）中，将食品添加剂分为 23 类，分别为：酸度调节剂，抗结剂，消泡剂，抗氧化剂，漂白剂，膨松剂，胶姆糖基础剂，着色剂，护色剂，乳化剂，酶制剂，增味剂，面粉处理剂，被膜剂，水分保持剂，营养强化剂，防腐剂，稳定和凝固剂，甜味剂，增稠剂，食品用香料，食品工业用加工助剂，其他。每类添加剂中所包含的种类不同，少则几种（如抗结剂 5 种），多则达千种（如食用香料 1027 种），总数达 1500 多种；并对每种食品添加剂的使用范围及使用限量都作了具体详细的说明（详见附录）。

3. 按安全性评价分类 食品添加剂法规委员会在食品添加剂联合专家委员会（JECFA）讨论的基础上将其分为 A、B、C 三类，每类又分为两种，具体内容为：

A 类——JECFA 已制定人体每日允许摄入量（ADI）和暂定 ADI 者。

A1 类：经 JECFA 评价认为毒理学资料清楚，已制定出 ADI 值或者认为毒性有限无须规定 ADI 值者。

A2 类：JECFA 已制定暂定 ADI 值，但毒理学资料不够完善，暂时许可用于食品者。

B 类——JECFA 曾进行过安全性评价，但未建立 ADI 值，或者未进行过安全性评价者。

B1 类：JECFA 曾进行过评价，因毒理学资料不足未制定 ADI 者。

B2 类：JECFA 未进行过评价者。

C 类——JECFA 认为在食品中使用不安全或应该严格限制作为某些食品的特殊用途者。

C1 类：JECFA 根据毒理学资料认为在食品中使用不安全者。

C2 类：JECFA 认为应严格限制在某些食品中作特殊应用者。

应该注意的是，由于毒理学、分析技术以及食品安全性评价的不断发展，食品添加剂的安全性随着毒理学及分析技术等的发展有可能发生变化，因此其所在的安全性评价类别也可能发生变化。某些经JECFA评价认为是安全的食品，经过再次安全评价结果可能会发生变化。

三、食品添加剂的作用

食品添加剂之所以能被誉为现代食品工业的灵魂，就在于它在食品加工中不可或缺的地位。同时，食品添加剂的研究、生产和应用水平也反映了一个国家食品工业的发展和现代化程度的重要标志。食品添加剂在食品加工中的作用可归纳如下。

1. 改善食品感官性状　食品的感官性状主要包括色、香、味、形和质地等。食品加工或贮藏一段时间后，由于受各种因素的作用，往往会发生变色、褪色、变味等现象，甚至形态也发生显著变化。为最大限度的保持或改善食品的感官性状，适当使用着色剂、护色剂、漂白剂、食用香料、乳化剂、增稠剂等添加剂，可显著提高食品的感官性状。例如，护色剂或着色剂可赋予食品诱人的色泽，增稠剂可赋予饮料所要求的稠度，乳化剂可防止面包硬化等。

2. 满足营养和保健需求　日常摄入食品是为了满足机体的营养需求。每种食品都有各自不同的特征营养素。但是，在食品生产加工或者保存过程中，食品中的一些营养成分容易发生改变(食品营养素被氧化变质、食品的腐败变质等)。如果在食品生产加工过程中按照规定加入一些抗氧化剂或者防腐剂，就能够有效避免营养素的损失，保持食品的营养价值。食品加工往往还可能造成一定的营养损失，如在粮食的精制过程中，会造成维生素B_1的大量损失。因此，在加工食品中适当地添加某些属于天然营养素范围的食品营养强化剂，可以大大提高食品的营养价值，对于防止营养不良和营养缺乏、促进营养平衡、提高人们的健康水平具有重要意义。

3. 改进生产工艺，拓展原料资源　食品添加剂有利于食品加工操作适应机械化、连续化和自动化生产，推动食品工业走向现代化。例如，在面包的加工中膨松剂是必不可少的基料。在制糖工业中添加乳化剂，可缩短糖膏煮炼时间，消除泡沫，提高过饱和溶液的稳定性，使晶粒分散、均匀，降低糖膏黏度，提高热交换系数，稳定糖膏，进而提高糖果的产量与质量；使用乳化剂能使方便面面团中的水分均匀散发，提高面团的持水性和吸水力，有利于蒸煮；用葡萄糖酸-δ-内酯作为豆腐的凝固剂，有利于其机械化、连续化生产；羧甲基纤维素钠可与醋、酱油、植物油、果汁、肉汁、素菜汁等形成性能稳定的乳化分散液，对动植物油、蛋白质与水溶液的乳化性能极为有益，能使其形成性能稳定的匀质乳状液。

借助食品添加剂可以有效开发利用食品原料资源。目前，许多天然植物都已被重新评价，丰富的野生植物资源亟待开发利用。据统计，自然界中的可食性植物有80 000多种，仅我国的蔬菜品种就有17 000种，还有大量的动物、矿物和海产品，如可食用的昆虫就有500多种。要对这些资源进行开发研究，就需要添加各种食品添加剂，以制成营养丰富、品种齐全的新型食品，满足人类发展的各种需要。同时，对于以前丢弃的原料重新得到利用并开发出物美价廉的新型食品，如在生产豆腐的副产品豆渣中，加入适当的添加剂和其他助剂，就可加工生产出膨化食品。

第二节　如何正确认识食品添加剂

一、食品添加剂对现代食品工业的重要意义

食品添加剂在食品工业的发展中起了决定性的作用，从某种意义上可以讲没有食品添加剂，就没有现代食品工业。食品添加剂是现代食品工业的催化剂和基础，被誉为“现代食品工业的灵魂”。它已渗透到食品加工的各个领域，包括粮油加工、畜禽产品加工、水产品加工、果蔬保鲜与加工、酿造以及饮料、烟、酒、茶、糖果、糕点、冷冻食品、调味品等的加工，在烹饪行业，家庭的一日三餐中，添加剂也是必不可少的。食品添加剂对于改善食品的色、香、味、形，调整食品营养结构，提高食品质量和档次，改善食品加工条件，延长食品的保存期，发挥着极其重要的作用。

近20年来，食品添加剂已成为一门新兴独立的生产工业，一方面，它直接影响着食品工业的发展，故其价

值远远大于其自身价值;另一方面,食品工业的发展又对食品添加剂提出了更高的要求,两者是相互促进的。

二、公众对食品添加剂认识和误区及原因

当前,社会对食品添加剂缺乏科学的、正确的认识,即使知道也十分有限和片面,对食品添加剂认识存在诸多误区。首先,许多消费者把很多非食用物质认为是食品添加剂,如三聚氰胺、苏丹红、孔雀石绿、瘦肉精、甲醛、吊白块、硼砂、工业明胶等非食用物质。其次,部分消费者忽略了食品添加剂的功能和用途,把出现与食品添加剂有关的食品安全问题,一律冠以"有毒"这个字眼。超范围、超限量使用食品添加剂确实属于违法行为,但并不能说成是"有毒食品",是否有毒有害,只能按照食品安全风险评估数据来科学确定。如在大米中加入香精做成假香米,就被冠以"毒大米",在馒头中添加柠檬黄,就被冠成"毒馒头",说成又伤肝、又伤肾,这虽是违法、商业欺诈和道德缺失行为,但只能是伪劣食品、不合格食品,并不是有毒有害食品。第三,把食品添加剂说成是重大食品安全事件的罪魁祸首,错误地认为食品添加剂是食品不安全的代名词和食品安全事件的"替罪羊",使食品添加剂蒙受了"不白之冤"。实际上,近年来我国发生的多起重大食品安全事件,没有一起是由于使用食品添加剂造成的,都是由于违法添加非食用物质造成的。第四,部分消费者认为不含食品添加剂的食品是放心安全的。少数企业为迎合消费者的上述心理,在产品标签上标示"不含食品添加剂"或"不含防腐剂",这种做法都是对消费者的严重误导,好像含食品添加剂和防腐剂的食品就是不安全的。另外,也有消费者认为合成都是有害的,天然就等于安全的。有的消费者看到食品上写着"不含人工色素"时,就认为该食品是安全无害的。人们一般对天然色素的安全感要高于人工合成色素。其实,合成和天然的食品添加剂,哪个更安全不能笼统定论,以偏概全,应该依据科学数据来确定。但是整体上来说,由于天然色素是从动植物中提取的,所以从追求健康的角度来说,天然、安全、有效、有生理功能是着色剂产业全球发展趋势。

三、正确认识食品添加剂,促进现代食品工业的发展

随着科学技术和食品工业的发展,人民生活水平的提高,食品添加剂的开发与研究、生产与应用及其监督管理成为食品科学领域的热点内容,并且在食品工业中已发展成为食品工艺学、工程设备学、原材料科学三大核心技术中的基本内容之一。不仅如此,食品添加剂的生产制造也已逐渐发展成为一种新型、特殊的制造产业。食品工业及其加工产品的发展与提高无不涉及甚至依赖加工工艺、机械设备、原材料配比三大专业技术,而原材料配比涉及的内容恰与食品添加剂同为一宗,紧密相关。食品添加剂的出现更加促进了食品工业产品的多样化,同时推动着食品加工技术的快速发展。食品添加剂的种类繁多,与食品加工、产品质量密切相关,两者相互依存、相互促进、相互发展。食品添加剂的开发与发展,在很大程度上促进了食品工业的进步与提高,并且在现代的食品工业中发挥着更加重要的作用。

食品添加剂是食品生产中最活跃、最有创造力的因素,对推动食品工业的发展将起到越来越重要的作用。因此,针对公众对食品添加剂片面的认识和误解,要加强宣传教育和知识培训,完善食品添加剂生产及应用管理,为食品添加剂工业稳步、快速发展营造良好的氛围,更好的服务于现代食品工业。

第三节 食品添加剂现状及发展趋势

一、食品添加剂现状

1. 食品添加剂发展概况 目前,世界各国使用的食品添加剂共达到 2.5 万多个品种,其中常用的有 5000 多种。美国是世界上经济最发达的国家,其食品添加剂产值最高、使用量最大、使用品种最多,美国 FDA 最近公布的食品添加剂达 3000 多种,其食品添加剂贸易额占全球市场的三分之一。我国食品添加剂工业是一个年轻但发展快速的行业,近年来其产值以每年 20%的速度增长,目前我国食品添加剂总产量达到近 800 万 t,总产值已约占国际贸易总额的 15%,成为食品添加剂生产和使用大国,有不少品种在世界贸易额中占有较高的份额,如 *D*-异抗坏血酸钠年产量近 3 万 t,占世界贸易量的 80%;乙基麦芽酚年产量达 4000 多 t,

占世界贸易量的90%。根据GB2760—2011《食品安全国家标准 食品添加剂使用标准》，我国食品添加剂有23个门类、近2500个品种，其中食用香料达1814种。

2. 食品添加剂使用中存在的问题

(1) 非食品添加剂的违法添加：近年来，许多食品安全事件都是因为在食品中违法添加非食品添加剂造成的，如敌敌畏火腿、三聚氰胺奶粉、苏丹红鸭蛋等等，这使食品添加剂蒙受了不白之冤，严重损害了整个食品添加剂行业在消费者心目中的形象，从而使消费者害怕食品添加剂，甚至"谈食色变"。而这些根本不是食品添加剂的问题，是严重的违法行为，必须根据《食品安全法》等相关法规严厉查处，加强监管执法，杜绝再次发生。

(2) 食品添加剂的超范围使用：超范围使用食品添加剂指超出了强制性国家标准GB2760—2011《食品安全国家标准 食品添加剂使用标准》所规定的某种食品中可以使用的食品添加剂的种类和范围。如膨化食品中不允许使用糖精钠，但在抽检时发现不少膨化食品中都添加了该添加剂。

(3) 食品添加剂的超限量使用：指使用的食品添加剂超出了GB2760—2011《食品安全国家标准 食品添加剂使用标准》所规定的最大使用量。食品添加剂的最大使用量是以ADI值限定的，超过最大使用量就不安全，甚至会危害人体健康及生命安全。如在一些饮料中容易超限量使用苯甲酸钠、糖精钠、人工合成色素等，这些行为多为生产工艺落后的小企业为延长产品的保质期和降低生产成本造成的。

二、食品添加剂发展趋势

随着经济的发展，消费水平的提高，食品添加剂行业的发展仍然具有巨大的空间，预计今后若干年内国际食品添加剂产值的年增长率约保持在5%左右，而我国食品添加剂行业发展将更迅速，以每年15%的速度增长，将成为食品添加剂生产和使用大国。未来食品添加剂的发展将具有天然性、高效安全性、多功能性、复配性等特点，为现代食品工业的发展提供强大支持。

1. 天然性　随着广大消费者对健康的越来越关注，绿色、健康的食品将有很大的市场，研究开发天然食品添加剂将成为必然趋势，如天然的防腐剂、抗氧化剂、甜味剂、色素等。现在，已经录入GB2760—2011《食品安全国家标准 食品添加剂使用标准》中的有乳酸链球菌素、纳他霉素、茶多酚、*L*-抗坏血酸、维生素E、甘草抗氧物、迷迭香提取物、竹叶抗氧化物等，它们来源于大自然，是从植物、微生物中提取的天然成分，安全无毒或基本无毒，而受到了消费者的广泛欢迎，成为目前及今后研究开发的重点。

2. 高效安全性　今后，人工合成食品添加剂发展方向是更高效、更安全，这两者也是密切联系的，因为只有高效，才能减少使用量，提高安全性。如*L*-抗坏血酸及其盐不溶于油脂，而且对热不稳定，不能作为油脂食品的抗氧化剂使用，而近年来，人们研究开发了*L*-抗坏血酸的衍生物——*L*-抗坏血酸棕榈酸脂，易溶于油脂，热稳定性提高，可用于油脂、奶油等油脂食品，抗氧化效果优良且安全性高。

3. 多功能性　研究开发具有多种功能的食品添加剂是一个重要的方向，即使用一种食品添加剂，同时具有防腐、抗氧化、营养保健等功能。目前，研究比较多是功能性甜味剂，如被称为双歧因子的低聚糖，可被肠道内双歧杆菌利用，促进双歧杆菌增殖，形成有益菌群优势而促进人体健康。高甜度、低热量甜味剂的研究开发将减少肥胖的发生及"三高"患者的增加。

4. 复配性　复配性食品添加剂使用方便、效果好，近年来逐渐成为食品添加剂研究应用的热点，如复配食品防腐剂、食品抗氧化剂、食品膨松剂、食品增稠剂、食品乳化剂、鲜味剂、营养强化剂等。几种食品添加剂复配后产生协同效应，达到更有效、更经济、更安全的目的。如茶多酚与维生素E都具有抗氧化性能，将它们复配后抗氧化作用显著增强；谷氨酸钠、肌苷酸、鸟苷酸复配后鲜味显著提高，成为特鲜味精或称强力味精。

第二章

食品添加剂的安全使用

第一节　食品添加剂的危害性及评价

一、食品添加剂危害性分析

食品添加剂使用中最重要的是安全性和有效性，其中安全第一，至关重要。我国目前使用的食品添加剂都有充分的毒理学评价，并且符合食用级质量标准，因此只要其使用范围、使用方法与使用量符合GB2760—2011《食品安全国家标准 食品添加剂使用标准》，不超范围，不超限量使用，一般来说其安全性是有保证的。在实际生产中，要尽量选择无毒安全的食品添加剂，对个别效果显著、但具有毒性的食品添加剂，如亚硝酸盐使用要严格控制，能不用就不用，能少用就少用，确保其使用安全。

二、食品添加剂的毒理学评价

为了保证食品添加剂的安全使用，必须对其进行毒理学评价。通过测定LD50、MNL、ADI等指标进行毒理学评价，并把它们作为制定GB2760—2011《食品安全国家标准 食品添加剂使用标准》的重要依据。毒理学评价需要进行一系列的毒理学试验，通常分为4个阶段：急性毒性试验→遗传毒性试验、传统致畸试验和短期喂养试验→亚慢性毒性试验(90天喂养试验、繁殖试验、代谢试验)→慢性毒性试验(包括致癌试验)。

1. LD_{50}　为动物的半数致死量，即能使一群试验动物中毒死亡一半的投药剂量，以“mg/kg”表示。它表明了食品添加剂急性毒性的大小，是判断食品添加剂安全性的常用指标之一。同一种被试验食品添加剂对各种动物的LD_{50}并不相同，有时差异很大；由于投药方式不同，其LD_{50}也不相同。食品添加剂主要是使用经口LD_{50}，通常按经口LD_{50}将物质的毒性分为6级，见表2-1。

表2-1　毒性分级

毒性级别	LD_{50}/(mg/kg)	毒性级别	LD_{50}/(mg/kg)
极毒	<1	低毒	501～5000
剧毒	1～50	相对无毒	5001～15 000
中等毒	51～500	无毒	>15 000

注：LD_{50}数据以大白鼠每千克体重质量为标准

例如，常用的食品防腐剂苯甲酸大鼠经口LD_{50}为4440mg/kg，属于低毒级别，而山梨酸大鼠经口LD_{50}为10 500mg/kg，属于相对无毒级别，因此使用山梨酸更安全。

2. MNL　最大无作用用量(MNL)是指动物长期摄入某添加剂，而无任何中毒表现的每日最大摄入剂，单位是mg/kg，可通过以不同添加剂的剂量喂饲动物测得。对人体来说不应将动物试验数据直接引用，而必须有一个安全系数，安全系数一般定为100。这是根据种间毒性相差约10倍，而同种动物敏感程度不同的个体，也相差约10倍所定出来的(10×10)。这是一种粗略的估计值，故应用时还应根据具体情况决定。例如，当受试添加剂资料完整，且有人体观察资料，证明受试添加剂可参与人体正常代谢过程时，此安全系数可以缩小；反之，如动物毒性试验期较短，毒理学资料不全，须加大安全系数。例如，苯甲酸的MNL为500mg/kg，山梨酸的MNL为2500mg/kg。

3. ADI　为人体每日允许摄入量(简称日允量)，即人类每天摄入某种食品添加剂直到终生而对健康无任何毒性作用或不良影响的剂量，以每人每日每千克体重摄入的质量(mg/kg)表示，它表明该种食品添加剂从每日膳食中摄取的量。

ADI可以由动物的最大无作用量(MNL)或无作用量(NL)而来，通常将动物的最大无作用量除以安全系数(100)，即可求得人体每日允许摄入量。由于动物试验和计算方法的不同，所制订的ADI标准亦可有不同，一般多以JECFA和CCFA所订为准。例如，苯甲酸的MNL是500mg/kg，将其除以100得5mg/kg，则其ADI为0～5 mg/kg；山梨酸的MNL是2500mg/kg，将其除以100得25mg/kg，则其ADI为0～25 mg/kg。ADI是国内外评价食品添加剂安全性的首要和最终依据。

三、食品添加剂使用标准的制定

GB2760—2011《食品安全国家标准 食品添加剂使用标准》是提供安全使用食品添加剂的定量指标，包括允许使用的食品添加剂的品种、使用目的(用途)、使用范围(对象食品)以及最大使用量(或残留量)，有的还注明使用方法及使用注意事项等。制定食品添加剂使用标准，要以食品添加剂毒理学评价指标LD_{50}、MNL、ADI等为依据，结合其实际使用情况、膳食调查等进行。

1. 每人每日允许摄入总量(A)　ADI是以体重为基础来表示的每人每日允许摄入量，则成人的每日允许摄入总量可以用ADI乘以平均体重。

2. 最高允许量(D)　有了该物质每日允许摄入总量(A)之后，还要根据人群的膳食调查，统计膳食中含有该食品添加剂的各种食品的每日摄食量(C)，然后即可分别算出其中每种食品含有该食品添加剂的最高允许量(D)。

3. 食品中的最大使用量(E)

指某种食品添加剂在不同食品中允许使用的最大添加量，通常以“g/kg”或“mg/kg”表示。例如，苯甲酸在碳酸饮料中最大使用量为0.2g/kg，在酱油、醋中最大使用量为1.0g/kg；山梨酸在酱油、醋中最大使用量为1.0g/kg，在熟肉制品中最大使用量为0.075g/kg。根据该食品添加剂在食品中的最高允许量(D)，制定出该种食品添加剂在每种食品中的最大使用量(E)，一般情况下，两者可以吻合，但为了人体安全起见，原则上要求食品中的最大使用量(E)低于最高允许量(D)，具体要按照其毒性级别及使用实际情况确定。

下面以山梨酸为例介绍其最大使用量(E)的制定。

$$MNL=2500\,mg/kg \longrightarrow ADI=MNL\times 1/100=25\,mg/kg \longrightarrow A=1750\,mg$$

如通过膳食调查，在各种食品中平均每人每日摄食量(C)为：酱油50g、醋20g、饮料500g、熟肉制品400g。先按实际使用情况设定山梨酸在各种食品中的最大使用量(E)分别为：酱油1000mg/kg、醋1000mg/kg、饮料500mg/kg、熟肉制品75mg/kg。则计算得出山梨酸每人每日摄食总量(B)为350mg，此值低于每人每日允许摄入总量(A)1750mg的值，所以设定的最大使用量(E)合理；反之，如每人每日摄食总量(B)高于每人每日允许摄入总量(A)，则设定的最大使用量(E)就应重新考虑。

第二节　食品添加剂的基本要求及使用原则

一、食品添加剂的基本要求

根据《中华人民共和国食品安全法》和GB2760—2011《食品安全国家标准 食品添加剂使用标准》，食品添加剂应符合以下基本要求。

1) 不应对人体产生任何健康危害；

2) 不应掩盖食品腐败变质；

3) 不应掩盖食品本身或加工过程中的质量缺陷或以掺杂、掺假、伪造为目的而使用食品添加剂；

4) 不应降低食品本身的营养价值；

5）在达到预期目的前提下尽可能降低在食品中的使用量。

二、食品添加剂使用原则

为了确保食品添加剂的使用安全，根据《中华人民共和国食品安全法》和 GB2760—2011《食品安全国家标准 食品添加剂使用标准》，必须遵循以下原则。

1. 在下列情况下可使用食品添加剂

1）保持或提高食品本身的营养价值；

2）作为某些特殊膳食用食品的必要配料或成分；

3）提高食品的质量和稳定性，改进其感官特性；

4）便于食品的生产、加工、包装、运输或者贮藏。

2. 食品添加剂质量标准 按照 GB2760—2011《食品安全国家标准 食品添加剂使用标准》使用的食品添加剂应当符合相应的质量规格要求。

3. 带入原则 在下列情况下食品添加剂可以通过食品配料（含食品添加剂）带入食品中。

1）根据 GB2760—2011《食品安全国家标准 食品添加剂使用标准》，食品配料中允许使用该食品添加剂；

2）食品配料中该添加剂的用量不应超过允许的最大使用量；

3）应在正常生产工艺条件下使用这些配料，并且食品中该添加剂的含量不应超过由配料带入的水平；

4）由配料带入食品中的该添加剂的含量应明显低于直接将其添加到该食品中通常所需要的水平。

第三章

食品添加剂安全监管

第一节　国内外食品添加剂的安全监管

一、FAO/WHO

联合国粮食及农业组织(FAO)和世界卫生组织(WHO)负责监管国际上食品添加剂的研究开发和生产应用,FAO/WHO设立了一个国际权威性专家咨询机构——联合食品添加剂专家委员会(JECFA),负责对食品添加剂的安全性进行评估。而食品添加剂法典委员会(CCFA)每年定期召开会议,对JECFA所通过的各种食品的添加剂标准、试验方法、安全性评价等进行审议和认可,然后提交联合国食品法典委员会(CAC)复审后公布。据报道,截至2006年第29届CAC会议,CAC标准中有关食品添加剂的相关规定共1119项,占CAC标准的23.4%;最新的《食品添加剂法典通用标准GSFA》第八版(CXS—192)于2007年颁布,它规范了食品添加剂的使用要求,汇总了法典各产品标准中涉及的添加剂条款。

二、欧盟

欧盟成立了欧盟食品安全管理局(EFSA),统一监管所有与食品安全有关的事务。欧盟统一制订了通用食品法、食品卫生法等20多部食品安全方面的法规,形成了强大的法律监管体系。欧盟涉及食品添加剂监管的法律、法规、标准主要有:Regulation (EC) No 852/2004、Regulation (EC) No 178/2002、食品添加剂框架指令89/107/EEC等法律法规,以及和着色剂规定(94/36/EC、95/45/EC、2006/33/EC)、甜味剂规定(94/35/EC、95/31/EC、2006/128/EC)、着色剂和甜味剂以外的食品添加剂(95/2/EC、2006/52/EC、2004/45/EC、2006/129/EC)等标准。欧盟食品添加剂的法律、法规、标准,以确定的形式公布允许使用的食品添加剂名单、使用特定条件及最高限量等,因为通过科学评价和协商,而被全体成员国接受,也便于协调各成员国对食品及食品添加剂的安全监控。

三、美国

美国的食品监管部门主要有农业部(USDA)和食品药品管理局(FDA),食品添加剂质量必须符合美国《食品用化学品法典》(Food Chemicals Codex, FCC)。FDA直接参与食品添加剂法规的制定和管理以及食品添加剂上市审批;肉禽制品监管非常严格,其中使用的食品添加剂必须得到FDA和USDA的食品安全检验署(FSIS)双方的认证,最后还必须获得的USDA批准。美国涉及食品添加剂监管的法律、标准有食品和药品管理法规第201款规定,联邦食品、药品和化妆品法(FD&C),FD&C食品添加剂补充法案,FD&C着色剂补充法案和联邦法规第21主题“食品和药品”的172至178部分等。

四、中国

我国有一套科学的安全性评价体系和完善的食品添加剂监督管理法规和标准。列入我国GB2760—2011《食品安全国家标准 食品添加剂使用标准》的食品添加剂,均进行了严格的安全性评价,并经过食品安全国家标准审评委员会食品添加剂分委会严格审查,公开向社会及各有关部门征求意见,确保其技术必要性和安全性。

首先，2013年国务院机构改革后，食品安全监管机制有了重大调整，从多部门各管一段，到生产、流通、餐饮环节的监管权责整合。因此于2014年5月14日修订了《食品安全法》，根据最新修订的《中华人民共和国食品安全法》及其实施条例的规定明确各部门职责分工，卫计委负责食品添加剂的安全性评价和制定食品安全国家标准；质检总局负责食品添加剂生产和食品生产企业使用食品添加剂监管；工商部门负责依法加强流通环节食品添加剂质量监管；食品药品监管局负责餐饮服务环节使用食品添加剂监管：农业部门负责农产品生产环节监管工作：商务部门负责生猪屠宰监管工作：工信部门负责食品添加剂行业管理、制定产业政策和指导生产企业诚信体系建设，各部门监管职责明确，并且要协调配合，共同保障食品添加剂合理使用和食品安全。

其次，制定完善各项法规和标准，如卫计委颁布了《食品安全评估管理办法（试行）》、《食品添加剂新品种管理办法》、《食品安全国家标准管理办法》、GB2760—2011《食品安全国家标准 食品添加剂使用标准》、GB14880—2012《食品安全国家标准 食品营养强化剂使用标准》等，国家质检总局颁布了《食品添加剂生产监督管理规定》、《食品添加剂生产许可审查通则》等，卫计委、国家质检总局等部门联合发布了《关于加强食品添加剂监督管理工作的通知》等。

第三，近年来，某些食品生产企业或个人混淆了食品添加剂和非食用物质的界限，从事违法犯罪活动，向食品中添加非食用物质（如吊白块、敌敌畏、福尔马林、瘦肉精、孔雀石绿、苏丹红、三聚氰胺等）都称为添加剂，将添加非食用物质引起的食品安全事件归结为滥用食品添加剂，加深了公众对食品添加剂的误解和恐惧。因此，最高人民法院、最高人民检察院、公安部、司法部联合印发了《关于依法严惩危害食品安全犯罪活动的通知》（法发〔2010〕38号），加大对违法使用非食用物质加工食品行为的打击力度，切实维护广大人民群众的健康。违法添加非食用物质和滥用食品添加剂整顿工作开展以来，卫计委会同相关部门建立了违法添加"黑名单"制度，共公布了五批共47种"违法添加的非食用物质"，这47种物质都不是食品添加剂。

第四，通过加强食品和食品添加剂生产经营监管，建立食品安全的预警体系，实现食品以及食品添加剂质量安全的可追溯性。进一步明确食品添加剂生产经营者、食品生产经营者的责任和义务，根据最新修订的《中华人民共和国食品安全法》等法规，加大加重对危害食品安全行为的惩罚力度，确保食品安全和人民健康。

第二节 食品添加剂的编码系统

一、国际编码系统

为了形成一个国际承认的数字体系，在食品配料列表中确认添加剂的成分，来代替复杂的化学结构名称表述，药典委员会制定了国际编码系统（INS）。这也可以解决食品添加剂生产、质量标准以及使用时快速、准确无误的确认和检索等需求。

INS系统的数字顺序分三列给出认定码、食品添加剂的名称以及其工艺作用。用于标签上的认定码通常由3到4位数构成，如姜黄素INS为100、山梨酸钾INS为202、苯甲酸INS为210。有些例子中这些认定码后面跟随一个字母下标，例如，150_a代表焦糖色素Ⅰ-普通型。分类栏下方列出的食品添加剂的名称，有一些被更详细的划分，用（ⅰ）、（ⅱ）等数字标识表示，如姜黄素被分为姜黄素（ⅰ）和姜黄（ⅱ），这类说明不用于标签上，而只作为独立说明中的内容，确定次级分类。

二、中国编码系统

中国编码系统（CNS）由食品添加剂的主要功能类别代码和在本功能类别中的顺序号组成，采用5位数字表示法（＊＊.＊＊＊），其前2位为分类号，小数点后3位数字表示分类号下面的编号代码，如柠檬酸CNS为01.101、山梨酸钾CNS为17.004、苯甲酸CNS为17.001。

根据GB2760—2011《食品安全国家标准 食品添加剂使用标准》附录E列举的食品添加剂功能类别有：E.1酸度调节剂、E.2抗结剂、E.3消泡剂、E.4抗氧化剂、E.5漂白剂、E.6膨松剂、E.7胶姆糖果中基础剂物质、E. 8 着色剂、E. 9 护色剂、E. 10 乳化剂、E. 11 酶制剂、E. 12 增味剂、E. 13 面粉处理剂、E. 14 被膜剂、E. 15 水分保持剂、E. 16 营养强化剂、E. 17 防腐剂、E. 18 稳定剂和凝固剂、E. 19 甜味剂、E. 20 增稠剂、E. 21 食品用香料、E. 22 食品工业用加工助剂、E. 23 其他。

CNS 编码系统有比 INS 编码系统大得多的容量，但作为信息处理或情报交换，无法与国际接轨；此外，该代码也未将香料和营养强化剂包括在内。

三、CAS 编码

美国的《化学文摘》(*Chemical Abstracts*, CA)是资料最丰富的一本化学方面的期刊，它对各种物质都有一个检索号(chemical abstracts service No. , CAS No.)。CAS 编码中文全称为"化学物质登录号"，由一组数字组成，每一种已经发现的化合物都有自己唯一对应的 CAS 编码。CAS 编码的出现，便于进行科学技术信息交流而被广泛采用，如只要知道某化学物质的 CAS 编码，就可以很快、很轻松地检索出最全面的资料。CAS 编码由六位到九位的数字组成，其一般形式为＃＃＃＃aa—aa—a，其中＃表示可有可无的数字，a 表示必须有的数字。也就是说最前面的数字位数是不一定的，有些物质是两位，最多可达六位。然而无论是什么化合物，必须至少由五位数组成。在原则上，数字大小可以反映物质发现的早晚，数字越大，表示发现得越晚，现在已有 2000 万余种物质有自己的 CAS 编码。食品添加剂也称食品用化学品，也可以采用 CAS 编码，这对食品添加剂的科学技术信息交流、食品添加剂的使用和国际贸易都非常有利。

实践探索创新

一、课外分组进行常见食品添加剂使用概况调查，并撰写调查报告。

二、阅读安部司(日本)编著的《食品真相大揭秘》一书，并分组进行食品添加剂的利弊辩论赛。

三、阅读孙宝国主编的《躲不开的食品添加剂》，并收集整理食品添加剂相关资料，深入附近中小学、社区，进行食品添加剂与食品质量安全科普宣传。

第二篇　食品防腐保鲜

食品防腐保鲜是指食品在贮藏与加工过程中为保持固有的风味和营养成分，以及延长保质期而采取的技术。广义的食品防腐保鲜包括防腐、防霉、保鲜以及抗氧化等内容，与此相关的食品添加剂主要包括食品防腐剂、食品抗氧化剂等。

案例导入

在一家超市，一记者问一位正在买醋的中年男子什么是食品防腐剂，该男子答道："不就是福尔马林吗！"这并不可笑，因为搞不懂食品防腐剂为何物的消费者大有人在。尽管许多人不知道什么是食品防腐剂，但他们却大都对食品防腐剂有一种反感。原因很简单，因为一个时期以来，食品安全事件不断发生，如给豆腐美容的吊白块、给辣椒上色的苏丹红等，让人们记忆深刻，而这些事件引起了很多人对食品添加剂的不信任，食品防腐剂作为食品添加剂的一种，也不能幸免。正是由于很多消费者把食品防腐剂视为一种对人体有害的添加物，产生了戒备心理，近年来，越来越多的食品生产企业在食品包装上标注"不含防腐剂"，以迎合消费者的心理。走进超市卖场，"本品绝对不含任何防腐剂"、"真正安全、健康"等醒目字眼的食品广告不时冲击着人们的眼球。然而专家指出，防腐剂在食品工业中起着很大的作用，合理使用食品防腐剂对人体并无害处，"不含防腐剂"的宣传反而会引起人们的误解，以致食品"安全卫士"反倒变成了食品"安全杀手"。

有报道指出：广大消费者对食品添加剂的认识存在很多误区，如"防腐剂、抗氧化剂有害，要买不含防腐剂、抗氧化剂的食品"、"火腿肠含有亚硝酸盐，吃多了会致癌"、"二氧化硫超标的是'毒黄花菜'，吃了会致癌"等。而事实是：只要按照GB2760—2011《食品安全国家标准 食品添加剂使用标准》规定的范围和剂量来使用，防腐剂、抗氧化剂的安全性没有任何问题；不能离开"量"来谈食品安全，国内外都允许在一定范围内使用亚硝酸盐作为食品添加剂，如西式肠的标准规定亚硝酸盐残留不能超过70 ppm，中式肠的标准是30 ppm；超标是不合格，但不等于就是食品安全问题，不能随便冠以"毒"的字眼，二氧化硫通常可以用来漂白，还可以抑制霉菌、抗氧化、防止褐变，人体在摄入二氧化硫后很快就会将其转变为硫酸盐，相当于是一个"解毒"的过程，因此把二氧化硫作为致癌物的看法是没有科学依据的；一般的油炸食品只能保存几天，而油炸方便面能保存几个月呢？虽然有些方便面广告强调自己"绝不添加防腐剂"，却没有哪一家敢于宣布"绝不含有抗氧化剂"，因为一包方便面，离开工厂，走到百姓餐桌，至少需要一周时间。没有抗氧化剂，早就酸败变质了。

其实，市场上出现这些误区，与市场自身的不规范和消费者的食品防腐剂、抗氧化剂知识缺乏有关。要解决这些问题，一方面要大力宣传有关食品防腐剂、抗氧化剂的科学知识；另一方面，还要靠强有力的监管，科学合理使用，规范食品的广告宣传，才能真正让食品防腐剂、抗氧化剂成为保证广大消费者食品质量与安全的卫士！

本篇要解决的主要问题

一、什么是食品防腐剂、抗氧化剂？

二、食品防腐剂、抗氧化剂有哪些种类？各自作用机制是什么？

三、如何科学使用食品防腐剂、抗氧化剂？

四、食品防腐剂、抗氧化剂的利弊有哪些？

第四章
食品防腐

第一节　概　　述

一、食品腐败变质

食品腐败变质(food spoilage)是指食品受各种内外因素(生物因素、物理因素、化学因素等)的影响,使其原有理化学性质发生变化,导致其营养价值、商品价值降低或失去,甚至产生有毒有害物质的过程。如肉类制品的腐败变质、油脂的氧化酸败、果蔬的发酵腐烂和粮食的发霉等。引起食品腐败变质的原因较多,有物理、化学和生物多重因素,其中由微生物污染所引起的食品腐败变质是最重要、最普遍和最活跃的因素,起主导作用。一般而言,肉、蛋、乳等高蛋白食品的腐败变质,以细菌危害最为显著,而果蔬、粮食、面制品等低蛋白食品的腐败变质则以霉菌、酵母菌危害最为显著。微生物引起食品腐败变质一般可分为:细菌性腐败、发霉和发酵。

1. 细菌性腐败　细菌污染各类食品后,使食品发粘、变色、变味并产生腐臭气味及细菌毒素。以糖类为主要成分的食品,细菌作用的主要表现是分解糖类为多种酸及一些低分子质量的挥发性分子,使食品呈现酸味及不良气味;而细菌作用于以蛋白质为主要成分的食品时,其中的蛋白质分解为尸胺、硫化氢等,使食品组织发生软化,产生黏液物,呈现苦味和臭味等;细菌也促进脂肪的氧化分解,使油脂中的脂肪酸分解产生醛、酮、酸等。在这一系列分解过程中,伴随有中间产物的相互作用,从而产生大量毒性物质,并散发出令人讨厌的恶臭味。细菌性腐败不仅使食品的感官品质和营养价值降低,而且会导致细菌性食物中毒,危害人们的健康和生命。导致细菌性腐败的细菌主要有:假单胞菌、葡萄球菌、链球球菌、变形杆菌、大肠杆菌、产碱杆菌、芽孢杆菌和梭状芽孢杆菌等。

2. 发霉　大米、玉米、糕点等食品保藏不当容易发霉,霉菌在生长过程中利用食品中的营养物质生长繁殖,使食品表面长毛、变色产生霉斑,产生明显霉味,甚至还产生有害的霉菌毒素,导致食品不仅商品价值和营养价值降低,而且会引起慢性霉菌性食物中毒、诱发癌症等危害。产毒霉菌有黄曲霉、橘青霉、岛青霉等;导致发霉的霉菌主要有:毛霉属、曲霉属、青霉属、枝霉属等。

3. 发酵　在厌氧条件下,污染食品的厌氧微生物和兼性厌氧微生物无氧呼吸,使食品营养物质分解,产生有毒有害物质,导致食品品质劣变。常见的发酵有乙醇发酵、乙酸发酵、乳酸发酵和酪酸发酵等,如水果、蔬菜、果汁、果酱等易发生乙醇发酵,产生乙醇气味;葡萄酒、啤酒、黄酒等低度酒精饮料容易发生乙酸发酵,变酸,产生醋味;乳及乳制品容易发生酪酸发酵,产生讨厌的气味,质量严重下降。

随着生产力的提高,人类生产的食物有了剩余,减少食品损失,防止食品腐败变质及其导致的食物中毒非常重要。为防止食品腐败变质,必须尽量减少微生物的污染,采取抑菌、杀菌技术,并进行密封包装,防止二次污染。抑制、杀灭微生物或造成不适合微生物生长的环境;使食品与外界环境隔绝,不与水分、空气接触,以防止微生物的再污染。古代人们采用腌制、糖渍、醋渍、干燥、烟熏、发酵等方法保藏食品,现代人们发明了更多的保藏新技术,如罐藏、冻藏、化学保藏、气调保鲜、辐照保藏、超高压保藏等,其中使用食品防腐剂的化学保藏是最有效、最简便、最经济的保藏方法,被广泛使用。

二、食品防腐剂及其要求

防腐剂是指天然或合成的化学成分,加入到食品、药品等中,以延迟微生物生长或化学变化引起的腐败。

具有在较短时间内杀死微生物作用的物质称为杀菌剂或消毒剂，一般不直接加到食品中，如福尔马林、环氧乙酸、漂白粉等。

食品防腐剂(food preservative)指具有防止由微生物所引起的食品腐败变质和食物中毒，提高食品安全性，延长食品保质期作用的食品添加剂。它的主要作用是抑制食品中微生物的繁殖，故也可称为抑菌剂。有的主要以防霉为主，可称为防霉剂。常用的食品防腐剂有苯甲酸钠、山梨酸钾、丙酸钙、乳酸链球菌素、那他霉素等。理想的食品防腐剂必须满足以下要求：① 安全、无毒或低毒，这是食品防腐剂的基本要求；② 无色、无臭、无刺激性、无腐蚀性，稳定性好，不与食品发生化学反应；③ 广谱高效抗菌，即在低浓度下对大多数微生物都具有较强的抑菌作用；④ 不影响人体消化吸收，不影响肠道有益菌；⑤ 价格低廉，使用方便，在食品中分散性好。

三、食品防腐剂防腐作用机制

食品防腐剂抑菌与杀菌的机制是十分复杂的，目前使用的食品防腐剂防腐作用机制主要有：

1) 使微生物的蛋白质凝固或变性，失去其生理功能，从而干扰其生长代谢。

2) 干扰细胞壁的合成，破坏微生物细胞膜的结构，改变细胞膜的通透性，使微生物体内的酶类和代谢产物逸出细胞外，导致微生物正常的生理平衡被破坏而失活；或影响与膜有关的呼吸链电子传递系统，从而具有抗菌作用。

3) 影响遗传物质的复制、转录、蛋白质的翻译合成等，从而干扰其正常增殖。

4) 抑制酶的活性，干扰其正常新陈代谢，从而影响其生长和繁殖。

研究开发新型食品防腐剂的标准是对人无毒或低毒，抑菌广谱且高效。无毒或低毒是指对人体不产生可观察到的毒害，抑菌广谱且高效是指对微生物的抑制种类多，并且效果特别好。人是最高级的生物，与微生物的代谢有很大差异。人体通过消化系统分解各种营养素及其他成分，对食物进行第一次筛选，弃去不可分解物；通过各类肠壁细胞吸收营养素，进行第二次筛选，弃去不能吸收的物质；通过血液与肝脏的选择性利用，分解与排除人体不能利用的物质。而微生物属于单细胞或简单多细胞的低等生命，其代谢过程就简单得多。与人体对比，食品防腐剂对微生物的生理代谢、生长繁殖影响很大，能够在对人无毒或低毒的情况下，对微生物产生广谱且高效的抑菌作用。由于食品科学的发展历史相对较短，因而对食品防腐剂防腐作用机制的解释还很不充分，还有待于进一步深入研究。

四、食品防腐剂分类

目前，世界各国所用的食品防腐剂约有 30 多种，而我国根据最新的 GB2760—2011《食品安全国家标准 食品添加剂使用标准》，食品防腐剂被划定为第 17 类，有 28 个品种。食品防腐剂按来源可分为化学防腐剂(表 4-1)和天然防腐剂两大类。化学防腐剂又分为有机防腐剂与无机防腐剂。前者主要包括有机酸及其盐类、酯类等，如苯甲酸钠、山梨酸钾、对羟基苯甲酸酯等；后者主要包括二氧化碳、亚硫酸盐和亚硝酸盐等。天然防腐剂通常是从动物、植物和微生物的代谢产物中提取的，如乳酸链球菌素(nisin)、那他霉素、溶菌酶、壳聚糖、蜂胶、大蒜提取物、肉桂提取物、丁香提取物等。

表 4-1 常用合成食品防腐剂种类与使用范围

食品防腐剂种类	使用范围
苯甲酸钠	酱油、食醋、酱类、低盐酱菜类、蜜饯、碳酸饮料、葡萄酒、果酒等
山梨酸钾	除同上外，还包括动物性食品、果冻、即食豆制品、焙烤食品等
对羟基苯甲酸酯类	酱油、食醋、碳酸饮料、果汁(味)型饮料、酱料、糕点馅、蛋黄馅等
丙酸钙、丙酸钠	生面湿制品(切面、馄饨皮)、面包、食醋、酱油、糕点、豆制食品等
脱氢乙酸钠	腐乳、酱菜、原汁橘浆等
双乙酸钠	谷物、即食豆制品等
二氧化碳	碳酸饮料、汽酒类等

第二节 食品防腐剂各论

一、苯甲酸及其钠盐

1. 特性 苯甲酸(benzoic acid)、苯甲酸钠(Sodium benzoic)是最常用的防腐剂之一,苯甲酸分子式 $C_7H_6O_2$,相对分子质量 122.12;苯甲酸钠分子式 $C_7H_5O_2Na$,相对分子质量 144.11,苯甲酸钠的防腐效果 1.18g相当于 1.0g 苯甲酸。苯甲酸的相对密度为 1.2659,沸点 249.2℃,熔点 121~123℃,100℃开始升华。苯甲酸可形成白色有荧光的鳞片状、针状或单斜棱结晶,无味或微有安息香或苯甲醛的气味,因此也被称为安息香酸。苯甲酸的化学性质稳定,有吸湿性,在常温下难溶于水(25℃,0.34g/100mL),微溶于热水(50℃,0.95g/100mL;95℃,6.8g/100mL),溶于乙醇(25℃,46.1g/100mL)、氯仿、乙醚、丙酮等有机溶剂,在热空气中或在酸性条件下容易挥发。而苯甲酸钠为白色颗粒或晶体粉末,无臭或微带安息香气味,味微甜,有收敛性,在空气中稳定,极易溶于水(25℃,50g/100mL),使用方便,故更常用。其水溶液的 pH 为 8,溶于乙醇(25℃,1.3g/100mL)。

苯甲酸是一种广谱抗菌剂,对酵母菌、部分细菌有很好的效果,对霉菌的效果一般。它的抗菌有效性依赖于食品的 pH。pH 为 3.5 时,0.125%的溶液在 1h 内可杀死葡萄球菌;pH 为 4.5 时,对一般菌类的抑制最小质量分数约为 0.1%;pH 为 5 时,即使 5%的溶液,杀菌效果也不好;在碱性介质中则失去杀菌、抑菌作用。故其防腐的最适 pH 为 2.5~4.0,但在允许使用的最大范围内,在 pH 4.5 以下,对各种菌都有效。苯甲酸钠的防腐作用与苯甲酸相同,只是使用初期是盐的形式,要有防腐效果,最终要酸化转变为苯甲酸,因而苯甲酸钠要消耗食品中的部分酸。

2. 作用机制 苯甲酸类防腐剂是以其未离解的苯甲酸分子发生作用的,未离解的苯甲酸亲油性强,易透过细胞膜进入细胞内,能有效抑制微生物呼吸酶系的活性,对乙酰辅酶 A 缩合反应有很强的阻碍作用,从而抑制其能量代谢。

3. 安全性 苯甲酸的 LD_{50}:大鼠经口 2.7~4.44g/kg,MNL 为 0.5g/kg。人体吸收后,9~15h 内大部分在酶的催化下与甘氨酸合成马尿酸,剩余部分与葡萄糖醛酸形成葡萄糖苷酸,并全部进入肾脏,最后随尿排出而解毒。苯甲酸及其钠盐是比较安全的防腐剂,其 ADI 为 0~5mg/kg。按照 GB2760—2011《食品安全国家标准 食品添加剂使用标准》使用,目前还未发现任何毒副作用。但由于苯甲酸解毒过程在肝脏中进行,因此对肝功能衰弱的人是不适宜的。

4. 使用

(1) 使用标准:按照 GB2760—2011《食品安全国家标准 食品添加剂使用标准》,苯甲酸、苯甲酸钠使用标准见表 4-2。

表 4-2 苯甲酸、苯甲酸钠使用标准

苯甲酸、苯甲酸钠(benzoic acid,sodium benzoic);CNS 号:17.001,17.002;INS 号:210,211;功能:防腐剂

食品分类号	食品名称	最大使用量/(g/kg)	备注
14.04.01	碳酸饮料	0.2	
15.02	配制酒(仅限预调酒)	0.4	
04.01.02.08	蜜饯凉果	0.5	
12.10	复合调味料	0.6	
15.03.03	果酒	0.8	
05.02.02	除胶基糖果以外的其他糖果	0.8	以苯甲酸计
11.05	调味糖浆	1.0	
12.03	醋	1.0	
12.04	酱油	1.0	
12.05	酱及酱制品	1.0	
03.03	风味冰、冰棍类	1.0	

续表

食品分类号	食品名称	最大使用量/(g/kg)	备注
12.10.02	半固体复合调味料	1.0	以苯甲酸计
12.10.03	液体复合调味料(不包括12.03,12.04)	1.0	
14.02.03	果蔬汁(肉)饮料	1.0	
14.03	蛋白饮料类	1.0	
04.01.02.05	果酱(罐头除外)	1.0	
14.04.02.02	风味饮料	1.0	
14.05	茶、咖啡、植物饮料类	1.0	
04.02.02.03	腌渍的蔬菜	1.0	
05.02.01	胶基糖果	1.5	
14.02.02	浓缩果蔬汁(浆)(仅限食品工业用)	2.0	

(2) 注意事项:苯甲酸在常温下难溶于水,使用时应根据食品特点选用热水溶解或乙醇溶解。因苯甲酸易随水蒸气挥发,加热溶解时要戴口罩,避免操作工长期接触,对身体产生不良影响。另外,不宜有酒味的食品不能用乙醇溶解。苯甲酸钠可直接用洁净的水配制成较浓的溶液,然后再按标准均匀添加到食品中。有时单独使用苯甲酸影响食品风味,可与对羟基苯甲酸酯类、山梨酸钾复配使用。

5. 应用实例 酱油、醋等酸性液态食品的防腐,可先配制50%的苯甲酸钠水溶液,按防腐剂与食品质量1∶500的比例加到食品中,并混合均匀。如苯甲酸与对羟基苯甲酸乙酯复配使用,可适当降低两者的用量,先用乙醇溶解,将生酱油加热至80℃杀菌,然后冷却至40~50℃,把混合防腐剂加入,搅拌均匀。低盐的酸黄瓜、泡菜,最大使用量为1.0g/kg,可在包装与装坛时按标准溶解与分散到泡菜水中。低糖的蜜饯等,最大使用量为0.5g/kg,该类产品一般在最后的工艺步骤中加入。

二、山梨酸及其钾盐

1. 特性 山梨酸(sorbic acid)的化学名称为2,4-己二烯酸又名花楸酸,分子式$C_6H_8O_2$,相对分子质量112.13。山梨酸钾(potassium sorbate)分子式$C_6H_7K0_2$,相对分子质量150.22。山梨酸为无色针状结晶体粉末,无臭或微带刺激性臭味,熔点132~135℃,沸点228℃(分解),耐热性好,在140℃下加热3h无变化。由于山梨酸是不饱和脂防酸,长期暴露在空气中则易被氧化而失效。山梨酸难溶于水(20℃,0.16g/100mL),溶于乙醇(20℃,14.8g/100mL)、丙二醇、植物油等。

山梨酸钾可形成白色至浅黄色鳞片状结晶或颗粒或粉末状,无臭或微有臭味。山梨酸钾相对密度1.363,熔点270℃(分解),易吸潮、易氧化分解。山梨酸钾易溶于水(20℃,67.6g/100)mL,溶于丙二醇、乙醇。1%山梨酸钾水溶液的pH为7~8。

2. 作用机制 山梨酸及其钾盐的防腐作用机制是与微生物的有关酶的巯基相结合,从而抑制这些酶的活性,还能干扰电子传递链,如细胞色素C对氧的传递,以及细胞膜表面能量传递的功能,影响微生物能量代谢,从而抑制微生物增殖,达到防腐的目的。

3. 安全性 山梨酸大鼠经口LD_{50}为10.5g/kg,MNL为2.5g/kg。山梨酸钾的大鼠经口LD_{50}为4.92g/kg。山梨酸是一种不饱和脂肪酸,可参与人体新陈代谢,在人体中无特异的代谢效果,不对人体产生毒害。山梨酸及其盐的ADI为0~25mg/kg(以山梨酸计)。应该注意的是山梨酸易被氧化,保藏期过长的产品及不合格产品中的山梨酸的氧化中间产物,会产生异味,甚至损伤机体细胞,影响细胞膜的通透性。

4. 使用

(1) 使用标准:按照GB2760—2011《食品安全国家标准 食品添加剂使用标准》,山梨酸、山梨酸钾使用标准见表4-3。

(2) 注意事项:山梨酸难溶于水,使用时先将其溶于乙醇或碳酸氢钠、碳酸氢钾等碱性液中,有利于混合均匀。山梨酸钾较山梨酸易溶于水,且溶解状态稳定,使用方便,其1%水溶液的酸碱度为pH 7~8,所以在使用时有可能引起食品的碱度升高,需加以注意。为防止氧化,溶解山梨酸时不得使用铜、铁等容器,因为这些离子的溶出会催化山梨酸的氧化过程。

表 4-3 山梨酸、山梨酸钾使用标准

山梨酸、山梨酸钾(sorbic acid,potassium sorbate);CNS 号: 17.003,17.004;INS 号: 200,202;功能: 防腐剂、抗氧化剂、稳定剂

食品分类号	食 品 名 称	最大使用量/(g/kg)	备 注
09.03	预制水产品(半成品)	0.075	
08.03	熟肉制品	0.075	
15.03.01	葡萄酒	0.2	
15.02	配制酒	0.4	
03.03	风味冰、冰棍类	0.5	
04.01.01.02	经表面处理的鲜水果	0.5	以山梨酸计
16.03	胶原蛋白肠衣	0.5	
12.05	酱及酱制品	0.5	
04.01.02.08	蜜饯凉果	0.5	
04.02.01.02	经表面处理的新鲜蔬菜	0.5	
04.02.02.03	腌渍的蔬菜	0.5	
04.03.02	加工食用菌和藻类	0.5	
14.0	饮料类(不包括 14.01 包装饮用水类)	0.5	以山梨酸计,固体饮料按冲调倍数增加使用量
16.01	果冻	0.5	以山梨酸计,如用于果冻粉,按冲调倍数增加使用量
15.03.03	果酒	0.6	
01.06	干酪	1.0	
04.02.02.03	腌渍的蔬菜(仅限即食笋干)	1.0	
04.04.01.03	豆干再制品	1.0	
04.04.01.05	大豆蛋白膨化食品、大豆素肉等	1.0	
12.04	酱油	1.0	
12.03	醋	1.0	
11.05	调味糖浆	1.0	
12.10	复合调味料	1.0	
07.01	面包	1.0	
07.02	糕点	1.0	
07.04	焙烤食品馅料及表面用挂浆	1.0	
02.02.01.02	人造黄油及其类似制品	1.0	以山梨酸计
05.02.02	除胶姆糖果以外的其他糖果	1.0	
02.01.01.02	氢化植物油	1.0	
09.03.04	风干、烘干、压干等水产品	1.0	
09.06	仅限即食海蜇	1.0	
14.03.01.03	乳酸菌饮料	1.0	
04.01.02.05	果酱	1.0	
10.03	蛋制品	1.5	
05.02.01	胶姆糖果	1.5	
08.03.05	肉灌肠类	1.5	
06.04.02.02	仅限杂粮灌肠制品	1.5	
06.07	仅限米面灌肠制品	1.5	
14.02.02	浓缩果蔬汁(浆)	2.0	

与其他防腐剂复配使用: 山梨酸与苯甲酸、丙酸、丙酸钙等防腐剂可产生协同作用,提高防腐效果。与其中任何一种防腐剂复配使用时,其使用量按山梨酸及另一防腐剂的总量计,应低于山梨酸的最大使用量。

使用注意事项: ① 山梨酸较易挥发,应尽可能避免加热;② 山梨酸挥发会严重刺激眼睛,在使用山梨酸或其盐时,要注意勿使其溅入眼内,一旦进入眼内赶快以水冲洗;③ 山梨酸应避免在有生物活性的动植物组织中应用,因为有些酶可使山梨酸分解为 1,3-戊二烯,不仅使山梨酸丧失防腐性能,还产生不良气味;④ 山梨酸也不宜长期与乙醇共存,因为乙醇与山梨酸作用生成 2-*L*-氧基-3,5-己二烯,该物具有老鹳草气味,影响食品风味;⑤山梨酸在保存时应注意防湿、防热(＜38℃),密封包装完整,防止氧化。

三、丙酸及其钠盐、钙盐

1. 特性 丙酸钠(sodium propionate),分子式 CH_3CH_2COONa,相对分子质量 96.06。丙酸钠可形成白色结晶、白色晶体粉末或颗粒,无臭或微带特殊臭味,易溶于水(15℃,100 g/100 mL)。溶于乙醇(4.4 g/100 mL),微溶于丙酮(0.05 g/100 mL);在空气中吸潮。在10%的丙酸钠水溶液中加入同量的稀硫酸,加热后产生有丙酸臭味的气体。

丙酸钙(calcium propionate),分子式 $(CH_3CH_2COO)_2Ca$,相对分子质量 186.22。丙酸钙可形成白色结晶、白色晶体粉末或颗粒,无臭或微带丙酸气味。丙酸钙对水和热稳定,有吸湿性,易溶于水(20℃,39.9 g/100 mL),不溶于乙醇、醚类。丙酸钙呈碱性,其10%水溶液的 pH 为 8~10。

2. 作用机制 丙酸钠、丙酸钙是酸型食品防腐剂,在酸性条件下,产生游离丙酸抑制微生物合成β-丙氨酸而起到抗菌作用。其抑菌作用受环境 pH 的影响,在 pH 5.0 时霉菌的抑制作用最佳;pH 6.0 时抑菌能力明显降低,最小抑菌浓度为 0.01%。丙酸钠、丙酸钙在酸性环境中对各类霉菌、革兰氏阴性杆菌或好氧芽孢杆菌有较强的抑制作用,还可以抑制黄曲霉毒素的产生,而对酵母菌无害,对人畜无害,无毒副作用,是食品、酿造、饲料、中药制剂等领域的一种新型、安全、高效的食品与饲料用防霉剂。丙酸钙抑制霉菌的有效剂量较丙酸钠小,但它能降低化学膨松剂的作用,故常用丙酸钠,然而其优点在于糕点、面包和乳酪中使用丙酸钙可补充食品中的钙质。丙酸钙能抑制面团发酵时枯草杆菌的繁殖,pH 为 5.0 时最小抑菌浓度为 0.01%,pH 5.8 时需 0.188%,最适 pH 应低于 5.5。

3. 安全性 丙酸钠小鼠经口 LD_{50} 为 5.1 g/kg,丙酸钙大鼠经口 LD_{50} 为 5.16 g/kg,丙酸是人体正常代谢的中间产物,完全可被代谢和利用,安全无毒,其 ADI 都不作限制性规定。丙酸钙是世界卫生组织(WHO)和联合国粮食及农业组织(FAO)批准使用的安全可靠的食品与饲料用防霉剂。丙酸钙与其他脂肪一样可以通过代谢被人畜吸收,并供给人畜必需的钙,这一优点是其他防霉剂所无法相比的,被认为 GRAS。

4. 使用

(1) 使用标准:按照 GB2760—2011《食品安全国家标准 食品添加剂使用标准》,丙酸及其钠盐、钙盐使用标准见表 4-4。

表 4-4 丙酸及其钠盐、钙盐使用标准

丙酸及其钠盐、钙盐(propionic acid, sodium propionate, calcium propionate);CNS 号:17.029,17.006,17.005;INS 号:280,281,282;功能:防腐剂

食品分类号	食品名称	最大使用量/(g/kg)	备注
06.03.02.01	生湿面制品	0.25	以丙酸计
06.01	原粮	1.8	
07.01	面包	2.5	
07.02	糕点	2.5	
12.03	醋	2.5	
12.04	酱油	2.5	
04.04	豆类制品	2.5	
16.07	杨梅罐头加工工艺用	50.0	

(2) 注意事项:① 使用膨松剂时不宜使用丙酸钙,这是由于碳酸钙的生成而降低产生 CO_2 的能力,会影响膨松效果。② 丙酸钠、丙酸钙为酸型防腐剂,在酸性范围内有效:pH5.5 以下对霉菌的抑制作用最佳,pH6 时抑菌能力明显降低。

四、对羟基苯甲酸酯类及其钠盐

1. 特性 对羟基苯甲酸酯类(para-hydroxybenzoate),又称尼泊金酯类。用于食品防腐剂的对羟基苯甲酸酯类有:对羟基苯甲酸甲酯、对羟基苯甲酸乙酯、对羟基苯甲酸丁酯等。

对羟基苯甲酸甲酯(metyl-p-hrdroxybenzoate),分子式 $C_8H_8O_3$,相对分子质量 152.15。对羟基苯甲酸甲酯为无色结晶或白色晶体粉,无臭或微带特殊气味,稍有焦糊味,熔点 125~128℃。难溶于水(25℃,0.25 g/100 mL),难溶

于甘油、非挥发性油、苯、四氯化碳。易溶于乙醇(40g/100mL)、乙醚(14.29g/100mL)、丙二醇(25g/100mL)。

对羟基苯甲酸乙酯(ethyl-phydroxybenzoate),分子式 $C_9H_{10}O_3$,相对分子质量 166.18。对羟基苯甲酸乙酯为无色细小结晶或白色晶体粉末,几乎无味,稍有麻舌感的涩味,耐光和热,熔点 116~118℃,沸点 297~298℃。不亲水,无吸湿性。微溶于水(25℃,0.17 g/100 mL)。易溶于乙醇[70 g/100 mL(室温)]、丙二醇[25 g/100 mL(室温)]、花生油[1 g/100 mL(室温)]。

对羟基苯甲酸丁酯(butyl-p-hydroxybenzoate),分子式 $C_{11}H_{14}O_3$,相对分子质量 194.23。对羟基苯甲酸丁酯为无色细小结晶或白色晶体粉末,无臭,口感最初无味,稍后有涩味,熔点 69~72℃。难溶于水[(25℃,0.02 g/100 mL),(80℃,0.15 g/100 mL)]。易溶于乙醇(210 g/100 g)、丙酮(240 g/100 g)、乙醚(150 g/100 g),溶于花生油(5 g/100 g)。

2. 作用机制 对羟基苯甲酸酯类有广泛的抗菌防腐作用,对霉菌、酵母菌的作用较强,对细菌特别是对革兰氏阴性杆菌及乳酸菌的作用较弱,但总体的抗菌防腐作用较苯甲酸和山梨酸强。对羟基苯甲酸酯类的抗菌防腐作用是由其未水解的酯分子起作用,所以其抗菌防腐作用不受 pH 变化的影响,在 pH 为 4~8 的范围内都有良好的效果。对羟基苯甲酸酯类中抗菌防腐作用以对羟基苯甲酸丁酯最好,我国主要使用对羟基苯甲酸乙酯。

由于对羟基苯甲酸酯类及其钠盐都具有酚羟基结构,所以抗菌性能比苯甲酸、山梨酸都强。其作用机制是破坏微生物的细胞膜,使细胞内的蛋白质变性,能量代谢酶系失活。尼泊金酯类的抑菌活性主要是分子态起作用,且其分子内的羟基已经酯化,不再电离,所以它在 pH3~8 的范围内均有很好的抑菌效果。而苯甲酸和山梨酸均为酸性防腐剂,它们在 pH> 5.5 的产品中抑菌效果很差。尼泊金酯类的安全性很高,以对羟基苯甲酸乙酯为例,其 LD_{50} 为 5000 mg/ kg,ADI 为 0~10 mg/ kg,而苯甲酸的 LD50 为 2530 mg/ kg,ADI 为 0~5 mg/ kg,山梨酸的 LD50 为 7630 mg/ kg,ADI 为 0~25 mg/ kg,由于尼泊金酯类的添加量只有山梨酸、苯甲酸的 1/ 10~1/ 5。

3. 安全性 对羟基苯甲酸甲酯小鼠经口 LD_{50} 为 8.0 g/kg,ADI 为 0~10 mg/kg;对羟基苯甲酸乙酯小鼠经口 LD_{50} 为 5.0 g/kg,犬经口 5.0 g/kg,ADI 为 0~10 mg/kg。对羟基苯甲酸丙酯小鼠经口 LD_{50} 为 3.7 g/kg,犬经口 6.0 g/kg。大白鼠所做试验表明,MNL 为 1.0 g/kg。ADI 为 0~10 mg/kg。对羟基苯甲酸丁酯小鼠经口 LD_{50} 为 17.1 g/kg,皮下注射 16.0 g/kg,有抑制小鼠生长的现象,可引起人的急性皮炎。对羟基苯甲酸丁酯较对羟基苯甲酸丙酯、对羟基苯甲酸乙酯防腐效果好,但不足的是其毒性较大。ADI 为 0~10 mg/kg。

4. 使用

(1) 使用标准:按照 GB2760—2011《食品安全国家标准 食品添加剂使用标准》,对羟基苯甲酸酯类及其钠盐使用标准见表 4-5。

表 4-5 对羟基苯甲酸酯类及其钠盐使用标准

对羟基苯甲酸酯类及其钠盐(对羟基苯甲酸甲酯,对羟基苯甲酸乙酯及其钠盐)[methyl p—hydroxy benzoate and its salts (sodium methyl p—hydroxy benzoate, ethyl p—hydroxy benzoate, sodium ethyl p—hydroxy benzoate)];CNS 号:17.032,17.007;INS 号:219,214,215;功能:防腐剂

食品分类号	食品名称	最大使用量(g/kg)	备注
04.01.01.02	经表面处理的鲜水果	0.012	以对羟基苯甲酸计
04.02.01.02	经表面处理的新鲜蔬菜	0.012	
10.03.02	热凝固蛋制品(如蛋黄酪、松花蛋肠)	0.2	
14.04.01	碳酸饮料	0.2	
04.01.02.05	果酱(罐头除外)	0.25	
12.03	醋	0.25	
12.04	酱油	0.25	
12.05	酱及酱制品	0.25	
12.10.03.04	蚝油、虾油、鱼露等	0.25	
14.02.03	果蔬汁(肉)饮料(含发酵型)	0.25	
14.04.02.02	风味饮料	0.25	
07.04	焙烤食品馅料及表面用挂浆	0.5	

(2) 注意事项：对羟基苯甲酸酯类在水中溶解度小，通常都是将其配制成氢氧化钠溶液、乙醇溶液或乙酸溶液使用。

对羟基苯甲酸酯类单用较少，通常是其甲酯、乙酯、丁酯(2～3种)混合使用。混合物较单一纯品熔点低，易溶于水，保存时不析出，防腐败效果增加，也可与苯甲酸合用。

有的食品每次用量少或每次食用时需要稀释，可适当增加使用量，如调味料、调味汁等。清凉饮料的使用量要适当小一些，因为该类食品一次性食用量大，而这类食品的杀菌条件又相对容易满足，故添加比例要小一点。在清凉饮料中应用该类防腐剂，可用乙醇溶液或氢氧化钠溶液溶解，也常与苯甲酸和脱氢乙酸合用。

五、脱氢乙酸及其钠盐、双乙酸钠

1. 特性 脱氢乙酸(dehydroacetic acid)，系统命名是3-乙酰基-6-甲基-二氢吡喃-2,4(3*H*)二酮，分子式 $C_8H_8O_4$，相对分子质量168.15。脱氢乙酸为无色至白色针状结晶，或白色晶体粉末，无臭，无味，无刺激性，熔点109～112℃。难溶于水(<0.1%)；溶于氢氧化钠的水溶液；溶于乙醇(2.86 g/100 mL)、苯(16.67 g/mL)。其饱和水溶液(0.1%)的pH为4。本品无吸湿性，对热稳定，在120℃下加热20 min变化很小，但加热能随水蒸气挥发。在光的直射下微变黄。脱氢乙酸为酸性防腐剂，有较强的抗菌防腐能力，对霉菌和酵母菌的抗菌能力最强，pH为5时抑制霉菌能力是苯甲酸的2倍，抑制霉菌的有效浓度为0.1%，而抑制细菌的有效浓度为0.4%。

脱氢乙酸钠(sodium dehydroacetate)，分子式 $C_8H_7Na_4 \cdot H_2O$，相对分子质量208.15。为白色或接近白色的晶体粉末，几乎无臭，微有特殊味，易溶于水(33g/100mL)、甘油(14.3 g/100mL)、丙二醇(50g/100mL)，它微溶于乙醇(1g/100g)、丙醇(0.2g/100g)。其水溶液呈中性或微碱性。脱氢乙酸钠是新一代的食品防腐保鲜剂，具有很好的抑菌防腐作用，广泛地应用于饮料、食品加工中。

双乙酸钠(sodium diacetate, SDA)，分子式 $C_4H_7NaO_4 \cdot xH_2O$，无水物相对分子质量142.9，白色结晶粉末，有乙酸气味，易吸湿，易溶于水和醇，晶体结构为正六面体，熔点96～97℃，加热至150℃以上分解。双乙酸钠也是新一代的食品防腐保鲜剂，具有优良的防霉、防腐、保鲜作用，其防霉作用优于苯甲酸钠、山梨酸钾，在食品工业中应用越来越广泛。

2. 安全性 脱氢乙酸大鼠经口 LD_{50} 为1.0 g/kg。脱氢乙酸钠大鼠经口 LD_{50} 为0.57 g/kg。

3. 使用 按照GB2760—2011《食品安全国家标准 食品添加剂使用标准》，脱氢乙酸及其钠盐使用标准见表4-6，双乙酸钠使用标准见表4-7。

表4-6 脱氢乙酸及其钠盐使用标准

脱氢乙酸及其钠盐(dehydroacetic acid, sodium dehydroacetate)；CNS号：17.009(i)，17.009(ii)；INS号：265,266；功能：防腐剂

食品分类号	食品名称	最大使用量/(g/kg)	备注
02.02.01.01	黄油和浓缩黄油	0.3	以脱氢乙酸计
04.02.02.03	腌渍的蔬菜	0.3	
04.03.02.03	腌渍的食用菌和藻类	0.3	
04.04.02	发酵豆制品	0.3	
14.02.01	果蔬汁(浆)	0.3	
07.01	面包	0.5	
07.02	糕点	0.5	
07.04	焙烤食品馅料及表面用挂浆	0.5	
08.02	预制肉制品	0.5	
08.03	熟肉制品	0.5	
12.10	复合调味料	0.5	
06.05.02	淀粉制品	1.0	

表 4-7　双乙酸钠使用标准

双乙酸钠(sodium diacetate)：CNS 号：17.013；INS 号：262ii；功能：防腐剂

食品分类号	食品名称	最大使用量(g/kg)	备注
06.02.01	大米	0.2	
02.01	基本不含水的脂肪和油	1.0	
04.04.01.02	豆干类	1.0	
04.04.01.03	豆干再制品	1.0	
06.01	原粮	1.0	
09.04	熟制水产品(可直接食用)	1.0	
16.06	膨化食品	1.0	残留量≤30 mg/kg
12.0	调味品	2.5	
08.02	预制肉制品	3.0	
08.03	熟肉制品	3.0	
06.05.02.04	粉圆	4.0	
07.02	糕点	4.0	
12.10	复合调味料	10.0	

六、乳酸链球菌素

1. 特性　乳酸链球菌素(nisin)也称乳酸链球菌肽、尼辛、尼生素，是一种高效、无毒、安全、无副作用的天然食品微生物防腐剂。nisin 是从乳酸链球菌乳酸亚种一些菌株产生的细菌素，为白色至淡黄色结晶粉末或颗粒，其相对分子质量为 3510，活性形式常是二聚体或四聚体。它是由 34 个氨基酸残基组成的多肽，分子式 $C_{143}H_{228}N_{42}O_{37}S_7$。该多肽由羊毛硫氨酸、$\beta$-甲基羊毛硫氨酸、脱氢丙氨酸及 β-甲基脱氢丙氨酸等不常见的氨基酸组成。到目前为止，发现 nisin 的种类包括 A、B、C、D、E 和 Z 六种，对 nisinA 和 nisinZ 研究较多，两者的区别仅在于 A 的第 27 位氨基酸为组氨酸，而 Z 的第 27 位氨基酸为天冬氨酸，其抗菌特性几乎无差别。

2. 作用机制

nisin 的抑菌防腐作用机制可能类似于阳离子表面活性剂，通过影响细菌胞膜以及抑制革兰氏阳性菌细胞壁的形成达到抑菌的作用，孔洞机制学说和共价修饰机制学说是解释 nisin 抑菌机制的两种重要学说。孔洞机制学说认为，nisin 的抑菌作用分两步完成。第一步是乳酸菌素吸附于敏感细胞表面上，nisin 是一个疏水、带正电荷的小肽，它作用于革兰氏阳性菌细胞壁上带负电荷的阴离子如磷壁酸、糖醛酸等。第二步是与细胞膜结合形成管状结构，引起细胞膜的渗漏，导致细胞成分如氢离子、钾离子、氨基酸、核苷酸等小分子质量物质迅速流失，引起膜内外能差的消失，并对 DNA、RNA、蛋白质和多糖等物质的生物合成产生抑制作用，从而起到抑菌的作用。而共价修饰机制学说认为 nisin 的活性位点(脱水丙氨酸和脱水丁氨酸)与靶细胞膜的—SH 发生反应，从而改变细胞膜的性质，导致靶细胞的死亡。

3. 安全性　通过毒理学试验证明 nisin 是完全无毒的，nisin 可被消化道蛋白酶降解为氨基酸，无残留，不影响人体肠道有益菌，不产生抗药性。在包装食品中添加 nisin，可以降低灭菌温度，缩短灭菌时间，减少营养成份的损失，改进食品的品质和节省能源，并能有效地延长食品的保藏时间。

4. 使用　按照 GB2760—2011《食品安全国家标准 食品添加剂使用标准》，nisin 使用标准见表 4-8。

表 4-8　乳酸链球菌素(nisin)使用标准

乳酸链球菌素(nisin)；CNS 号：17.019；INS 号：234；功能：防腐剂

食品分类号	食品名称	最大使用量(g/kg)	备注
12.03	醋	0.15	
14.0	饮料类(14.01 包装饮用水类除外)	0.2	固体饮料按冲调倍数增加使用量
04.03.02.04	食用菌和藻类罐头	0.2	
06.04.02.01	八宝粥罐头	0.2	
12.04	酱油	0.2	

续 表

食品分类号	食品名称	最大使用量(g/kg)	备注
12.05	酱及酱制品	0.2	
12.10	复合调味料	0.2	
10.03	蛋制品(改变其物理性状)	0.25	
06.04.02.02	仅限杂粮灌肠制品	0.25	
06.07	仅限方便湿面制品	0.25	
06.07	仅限米面灌肠制品	0.25	
01.0	乳及乳制品	0.5	01.01.01、01.01.02、13.0涉及品种除外
08.02	预制肉制品	0.5	
08.03	熟肉制品	0.5	
09.04	熟制水产品(可直接食用)	0.5	

(2) 注意事项:nisin使用时需溶于水或液体中,它的溶解度主要取决于溶液的pH,在水中的溶解度随pH的下降而升高。即pH在5.0时溶解度为4g/100mL,pH在2.5时溶解度为12g/100mL,pH等于或大于7.0时溶解度约为0,几乎不溶解,产品中由于含有乳蛋白,其水溶液呈轻微的混浊。所以在应用时,一般先用盐酸溶解后再加入到食品中。nisin的稳定性也与溶液的pH有关,其耐酸耐热性能优良。nisin能有效抑制引起食品腐败的许多革兰氏阳性细菌,特别是对芽孢杆菌、梭状芽孢杆菌有很强的抑制作用。

七、纳他霉素

1. 特性 纳他霉素(natamycin)是以一种链霉菌为出发株生成的代谢物,是一种多烯烃大环内酯类抗真菌剂,商品名称为霉克,也称游链霉素(pimaricin)。纳他霉素分子是一种具有活性的环状四烯化合物,含3个以上的结晶水,为无色、无味的结晶粉末,分子式 $C_{33}H_{47}NO_{13}$,相对分子质量为665.73。纳他霉素微溶于水、甲醇,溶于稀酸、冰乙酸等。

纳他霉素对人体无害,人体消化道很难吸收,而微生物很难对其产生抗性,是一种天然、安全、广谱、高效的酵母菌及霉菌抑菌剂。它不仅能够抑制真菌,还能防止真菌毒素的产生。纳他霉素是目前国际上唯一的抗真菌微生物防腐剂,FAO/WHO、JECFA 1994确定纳他霉素的ADI值为0~0.3mg/kg。1982年6月,美国药品与食品管理局(FDA)正式批准纳他霉素作为食品防腐剂,是FDA批准在食品中使用的仅有两种生物防腐剂之一(另一种为乳酸链球菌素)。1997年我国卫生部正式批准纳他霉素作为食品防腐剂。

2. 使用 按照GB2760—2011《食品安全国家标准 食品添加剂使用标准》,纳他霉素使用标准见表4-9。

表4-9 纳他霉素(natamycin)使用标准

纳他霉素(natamycin);CNS号:17.030;INS号:235;功能:防腐剂

食品分类号	食品名称	最大使用量(g/kg)	备注
12.10.02.01	蛋黄酱、沙拉酱	0.02	残留量≤10mg/kg
01.06	干酪	0.3	
07.02	糕点	0.3	
08.03.01	酱卤肉制品类	0.3	
08.03.02	熏、烧、烤肉类	0.3	表面使用,混悬液喷雾或浸泡,残留量≤10mg/kg
08.03.03	油炸肉类	0.3	
08.03.04	西式火腿	0.3	
08.03.05	肉灌肠类	0.3	
08.03.06	发酵肉制品类	0.3	
14.02.01	果蔬汁(浆)	0.3	
15.03	发酵酒	0.01g/L	残留量≤10mg/kg

八、常用果蔬防腐保鲜剂

根据GB2760—2011《食品安全国家标准 食品添加剂使用标准》常用果蔬防腐保鲜剂主要包括仲丁胺、桂醛、乙氧基喹等。

1. 仲丁胺

(1) 理化特性：仲丁胺又称2-氨基丁烷，相对分子质量：73.14，为无色、具氨臭，溶于水、乙醇、乙醚、丙酮，易挥发的液体，具旋光性，相对密度(水=1)：0.72，相对蒸气密度(空气=1)：2.52，熔点 −104.5℃，沸点63℃，饱和蒸气压(kPa)：22.88(25℃)。

(2) 安全性：大鼠经口 LD_{50} 为660mg/kg，最大无作用剂量 MNL：大鼠为63mg 仲丁胺乙酸盐/(kg・d)[相当于35mg 仲丁胺/(kg・d)]；狗为125mg 仲丁胺乙酸盐/(kg・d)[相当于69mg 仲丁胺/(kg・d)]，仲丁胺 ADI 为0～0.1mg/kg(暂定)。

(3) 使用：仲丁胺及其盐类对霉菌均有很好的抑菌作用，但对细菌、酵母菌效果不佳，只在水果、蔬菜保鲜中作防霉使用。仲丁胺及其易于分解的盐类如碳酸盐、碳酸氢盐等，在使用中的一个重要特点就是其熏蒸性，即使在低温(如0℃)和低浓度(如含量为1%)下也具有足够的蒸气压而起到熏蒸作用。仲丁胺的一些盐类在熏蒸的控制释放方面有重要意义，在干燥条件下它们是稳定的，水和酸是它们释放仲丁胺的启动剂，这两个条件在水果、蔬菜环境中是完全具备的，所以这样的熏蒸剂使用起来非常方便。按照 GB2760—2011《食品安全国家标准 食品添加剂使用标准》，仲丁胺按生产需要适量使用，进行表面处理，残留量：柑橘((果肉)≤0.005mg/kg，荔枝(果肉)≤0.009mg/kg，苹果(果肉)≤0.001mg/kg，蒜苔和青椒≤3mg/kg。

2. 桂醛

(1) 理化特性：桂醛又称肉桂醛，化学名称为苯丙烯醛，为无色至淡黄色油状液体，具有强烈的肉桂臭，有甜味。在不同压力下的沸点分别为120℃(1.3 kpa)、177.7℃/(13.3 kpa)、246 ℃(101.3 kpa)(部分分解)，凝固点−7.5 ℃，折射率为1.618～1.623，相对密度为1.048～1.052。易溶于乙醇、乙醚、氯仿、油脂等，难溶于水，700g 水可溶1g 桂醛。有抑菌作用，在1/4000浓度时，对黄曲霉、橘青霉、串珠镰刀菌、酵母菌等均有强烈的抑制效果。桂醛可由桂皮等植物体提取，也可由化学合成，合成方法是由苯甲醛和乙醛在稀碱条件下经羟醛缩合反应而制得。

(2) 安全性：桂醛大鼠经口 LD_{50} 为3200mg/kg，最大无作用剂量 MNL 为125mg/kg，桂醛在人体内有轻度蓄积性，蓄积指数为6。

(3) 使用：桂醛作为食品添加剂主要用作香料。也可将它用作水果贮藏期用防腐剂，其使用方法可将桂醛制成乳液浸果，也可将桂醛涂在包果纸上，利用它的熏蒸性起到防腐保鲜作用。按照 GB2760—2011《食品安全国家标准 食品添加剂使用标准》，桂醛按生产需要适量使用，进行表面处理，残留量≤0.3mg/kg。

3. 乙氧基喹

(1) 理化性状：乙氧基喹化学名称为6-乙氧基-2,2,4-三甲基-1,2-双氧喹啉，由于它可防治苹果的虎皮病，故称虎皮灵。乙氧基喹为淡黄色至琥珀色黏稠液体，在光照和空气中长期放置逐渐变为暗棕色液体，沸点134～136℃，折射率1.569～1.672，相对密度1.029～1.031，不溶于水，可与乙醇任意混溶。乙氧基喹制成50%乳液即为“虎皮灵”，能很好地分散于水中。

(2) 安全性：乙氧基喹小鼠经口 LD_{50} 为1680～18080mg/kg，大鼠经口服 LD_{50} 为1470mg/kg，每日允许最高摄入量 ADI 为0.06mg/kg。经 ^{14}C 示踪试验表明，乙氧基喹可很快通过机体排泄，乙氧基喹由消化道吸收，在体内大部分脱去乙基或羟基后由尿排出，少量未经代谢部分由胆汁排出，无蓄积作用。

(3) 使用：乙氧基喹可用于苹果、梨等贮藏期防治虎皮病。乙氧基喹用于水果保鲜可单独使用，也可与其他防腐保鲜剂混合使用。使用方法可浸果，也可熏蒸，将乙氧基喹配成2～4g/kg 乳液，水果用此药液浸后保鲜；将乙氧基喹加到纸上制成包裹纸，或加到聚乙烯中制成保鲜塑料膜单果包装袋，或加到果箱隔板等处，借其挥发性而起到熏蒸作用。按照 GB2760—2011《食品安全国家标准 食品添加剂使用标准》，乙氧基喹用于苹果保鲜可按生产需要适量使用，残留限量为1mg/kg。在实际使用中，若用4g/kg 乙氧基喹乳液浸红香蕉苹果，贮藏2个月的残留量为0.7mg/kg，贮藏4个月为痕量，贮藏6个月后未检出。

4. 天然果蔬防腐保鲜剂

(1) 大蒜浸提液：大蒜中含有大蒜挥发油，其主要成分为大蒜素，它对真菌类具有抑制和杀灭作用。大蒜浸提液的配制：将新鲜大蒜切片在冷水中浸12h 后，再煎熬至沸，制成10%的大蒜浸提液。或者取一份大蒜，捣碎后加入10份80%～90%的热水，冷却至常温备用，将采收后的柑橘类果实浸泡在大蒜提取液中，经10～15min后捞出，通风晾干后，放入装有硬纸垫的空格栅木箱内，在通风库或普通房屋贮藏保鲜。存放70 d后好果率在92.4%以上。

(2) 魔芋提取液：魔芋的地下茎块含有大量的魔芋粉，粉中主要成分为魔芋甘露糖苷，含量可达50%，用有机溶剂提取后，可得到魔芋甘露聚糖。将采收的新鲜草莓放入0.05%(以重量计)的魔芋甘露糖水溶液中浸泡10min取出自然晾干。经处理的果实在室温下存放1周后，果实表面稍失光泽，但不霉烂，放3周后仍不发霉，而未经处理的草莓，在室温下存放2天，果实光泽消先，3 d后便开始霉烂。

(3) 高良姜煎剂：高良姜的主要成分是挥发油，占0.5%～1.5%。取高良姜1 kg，加水10 kg煮沸45min，充分煎出药物成分，煮沸过程中随时补加蒸发的水分，使药汁保持在10 kg左右，将所得药汁趁热过滤，冷却后备用。将提取液加漂白虫胶(提取液：漂白虫胶＝1：1.5)调和成涂料，在柑橘果上涂抹后即可装入柳条筐，置室内常温贮存。或者将涂后的橘果晾干，用厚度为0.01 mm的塑料薄膜包裹，包裹膜上开一些0.25 mm^2的透气小孔，贮存于常温下。此法贮藏95 d后，烂果率仅为2.8%，而对照烂果率达37%。

(4) NpS天然果蔬保鲜剂：NpS天然果蔬保鲜剂是从天然植物鞭打绣球的种子中提取的一种保鲜剂，它具有良好的成膜性，且成膜后无色无味，速溶于水，易洗涤，因此可将这种特性用于果蔬涂膜保鲜。苹果的最佳处理浓度为0.5%～1%，鸭梨、雪花梨为0.25%～0.5%，甜橘及其他果菜类为0.5%～1%。经NpS药剂处理的果蔬，表面光泽明显增强，具有上光打蜡的效果。

第三节 防腐剂在食品工业中的应用

一、合理使用及注意事项

近年来，世界各国对食品的保藏虽然采用了很多先进的技术，如气调保鲜、辐照保藏、速冻保藏、超高压保藏、冻干保藏等，但化学防腐剂保藏仍然很普遍。食品防腐剂的使用，对食品工业的发展发挥了巨大的作用，而且防腐剂的品种不断增加，使用量逐年增长，因此利用防腐剂进行食品的防腐保鲜仍然是一种不可缺少的重要手段。我们必须根据实际情况，严格按照GB2760—2011《食品安全国家标准 食品添加剂使用标准》，科学合理地使用食品防腐剂。

1. 有针对性地使用 不同的食品腐败变质类型不同，其主要特定腐败菌也各异，因此选择食品防腐剂应有针对性。如水果、蔬菜、焙烤类食品腐败菌以真菌为主，应选择防霉效果好的丙酸钠、丙酸钙和纳他霉素等食品防腐剂；肉类食品腐败菌以细菌为主，应选择山梨酸钾、乳酸链球菌素等食品防腐剂；酱油、醋等调味品和酸性食品主要腐败菌是酵母菌和霉菌，一般选择苯甲酸钠防腐效果良好，且成本低。另外使用方式必须合理，一种药剂要达到预期的效果必须有一定的浓度，因此绝不能"少量多次"地使用，而必须是在使用之始就达到足够的浓度，随后再保持一个维持浓度。

2. 复配使用，提高防腐效果 至今没有发现能抑制所有菌的食品防腐剂，也就是说各种食品防腐剂都有一定的抑菌谱，而一种食品中可能含有多种微生物，因此一种防腐剂不可能全部抑制的。从理论上说，两种以上防腐剂复配使用可以发挥协同作用，提高抑菌范围和能力，如山梨酸钾和苯甲酸钠复配使用要比单独使用能抑制更多的菌。两种以上防腐剂复配使用在抗菌能力上有以下3种可能：① 相加效应：指各单一物质的效应简单地加在一起；② 协同效应也称增效效应：指混合物的效果比单一物质的效果显著提高，或者说在混合物中每一种药剂的有效浓度都比单独使用的浓度显著降低；③ 拮抗效应：指与协同效应相反的效应，即混合物的有效浓度显著高于单一组成物质的有效浓度。因此在实际工作中必须慎重，不能乱用混合制剂，因为若混用不当，不但造成浪费，而且会促进微生物产生抗药性。复配使用应遵循的原则是：只有那些对有互补作用和增效作用的才能混合使用；抑菌谱互补的可以混合使用；作用方式互补的，如保护性杀菌剂与内吸剂，速效杀菌剂与迟效杀菌剂可以复配使用。复配使用防腐剂必须符合有关规定，用量应按比例折算且不超过最大使用量。由于食品防腐剂使用标准的限制，不同防腐剂复配使用的实例不多，而同一类防腐剂复配，如山梨酸及其钾盐，对羟基苯甲酸酯类的复配使用则较多。

3. 交替使用,避免抗药性 长期使用一种食品防腐剂会使防腐效果降低,这就是通常所说的抗药性,也称为耐药性。所谓抗药性,指的是微生物对食品防腐剂的敏感性降低,从而导致食品防腐剂的防腐抑菌作用降低或丧失。这里要区别适应性(非遗传性)和突变性(遗传性),微生物的适应性是指在防腐剂作用停止时,微生物的抵抗力就消失,而突变性则指仍然保持其抵抗力。至于微生物对防腐剂的分解作用,不是抗药性。为了解决微生物的抗药性问题,除了不断地研制新的防腐剂外,还需特别注意对现有防腐剂的合理使用。应该是不同防腐剂交替使用。交替使用要特别注意两点:一是具有交叉抗性的防腐剂的交替使用没有意义,二是不要认为使用不同商品名称的防腐剂就是交替使用了,因为许多商品名称不同的防腐剂其有效成分可能是一样的。

4. "防"与"保"有机结合,提高防腐保鲜效果 在食品防腐保鲜中,对于微生物必须立足于"防",对于食品固有的色、香、味、形与营养成分必须立足于"保"。无论是加工食品,还是果蔬等鲜活食品,一旦发生腐烂变质,就不能用防腐剂来"治疗"。因此,对于微生物所致的腐烂变质,只能是在发生之前预防。在贮藏期间对于食品的色、香、味、形及营养成分,立足于"保"。有学者现在正作这样的研究:对于各种水果具有的特有香味,能否在贮藏期间再在果实内合成?现在已知在草莓的贮藏环境中加入化学药剂可以产生乙酸乙酯,这是草莓特有香气的主要成分。如果这种方法能够成功,那就意味着可以在贮藏期间利用果蔬的生理活动为保鲜做出新贡献。

5. 严格卫生管理,及时添加,混合均匀 食品加工中应严格清洗、消毒操作,减少微生物污染,食品污染越轻,初始活菌数越少时,及时添加食品防腐剂,防腐效果越好。如果食品污染严重,初始活菌数非常多,食品甚至已经腐败变质,再添加食品防腐剂,就没有防腐效果,或该食品原料就没有加工保藏的价值。另外,食品防腐剂使用中必须均匀分布于食品中,或均匀喷洒在食品表面,才能充分发挥其防腐作用。

二、食品防腐剂与栅栏技术

栅栏技术是由德国学者 Leistner 率先提出,他认为食品要达到可贮藏性和卫生安全性,就要求在其加工中根据不同的产品采用不同的防腐保鲜技术,以抑制残留的腐败菌、致病菌的生长繁殖及酶的活性。常用的防腐保鲜方法根据其原理有高温处理(H)、低温冷藏或冻藏(t)、降低水分活度(Aw)、酸化(pH)、降低氧化还原值和添加食品防腐剂、食品抗氧化剂等几种,可归纳为若干个因子,把这些起安全与质量控制作用的因子,称为栅栏因子(hurdle factor),各栅栏因子共同防腐保鲜作用的内在统一,称作栅栏技术(hurdle technology)。

在实际食品生产中,运用栅栏技术,通过食品防腐剂和其他栅栏因子科学合理的组合起来,发挥其协同作用,提高防腐抑菌效果,改善食品质量,减少食品防腐剂添加量,保证食品安全性。

第五章

食品抗氧化

第一节 食品氧化与抗氧化机制

一、食品氧化及其影响

食品氧化变质表现为多种形式，其中油脂的氧化变质是食品氧化变质的主要形式。天然油脂或含油食品暴露在空气中会自发地进行氧化，使其性质、风味发生改变，被称之为酸败或哈败。油脂的自动氧化遵循自由基反应机制，它包括以下4个阶段：① 脂肪或脂肪酸分子(RH)被热、光或金属离子等自由基引发剂活化后，分解成不稳定活泼的自由基R·和H·；② 自由基可以与O_2反应生成过氧化物自由基；③ 此过氧化物自由基又和脂肪分子反应，生成氢过氧化物和自由基R·，通过自由基R·的链式反应，又再传递下去，随着反应的进行，更多的脂肪分子转变成氢过氧化物，氢过氧化物进一步变化，产生更多的自由基；④ 当自由基和自由基或自由基和自由基失活剂(以X表示)相结合，产生稳定化合物时，反应便结束。反应过程中产生许多短链羰基化合物，如醛、酮、羧酸等，这些是产生酸败和劣味的主要物质，而大量过氧化物的存在，对人体也会产生不良影响。

食品氧化变质不仅导致食品发生油脂氧化酸败、褪色、褐变、风味劣变，维生素和必需脂肪酸破坏等，甚至产生有毒有害物质；不仅降低食品品质和营养价值，而且会引起食物中毒，危及人体健康。因此控制食品氧化变质非常重要，常用的方法有物理方法和化学方法等。物理方法包括对食品原料、加工过程及成品采用低温、避光、涂膜隔氧或充氮包装等抗氧化方法；化学方法是指在食品中添加丁基羟基茴香醚(BHA)、二丁基羟基甲苯(BHT)、没食子酸丙酯(PG)、特丁基对苯二酚(TBHQ)等食品抗氧化剂和柠檬酸、苹果酸、磷酸、葡萄糖酸钙、EDTA等抗氧化增效剂。

二、食品抗氧化剂定义及种类

食品抗氧化剂是能防止或延缓食品成分氧化分解、变质，提高食品稳定性的物质。抗氧化剂从制备和来源方面可分两类：天然抗氧化剂和人工合成抗氧化剂。天然抗氧化剂主要来源于动植物体内或微生物代谢而产生的物质，通过一定的分离方法制得，如混合生育酚浓缩物与愈疮树脂等；人工合成抗氧化剂则需要一定化学反应和使用一些化工试剂或原料制得，如丁基羟基茴香醚(BHA)和二丁基羟基甲苯(BHT)等。从反应副产物与产品纯度的角度分析，人工合成抗氧化剂的食用安全性不如天然物质，但天然抗氧化剂在应用范围和使用效果上不如人工合成抗氧化剂，而且从加工成本及产量方面也无法与人工合成抗氧化剂竞争。

根据其性质(溶解性)的不同，抗氧化剂可分为油溶性以及水溶性两类。前者适用于油脂和含油脂较多的食品抗氧化，防止氧化酸败；后者多用于果蔬的加工或保鲜，防止其酶促褐变。

抗氧化剂应具备的以下条件：① 具有优良的抗氧化效果，低浓度有效；② 使用时和分解后都无毒、无害，不影响食品色香味；③ 可与食品共存，稳定性好，检测方便；④ 容易制取，价格便宜。

三、抗氧化机制

食品抗氧化剂的种类很多，抗氧机制比较复杂，详见表5-1。

表5-1 抗氧化机制

抗氧化类别	抗氧化机制	抗氧化剂
自由基吸收剂	使自由基灭活	酚类化合物
氢过氧化物稳定剂	防止氢过氧化物降解转变成自由基	酚类化合物
增效剂	增强自由基吸收剂的活性	柠檬酸、维生素C
单线态氧猝灭剂	将单线态氧转变成三线态氧	胡萝卜素
金属离子螯合剂	将金属离子螯合转变成不活泼的物质	磷酸盐、美拉德反应化合物、柠檬酸
还原氢过氧化物	将氢过氧化物还原成不活泼状态	蛋白质、氨基酸

如丁基羟基茴香醚(BHA)、二丁基羟基甲苯(BHT)、没食子酸丙酯(PG)、特丁基对苯二酚(TBHQ)、生育酚(维生素E)等都属于酚类抗氧化剂(AH),其抗氧化机制主要是终止油脂链式氧化反应,反应过程如下:

$$AH + ROO\cdot \longrightarrow ROOH + A\cdot$$
$$A\cdot + A\cdot \longrightarrow AA(\text{稳定化合物})$$
$$A\cdot + ROO\cdot \longrightarrow ROOA(\text{稳定化合物})$$

抗氧化剂的自由基A·没有活性,它不能引起链式反应,却能参与一些终止反应,产生AA、ROOA等稳定化合物,不再引发链式反应,从而起到了抗氧化作用。

另外,柠檬酸、磷酸、乙二胺四乙酸(EDTA)等抗氧化增效剂,其本身没有抗氧化作用,但与抗氧化剂并用时,却能增加抗氧化剂的效果。这是由于抗氧化增效剂能与促进氧化的微量金属离子生成络合物,使金属离子氧化酶不能激活;或酸性抗氧化增效剂(SH)可与抗氧化剂的自由基A·作用,使抗氧化剂(AH)获得再生,反应过程如下:

$$A\cdot + SH \longrightarrow AH + S\cdot$$

第二节 人工合成抗氧化剂

一、丁基羟基茴香醚

1. 特性 丁基羟基茴香醚(butylated hydroxyanisole,BHA),分子式$C_{11}H_{16}O_2$,也称叔丁基-4-羟基茴香醚、丁基大茴香醚,为无色至微黄色蜡样结晶粉末;具有酚类的特异臭和刺激性味道;熔点57~65℃,沸点264~270℃。BHA在几种溶剂和油脂中的溶解度(25℃)为:乙醇25%、丙二醇50%、丙酮60%、猪油30%、花生油40%、棉子油42%。

BHA对热稳定性高,在弱碱性条件下不容易破坏,这可能是其在焙烤食品中有效的原因之一。BHA与其他抗氧化剂比,它不像PG会与金属离子作用而着色,BHT不溶于丙二醇,而BHA溶于丙二醇,成为乳化态,具有使用方便的特点,但价格较BHT高。BHA具有单酚的挥发性,如在猪油中保持61℃时稍有挥发,在日光长期照射下,色泽会变深。3-BHA的抗氧化效果是2-BHA的1.5~2倍,两者混合使用会有协同效果。

BHA与其他抗氧化剂或增效剂复配使用,可以大大提高其抗氧化作用。BHA除了抗氧化作用之外,还具有相当的抗菌作用,有报道用0.015%的BHA可抑制金黄色葡萄球菌,0.028%的BHA可阻止寄生曲霉孢子的生长,并能阻碍黄曲霉毒素的生成。

2. 安全性 BHA比较安全,大鼠经口LD_{50}为2.2~5g/kg,ADI为0~0.5mg/kg。

3. 使用 按照GB2760—2011《食品安全国家标准 食品添加剂使用标准》,BHA使用标准见表5-2。

按照GB2760—2011《食品安全国家标准 食品添加剂使用标准》,BHA可用于油脂、油炸食品、饼干、方便面、腌腊肉制品等。最大使用量为0.2g/kg(以油脂中的含量计)。在油脂和含油脂食品中使用时,可以采用直接加入法,即将油脂加热到60~70℃加入BHA,充分搅拌,使其充分溶解和分布均匀;用于鱼肉制品时,可以采用浸渍法和拌盐法,浸渍法抗氧化效果较好,它是将BHA预先配成1%的乳化液,然后再按比例加入到浸渍液中。

表 5-2 丁基羟基茴香醚(BHA)使用标准

丁基羟基茴香醚(BHA，butylated hydroxyanisole)；CNS 号：04.001；INS 号：320；功能：抗氧化剂

食品分类号	食品名称	最大使用量/(g/kg)	备注
02.0	脂肪、油和乳化脂肪制品	0.2	
02.01	基本不含水的脂肪和油	0.2	
04.05.02.01	仅限油炸坚果与籽类	0.2	
04.05.02.03	坚果与籽类罐头	0.2	
06.03.02.05	油炸面制品	0.2	
06.04.01	杂粮粉	0.2	
06.06	即食谷物	0.2	以油脂中的含量计
06.07	方便米面制品	0.2	
07.03	饼干	0.2	
08.02.02	腌腊肉制品类	0.2	
09.03.04	风干、烘干、压干等水产品	0.2	
16.06	膨化食品	0.2	
05.02.01	胶基糖果	0.4	

二、二丁基羟基甲苯

1. 特性

二丁基羟基甲苯(bibutyl hydroxyl toluene，BHT)，也称 2,6-二丁基对甲酚，无色晶体或白色结晶粉末，无臭、无味，熔点 69.5～70.5℃，沸点 265℃。溶于乙醇和各种油脂，其溶解度为：乙醇 25%(120℃)、棉子油 20%(25℃)、大豆油 30%(25℃)、猪油 40%(25℃)。分子式 $C_{15}H_{24}O$，相对分子质量 220.36。

BHT 化学稳定性好，对热相当稳定，抗氧化效果好，与金属反应不着色，具有单酚型特征的升华性，加热时有与水蒸气一起挥发的性质。它与其他抗氧化剂相比，稳定性较高，抗氧化作用较强，没有没食子酸丙酯那样遇金属离子反应着色的缺点，也没有 BHA 的特异臭，价格低廉，但是它的毒性相对较高。

2. 安全性

大鼠经口 LD_{50} 为 1.7～1.97g/kg，小鼠经口 LD_{50} 为 1.39g/kg，ADI 为 0～0.125 mg/kg。BHT 的急性毒性比 BHA 稍大，但无致癌性。

3. 使用

按照 GB2760—2011《食品安全国家标准 食品添加剂使用标准》，BHT 使用标准见表 5-3。

表 5-3 二丁基羟基甲苯(BHT)使用标准

二丁基羟基甲苯(BHT，butylated hydroxytoluene)；CNS 号：04.002；INS 号：321；功能：抗氧化剂

食品分类号	食品名称	最大使用量/(g/kg)	备注
02.0	脂肪，油和乳化脂肪制品	0.2	
02.01	基本不含水的脂肪和油	0.2	
04.02.02.02	仅限脱水马铃薯	0.2	
04.05.02.01	仅限油炸坚果与籽类	0.2	
04.05.02.03	坚果与籽类罐头	0.2	
06.03.02.05	油炸面制品	0.2	
06.06	即食谷物	0.2	以油脂中的含量计
06.07	方便米面制品	0.2	
07.03	饼干	0.2	
08.02.02	腌腊肉制品类	0.2	
09.03.04	风干、烘干、压干等水产品	0.2	
16.06	膨化食品	0.2	
05.02.01	胶基糖果	0.4	

按照GB2760—2011《食品安全国家标准 食品添加剂使用标准》，BHT的使用范围和最大使用剂量与BHA相同。可用于油脂、油炸食品、饼干、方便面等，最大使用量为0.2g/kg(以油脂中的含量计)。BHT与BHA混合使用时，总量不得超过0.2g/kg。以柠檬酸为增效剂与BHA复配使用时，复配比例为：*m*(BHT)∶*m*(BHA)∶*m*(柠檬酸)=2∶2∶1。BHT也可用在包装食品的材料中，其使用量为0.2～1kg/t(包装材料)。

BHT用于精炼油时，应该在碱炼、脱色、脱臭后，在真空下油品冷却到12℃时添加，才可以充分发挥BHT的抗氧化作用。此外还应保持设备和容器清洁，在使用时应先用少量油脂溶解，柠檬酸用水或乙醇溶解后再借真空吸入油中搅拌均匀。

三、没食子酸丙酯

1. 特性 没食子酸丙酯(propyl gallate，PG)，也称棓酸丙酯，白色至浅黄褐色晶体粉末，或乳白色针状结晶，无臭、微有苦味，水溶液无味。由水或含水乙醇可得到带一分子结晶水的盐，在105℃失去结晶水成为无水物。熔点146～150℃，它易溶于乙醇等有机溶剂，微溶于油脂和水，其溶解度(25℃)为：乙醇103g/100mL、丙二醇67.5g/100mL、甘油25g/100mL、猪脂10g/100mL、棉籽油1.2g/100mL、花生油0.5g/100mL、水0.35g/100mL。PG 0.25%的水溶液的pH为5.5左右。分子式$C_{10}H_{12}O_5$，相对分子质量212.1。

PG对热比较稳定，但易与铜、铁离子发生呈色反应，变为紫色或暗绿色，具有吸湿性，对光不稳定易分解，对油脂的抗氧化能力较BHA、BHT强，与增效剂柠檬酸或与BHA、BHT复配使用抗氧化能力更强。

2. 安全性 大鼠经口LD_{50}为3.8g/kg，ADI为0～0.2mg/kg。PG在体内可被水解，大部分形成4-O-甲基没食子酸或内聚葡萄糖醛酸，由尿液排出。

3. 使用 按照GB2760—2011《食品安全国家标准 食品添加剂使用标准》，PG使用标准见表5-4。

表5-4 没食子酸丙酯(PG)使用标准

没食子酸丙酯(PG，propyl gallate)；CNS号：04.003；INS号：310；功能：抗氧化剂

食品分类号	食 品 名 称	最大使用量/(g/kg)	备 注
02.0	脂肪、油和乳化脂肪制品	0.1	
02.01	基本不含水的脂肪和油	0.1	
04.05.02.01	仅限油炸坚果与籽类	0.1	
04.05.02.03	坚果与籽类罐头	0.1	
05.02.01	胶基糖果	0.1	
06.03.02.05	油炸面制品	0.1	以油脂中的含量计
06.07	方便米面制品	0.1	
07.03	饼干	0.1	
08.02.02	腌腊肉制品类	0.1	
09.03.04	风干、烘干、压干等水产品	0.1	
16.06	膨化食品	0.1	

按照GB2760—2011《食品安全国家标准 食品添加剂使用标准》，PG可用于油脂、油炸食品、饼干、方便面、膨化食品等，最大使用量为0.1g/kg(以油脂中的含量计)。与其他抗氧化剂复配使用时，PG不得超过0.05g/kg(以油脂中的含量计)。

PG使用量达0.01%时即能着色，故一般不单独使用，而与BHA、BHT或与柠檬酸、异抗坏血酸等增效剂复配使用。复配使用时BHA、BHT的总量不超过0.18g/kg，PG不超过0.05g/kg。PG用量约为0.05g/kg即能起到良好的抗氧化效果。PG使用时，应先取少部分油脂，将PG加入，使其加热充分溶解后，再与全部油脂混合。一般是在油脂精炼后立即添加，或者以*m*(PG)∶*m*(柠檬酸)∶*m*(95%的乙醇)按1∶0.5∶3的比例混合均匀后，再徐徐加入油脂中搅拌均匀。

另外，因PG与铜、铁等金属离子反应变色，所以在使用时应避免使用铜、铁等金属容器。具有螯合作用的柠檬酸、酒石酸与PG复配使用，不仅发挥增效作用，而且可以防止呈色反应。

四、特丁基对苯二酚

1. 特性 特丁基对苯二酚(tertiary butylhydroquinone,TBHQ),溶于乙醇、乙酸、乙酯、乙醚及植物油等。沸点295℃,熔点126.5～128.5℃。TBHQ抗氧化效果优良,比BHA、BHT、PG强5～7倍,适用于动植物脂肪和富脂食品,特别适用于植物油中,是色拉油、调和油、高烹油首选的抗氧化剂。耐高温,可用于方便面、糕点及其他油炸食品,最高耐热温度可达230℃以上。在添加应用范围内,能抑制几乎所有细菌和酵母菌生长,对黄曲霉等危害人体健康的霉菌也有很好的抑制作用。TBHQ不影响食品的色泽、风味,用于含铁的食品不着色。

2. 安全性 大鼠经口LD_{50} 0.7～1.0 g/kg,ADI暂定0～0.2 g/kg。

3. 使用 按照GB2760—2011《食品安全国家标准 食品添加剂使用标准》,TBHQ使用标准见表5-5。

表5-5 特丁基对苯二酚(TBHQ)使用标准

特丁基对苯二酚(TBHQ tertiary butylhydroquinone);CNS号:04.007;INS号:319;功能:抗氧化剂

食品分类号	食品名称	最大使用量/(g/kg)	备注
02.0	脂肪,油和乳化脂肪制品	0.2	
02.01	基本不含水的脂肪和油	0.2	
04.05.02.01	熟制坚果与籽类	0.2	
04.05.02.03	坚果与籽类罐头	0.2	
06.03.02.05	油炸面制品	0.2	以油脂中的含量计
06.07	方便米面制品	0.2	
07.03	饼干	0.2	
08.02.02	腌腊肉制品类	0.2	
09.03.04	风干、烘干、压干等水产品	0.2	
16.06	膨化食品	0.2	

按照GB2760—2011《食品安全国家标准 食品添加剂使用标准》,TBHQ可用于食用油脂、油炸食品、饼干、方便面、腌制肉制品等,最大使用量为0.2 g/kg。一般建议使用量为油脂总量的0.01%～0.02%。使用方法有直接法、种子法、泵送法。

直接法:将油脂加热至35～60℃,按所需比例量加入TBHQ,强力搅拌10～15 min,使其溶解,然后持续搅拌(不必大力搅拌以免过多的空气进入)20 min左右,确保TBHQ均匀分布。

种子法:先将TBHQ完全溶于少量油脂或95%的乙醇溶液中,配成5%～10%的TBHQ油脂或乙醇溶液,然后直接或以计量器加入脂肪或油中搅拌分布均匀。

泵送法:将种子法配制的TBHQ浓缩液,通过不锈钢定量泵按规定比例注入需稳定的有固定流速、流量的脂肪或油类的管道内。管道内要确保产生足够的湍流,使TBHQ分布均匀。

在油脂中使用时,将脂肪或油脂加热50℃以上,待油脂完全成为液状,充分搅动TBHQ直至完全溶解,继续搅拌20 min以确保TBHQ在油脂中均匀分布(搅拌时注意避免渗入过多空气)。相对于大批量产品,可以把TBHQ溶解在少量(温度在93～121℃)脂肪或油脂中,可制成浓缩的TBHQ抗氧化剂溶液,把这种TBHQ浓缩液直接加入油脂或以计量器加入液状油脂中搅拌至均匀分布。对于果仁类食品,按所需比例稀释的TBHQ直接喷射食品表面,溶液浓度应按所需剂量调整并确保均匀喷射于产品表面。对于油炸食品、饼干、方便面、方便米线、干果罐头等,在所用油脂中添加0.15～0.20 g/kg的TBHQ。

五、*D*-异抗坏血酸及其钠盐

1. 特性 *D*-异抗坏血酸(eqedaorbic acid),分子式$C_6H_8O_6$,相对分子质量176.13;*D*-异抗坏血酸钠(sodium erythorbic acid),分子式$C_6H_7O_6Na \cdot H_2O$,相对分子质量216.13。*D*-异抗坏血酸是抗坏血酸(V_C)的一种立体异构体,在化学性质上与V_C相似,但无V_C的生理功能。*D*-异抗坏血酸为白色至浅黄色的结晶或结晶性粉末,无臭,有酸味;极易溶于水,溶解度为40 g/100 mL,1%的水溶液pH 2.8;溶于乙醇,溶解度为

5 g/100 mL；难溶于甘油；不溶于苯、乙醚；*D*-异抗坏血酸的耐热性差，还原性强，金属离子能促进其分解，但其抗氧化性能优于抗坏血酸，并且价格更便宜。在肉制品中 *D*-异抗坏血酸与亚硝酸钠配合使用，既可以防止肉氧化变色，又可以发挥发色助剂的作用。*D*-异抗坏血酸钠为白色至黄白色的结晶或晶体粉末，无臭，微有咸味；干燥状态下在空气中相当稳定，但在水溶液中，当遇空气、金属、热、光时，则易氧化；它易溶于水，55 g/100 mL，1%的水溶液 pH 为 7.4。

2. 安全性 *D*-异抗坏血酸大鼠经口 LD_{50} 为 18 g/kg，ADI 为 0～5 mg/kg。*D*-异抗坏血酸钠大鼠经口 LD_{50} 9.4 g/kg，小鼠经口 LD_{50} 15.3 g/kg，ADI 为 0～5 mg/kg。

3. 使用 按照 GB2760—2011《食品安全国家标准 食品添加剂使用标准》，*D*-异抗坏血酸使用标准为：果蔬罐头、果酱、冷冻鱼 1.0 g/kg；啤酒 0.04 g/kg；瓶装葡萄酒、果汁 0.15 g/kg；肉及肉制品 0.50 g/kg。*D*-异抗坏血酸钠的使用与 *D*-异抗坏血酸相同，只是用量较 *D*-异抗坏血酸多 20%。

六、乙二胺四乙酸二钠

1. 特性 乙二胺四乙酸二钠（EDTA－2Na），又称为乙二胺四乙酸二钠盐，EDTA 二钠，EDTA 二钠盐，分子式 $C_{10}H_{14}N_2O_3Na_2 \cdot 2H_2O$，为白色结晶颗粒或粉末，无臭、无味，易溶于水，其水溶液 pH 约为 5.3，通过螯合溶液中的金属离子，发挥其抗氧化增效剂作用。

2. 安全性 ADI 为 0～2.5 mg/kg。

3. 使用 按照 GB2760—2011《食品安全国家标准 食品添加剂使用标准》，EDTA－2Na 使用标准见表 5－6。

表 5－6 乙二胺四乙酸二钠（EDTA－2Na）使用标准

乙二胺四乙酸二钠（disodium ethylene-diamine-tetra-acetate，EDTA－2Na）；CNS 号：18.005；INS 号：386；功能：稳定剂、凝固剂、抗氧化剂、防腐剂

食品分类号	食 品 名 称	最大使用量/(g/kg)	备 注
14.0	饮料类（14.01 包装饮用水类除外）	0.03	
04.01.02.05	果酱	0.07	
04.02.02.05	蔬菜泥（酱），番茄沙司除外	0.07	
12.10	复合调味料	0.075	
04.01.02.08.03	果脯类（仅限地瓜果脯）	0.25	
04.02.02.03	腌渍的蔬菜	0.25	
04.02.02.04	蔬菜罐头	0.25	
04.05.02.03	坚果与籽类罐头	0.25	
06.04.02.01	八宝粥罐头	0.25	

第四节 天然抗氧化剂

今天，天然抗氧化剂无毒、安全、绿色、天然的特点受到了广大消费者的欢迎，近年来研究开发天然抗氧化剂引起各国科学家的高度重视。天然抗氧化剂成分的来源包括某些草本植物、香辛料、茶叶、油料种子、果蔬、酶及蛋白质水解物等，其中已经被 GB2760—2011《食品安全国家标准 食品添加剂使用标准》批准使用的有：*L*-抗坏血酸及其盐类、维生素 E、植酸、茶多酚、甘草抗氧物、迷迭香提取物、竹叶抗氧化物等。

一、*L*-抗坏血酸及其盐类

1. 特性 *L*-抗坏血酸（*L*－ascorbic acid），也称维生素 C，分子式 $C_6H_8O_6$，相对分子质量 176.13，可形成白色或淡黄色的结晶或粉末，无臭，味酸，遇光颜色逐渐变深，易溶于水。*L*-抗坏血酸不稳定，其水溶液对热、光等敏感，特别在碱性及金属存在时更容易被破坏。

L-抗坏血酸钠（sodium *L*－ascorbic acid），分子式 $C_6H_7O_6Na$，相对分子质量 198.11，为白色或略带黄白色结晶或结晶性粉末，无臭，稍咸；干燥状态下稳定，吸湿性强；较 *L*-抗坏血酸易溶于水，其溶解度为：62%

(25℃),78%(75℃);极难溶于乙醇;遇光颜色逐渐变深。2%的水溶液pH为6.5~8.0。其抗氧化作用与*L*-抗坏血酸相同。1g *L*-抗坏血酸钠相当于0.9g *L*-抗坏血酸。*L*-抗坏血酸钙为白色至浅黄色结晶性粉末,无臭,溶于水,稍溶于乙醇,不溶于乙醚。10%水溶液的pH为6.8~7.4。

2. 安全性 正常剂量的抗坏血酸对人无毒性作用,GRAS FDA-21CFR 182.3189,ADI无需规定。*L*-抗坏血酸钠、*L*-抗坏血酸钙与*L*-抗坏血酸相同。

3. 使用 按照GB27602011《食品安全国家标准 食品添加剂使用标准》,*L*-抗坏血酸(又名维生素C)使用标准见表5-7;*L*-抗坏血酸钠使用标准见表5-8;*L*-抗坏血酸钙使用标准见表5-9。

表5-7 *L*-抗坏血酸(维生素C)使用标准

L-抗坏血酸(vitamin C,ascorbic acid);CNS号:04.014;INS号:300;功能:面粉处理剂、抗氧化剂

食品分类号	食品名称	最大使用量/(g/kg)	备注
06.03.01	小麦粉	0.2	
14.02.02	浓缩果蔬汁(浆)	按生产需要适量使用	

表5-8 *L*-抗坏血酸钠使用标准

L-抗坏血酸钠(sodium ascorbate);INS号:301;功能:抗氧化剂

食品分类号	食品名称	最大使用量/(g/kg)	备注
14.02.02	浓缩果蔬汁(浆)	按生产需要适量使用	

表5-9 *L*-抗坏血酸钙使用标准

L-抗坏血酸钙(calcium ascorbate);CNS号:04.009;INS号:302;功能:抗氧化剂

食品分类号	食品名称	最大使用量/(g/kg)	备注
04.01.01.03	去皮或预切的鲜水果	1.0	以水果中抗坏血酸钙残留量计
04.02.01.03	去皮、切块或切丝的蔬菜	1.0	以蔬菜中抗坏血酸钙残留量计
14.02.02	浓缩果蔬汁(浆)	按生产需要适量使用	

按照GB2760—2011《食品安全国家标准 食品添加剂使用标准》,*L*-抗坏血酸及其盐对于肉制品还可以作为发色助剂。*L*-抗坏血酸及其盐作为抗氧化剂使用时,可以用柠檬酸作为增效剂。

L-抗坏血酸及其盐不溶于油脂,而且对热不稳定,实际上不能作为无水食品的抗氧化剂使用。近年来,人们研究了许多抗坏血酸的衍生物作为无水食品的抗氧化剂,其中公认较为理想的是*L*-抗坏血酸棕榈酸脂。*L*-抗坏血酸棕榈酸脂为微具光泽的白色结晶性粉末,不溶于水,易溶于油脂。因其易氧化,多用于油脂、奶油、肉制品等,以防止氧化变质,*L*-抗坏血酸棕榈酸酯使用标准见表5-10。

表5-10 *L*-抗坏血酸棕榈酸酯使用标准

L-抗坏血酸棕榈酸酯(ascorbyl palmitate);CNS号:04.011;INS号:304;功能:抗氧化剂

食品分类号	食品名称	最大使用量/(g/kg)	备注
01.03	乳粉(包括加糖乳粉)和奶油粉及其调制产品	0.2	以脂肪中抗*L*-坏血酸计
02.0	脂肪,油和乳化脂肪制品	0.2	
02.01	基本不含水的脂肪和油	0.2	
06.06	即食谷物,包括碾轧燕麦(片)	0.2	
06.07	方便米面制品	0.2	
07.01	面包	0.2	
13.01	婴幼儿配方食品	0.05	
13.02	婴幼儿辅助食品	0.05	

二、维生素E

1. 特性 维生素E(tocopherol,vitannn E)即生育酚,是广泛存在于高等动植物中的天然抗氧化剂,具

有防止动植物组织内脂溶性成分氧化变质的功能。生育酚混合浓缩物为黄色至褐色透明黏稠状液体，几乎无臭，密度 0.932～0.955 kg/m^3，属于脂溶性抗氧化剂，溶于乙醇，可与丙酮、乙醚、油脂自由混合；在无氧条件下非常耐热，即使加热至 200℃也不被破坏；耐酸而不耐碱；对氧气、光照十分敏感，会缓慢地氧化变黑。

生育酚混合浓缩物因所用原料油和加工方法不同，成品的总浓度和同分异构体的组成也不一样。品质较纯的生育酚混合浓缩物中生育酚的含量可达 80%以上。以大豆为原料的制品，其同分异构体的比例约为：α-型 10%～20%、γ-型 40%～60%、δ-型 25%～40%。生育酚的抗氧化性主要来自苯环上 6 位的羟基，与氧化物、过氧化物结合成酯后失去抗氧化性。其同分异构体的抗氧化性能：α-型<β-型<γ-型<δ-型，d-δ-型抗氧化性能最强。生育酚的生物活性依次为：α-型>β-型>γ-型>δ-型。

一般来说，生育酚的抗氧化效果不如 BHA、BHT。生育酚对动物油脂的抗氧化效果比对植物油脂的效果好。这是由于动物油脂中天然存在的生育酚比植物油少。

生育酚的耐光、耐紫外线、耐放射性也较强，而 BHA、BHT 则较差。这对于利用透明薄膜包装材料包装食品是很有意义的。因为太阳光、荧光灯等产生的光能是促进食品氧化变质的因素。生育酚对光的作用机制目前尚未阐明，仅知生育酚有防止在 γ 射线照射下维生素 A 的分解，有防止在紫外线照射下 β-胡萝卜素分解，有防止饼干和方便面在日光照射下的氧化。

2. 安全性 大鼠经口 LD_{50} 为 5 g/kg，ADI 为 0.15～2 mg/kg。

3. 使用 按照 GB2760—2011《食品安全国家标准 食品添加剂使用标准》，维生素 E 使用标准见表 5-11。

表 5-11 维生素 E 使用标准

维生素 E(dl-α-生育酚，d-α-生育酚，混合生育酚浓缩物)[vitamine E (dl-α-tocopherol, d-α-tocopherol, mixed tocopherol concentrate)]；CNS 号：04.016；INS 号：307；功能：抗氧化剂

食品分类号	食品名称	最大使用量/(g/kg)	备注
02.01	基本不含水的脂肪和油	按生产需要适量使用	
12.10	复合调味料	按生产需要适量使用	
06.06	即食谷物	0.085	
06.03.02.05	油炸面制品	0.2	
04.05.02.01	仅限油炸坚果与籽类	0.2	
14.02.03	果蔬汁(肉)饮料	0.2	
14.03	蛋白饮料类	0.2	以油脂中的含量计
14.04.01.02	其他型碳酸饮料	0.2	
14.04.02	非碳酸饮料	0.2	
14.05	茶、咖啡、植物饮料类	0.2	
14.06.02	蛋白型固体饮料	0.2	
16.06	膨化食品	0.2	

按照 GB2760—2011《食品安全国家标准 食品添加剂使用标准》，维生素 E 可用于芝麻油、人造奶油、色拉油、乳制品，用量为 100～180mg/kg；用于婴儿食品，为 40～70mg/kg；乳饮料 10～20mg/kg，强化饮料 20～40 mg/kg。

三、植酸

1. 特性 植酸(phyfic acid，PA)，又名肌醇六磷酸、植酸钠，分子式：$C_6H_{18}O_{24}P_6$，相对分子质量 660.08。植酸为浅黄色或褐色黏稠状液体，易溶于水、乙醇和丙酮，几乎不溶于乙醚、苯和氯仿，比较耐热。植酸分子有 12 个羟基，能与金属螯合成白色不溶性金属化合物，1 g 植酸可以螯合铁离子 500 mg。其水溶液的 pH：1.3%时为 0.40，0.7%时为 1.70，0.13%时为 2.26，0.013%时为 3.20，具有调节 pH 及缓冲作用。植酸作为抗氧化剂可以延缓含油脂食品的酸败；可以防止水产品的变色、变黑；可以清除饮料中的铜、铁、钙、镁等离子；延长鱼、肉、方便面、面包、蛋糕、色拉等的保藏期。

2. 安全性 小鼠经口 LD_{50} 为 4.192 g/kg。

3. 使用 按照GB2760—2011《食品安全国家标准 食品添加剂使用标准》,植酸使用标准见表5-12。

表5-12 植酸使用标准

植酸(phytic acid,PA);CNS号:04.006;功能:抗氧化剂

食品分类号	食品名称	最大使用量/(g/kg)	备注
02.01	基本不含水的脂肪和油	0.2	
04.01.02	加工水果	0.2	
04.02.02	加工蔬菜	0.2	
05.04	装饰糖果、顶饰和甜汁	0.2	
08.02.02	腌腊肉制品类	0.2	
08.03.01	酱卤肉制品类	0.2	
08.03.02	熏、烧、烤肉类	0.2	
08.03.03	油炸肉类	0.2	
08.03.04	西式火腿	0.2	
08.03.05	肉灌肠类	0.2	
08.03.06	发酵肉制品类	0.2	
11.05	调味糖浆	0.2	
14.02.03	果蔬汁(肉)饮料	0.2	
09.01	仅限虾类	按生产需要适量使用	残留量≤20mg/kg

四、茶多酚

1. 特性 茶多酚(tea polyphenol,TP)又名维多酚,是从茶叶中提取的全天然食品抗氧化剂,具有抗氧化能力强、无毒副作用、无异味等特点。茶多酚是一类多酚化合物的总称,主要由儿茶素、黄酮醇、花色素、酚酸及其缩酚酸等组成的有机化合物,其中以儿茶素为主的黄烷醇类化合物占茶多酚总量的60%~80%。儿茶素是茶多酚抗氧化作用的主要成分。茶多酚在常温下呈浅黄或浅绿色粉末,易溶于温水(40~80℃)和含水乙醇中;稳定性极强,在pH4~8、250℃左右的环境中,1.5h内均能保持稳定,在三价铁离子下易分解。

茶多酚与柠檬酸、苹果酸、酒石酸有良好的协同效应,与柠檬酸的协同效应最好,与抗坏血酸、生育酚也有很好的协同效应。茶多酚对猪油的抗氧化性能优于生育酚混合浓缩物和BHA及BHT。由于植物油中含有生育酚,所以茶多酚用于植物油中可以更加显示出其很强的抗氧化能力。

2. 安全性 茶多酚天然、绿色、无毒,对人体无害。

3. 使用 按照GB2760—2011《食品安全国家标准 食品添加剂使用标准》,茶多酚使用标准见表5-13。

表5-13 茶多酚使用标准

茶多酚(tea polyphenol,TP);CNS号:04.005;功能:抗氧化剂

食品分类号	食品名称	最大使用量/(g/kg)	备注
12.10	复合调味料	0.1	
14.03.02	植物蛋白饮料	0.1	
06.03.02.05	油炸面制品	0.2	
06.06	即食谷物	0.2	
06.07	方便米面制品	0.2	
16.06	膨化食品	0.2	
04.05.02.01	仅限油炸坚果与籽类	0.2	以油脂中儿茶素计
08.03.01	酱卤肉制品类	0.3	
08.03.02	熏、烧、烤肉类	0.3	
08.03.03	油炸肉类	0.3	
08.03.04	西式火腿 类	0.3	
08.03.05	肉灌肠类	0.3	
08.03.06	发酵肉制品类	0.3	

续 表

食品分类号	食 品 名 称	最大使用量/(g/kg)	备 注
09.03	预制水产品	0.3	以油脂中儿茶素计
09.04	熟制水产品	0.3	
09.05	水产品罐头	0.3	
07.02	糕点	0.4	
07.04	焙烤食品馅料及表面用挂浆(仅限含油脂馅料)	0.4	
08.02.02	腌腊肉制品类	0.4	
02.01	基本不含水的脂肪和油	0.4	
14.06.02	蛋白型固体饮料	0.8	

五、甘草抗氧物

1. 特性 甘草抗氧物(antioxidant of glycyrrhiza)的主要成分是黄酮类、类黄酮类物质。甘草抗氧物为一种粉末状脂溶性物质,熔点范围为70~90℃。对油脂有良好的抗氧化作用,其抗氧化效果比PG更好。

2. 安全性 甘草抗氧物为无毒性物质,安全性高。

3. 使用 按照GB2760—2011《食品安全国家标准 食品添加剂使用标准》,甘草抗氧物使用标准见表5-14。

表5-14 甘草抗氧物使用标准

甘草抗氧物(antioxidant of glycyrrhiza);CNS号:04.008;功能:抗氧化剂

食品分类号	食 品 名 称	最大使用量/(g/kg)	备 注
02.01	基本不含水的脂肪和油	0.2	以甘草酸计
04.05.02.01	仅限油炸坚果与籽类	0.2	
06.03.02.05	油炸面制品	0.2	
06.07	方便米面制品	0.2	
07.03	饼干	0.2	
08.02.02	腌腊肉制品类	0.2	
08.03.01	酱卤肉制品类	0.2	
08.03.02	熏、烧、烤肉类	0.2	
08.03.03	油炸肉类	0.2	
08.03.04	西式火腿类	0.2	
08.03.05	肉灌肠类	0.2	
08.03.06	发酵肉制品类	0.2	
09.03.02	腌制水产品	0.2	
16.06	膨化食品	0.2	

六、迷迭香提取物

1. 特性 迷迭香(rosemary),常绿小灌木,拉丁名"海中之露"。国外在20世纪90年代初就开始了迷迭香抗氧化剂的研究,在研究对比了36种香料植物的抗氧化效能后,一致认为迷迭香是具有高效抗氧化功能的植物,它对各种复杂的脂类物的氧化有强大的抑制效果。目前美国、日本抗氧化剂中的30%使用天然抗氧化剂,主要为维生素E及迷迭香抗氧化剂。

来源于迷迭香的天然多酚类抗氧化剂,具有抗氧化性能高,热稳定性能好、生产成本低和天然无毒等特点,避免对人体的毒副作用,其产品被广泛用于各种饮料、口服液、水产品、天然色素、化妆品、保健品、心血管药物及各类食用油脂及富油食品中,目前有逐步取代广泛使用的人工合成抗氧化剂的趋势,是当代公认的最好的第三代食用天然抗氧化剂。

2. 使用 按照GB2760—2011《食品安全国家标准 食品添加剂使用标准》,迷迭香提取物使用标准见表5-15。

表 5-15 迷迭香提取物使用标准

迷迭香提取物(rosemary extract);CNS 号:04.017;功能:抗氧化剂

食品分类号	食品名称	最大使用量/(g/kg)	备注
02.01.01	植物油脂	0.7	
02.01.02	动物油脂	0.3	
04.05.02.01	仅限油炸坚果与籽类	0.3	
06.03.02.05	油炸面制品	0.3	
08.02	预制肉制品	0.3	
08.03.01	酱卤肉制品类	0.3	
08.03.02	熏、烧、烤肉类	0.3	
08.03.03	油炸肉类	0.3	
08.03.04	西式火腿	0.3	
08.03.05	肉灌肠类	0.3	
08.03.06	发酵肉制品类	0.3	
16.06	膨化食品	0.3	

七、竹叶抗氧化物

1. 特性 竹叶抗氧化物(AOB)是从竹叶当中提取的抗氧化性成分,有效成分包括黄酮类、内酯类和酚酸类化合物,是一组复杂的,而又相互协同增效作用的混合物。其中黄酮类化合物主要是碳苷黄酮,四种代表化合物为:荭草苷、异荭草苷、牡荆苷和异牡荆苷;内酯类化合物主要是羟基香豆素及其糖苷;酚酸类化合物主要是肉桂酸的衍生物,包括绿原酸、咖啡酸、阿魏酸等。

AOB为黄色或棕黄色的粉末或颗粒,无异味。可溶于水和一定浓度的乙醇。略有吸湿性,在干燥状态时相当稳定。具有平和的风味和口感,无药味、苦味和刺激性气味。品质稳定,能有效抵御酸解、热解和酶解,在某种情况下竹叶抗氧化剂还表现出一定的着色、增香、矫味和除臭等作用。其特点是既能阻断脂肪链自动氧化的链式反应,又能螯合过渡态金属离子,此外还有较强的抑菌作用,是一种天然、营养、多功能的食品添加剂。

2. 安全性 AOB的日允许最大摄入量(ADI值)为43mg/kg,一个标准体重(60 kg)的人允许的每日摄入量为2580mg

3. 使用 按照GB2760—2011《食品安全国家标准 食品添加剂使用标准》,竹叶抗氧化物使用标准见表5-16。

表 5-16 竹叶抗氧化物使用标准

竹叶抗氧化物(antioxidant of bamboo leaves);CNS 号:04.019;功能:抗氧化剂

食品分类号	食品名称	最大使用量/(g/kg)	备注
02.01	基本不含水的脂肪和油	0.5	
04.05.02.01	仅限油炸坚果与籽类	0.5	
06.03.02.05	油炸面制品	0.5	
06.06	即食谷物	0.5	
07.0	焙烤食品	0.5	
08.02.02	腌腊肉制品类	0.5	
08.03.01	酱卤肉制品类	0.5	
08.03.02	熏、烧、烤肉类	0.5	
08.03.03	油炸肉类	0.5	
08.03.04	西式火腿	0.5	
08.03.05	肉灌肠类	0.5	
08.03.06	发酵肉制品类	0.5	
09.0	水产品及其制品	0.5	
14.02.03	果蔬汁(肉)饮料	0.5	
14.05.01	茶饮料类	0.5	
16.06	膨化食品	0.5	

鉴于AOB品质优良、安全性高、不带异味、价格低廉，又兼具天然、营养和保健功能，其在食品领域中的应用包括但不局限于以下方面：食用油（植物油和鱼油等）、含油食品（蛋黄酱等）、肉制品（西式和中式肉制品）、水产品（虾、蟹、鱼等）、果汁、饮料（碳酸饮料、非碳酸饮料、茶饮料）、酿造酒（葡萄酒、黄酒、啤酒）、乳制品（鲜乳及含乳饮料）、调味品（蚝油等）、膨化食品（挂油型）、糕点等，使用量在0.05～0.5g/kg。

第五节 抗氧化剂在食品工业中的应用

一、油脂及油炸、烘焙食品

油条、方便面、面包、饼干、蛋糕、月饼等油炸、烘焙食品，油脂含量比较高，属于高油脂食品，容易发生油脂氧化酸败等质量安全问题。添加食品抗氧化剂是防止油脂氧化酸败一种简便、经济而又理想的方法。

油脂及油炸、烘焙食品中常用的食品抗氧化剂主要为脂溶性抗氧化剂，如丁基羟基茴香醚(BHA)、二丁基羟基甲苯(BHT)、没食子酸丙酯(PG)、特丁基对苯二酚(TBHQ)等；此外，还有天然、功能性的食品抗氧化剂，如甘草抗氧化物、茶多酚(TP)等。

丁基羟基茴香醚(BHA)的热稳定性优于没食子酸丙酯(PG)，所以常应用在煎、炸和烘烤的油脂中，用于油炸食品、饼干、方便面，最大使用量为0.2g/kg。二丁基羟基甲苯(BHT)抗氧化能力较强，耐热及稳定性好，无异臭，遇金属无呈色反应，且价格低廉，所以也是我国主要的抗氧化剂，用于食用油脂、油炸食品、饼干，最大使用量为0.2g/kg。特丁基对苯二酚(TBHQ)溶点和沸点较高而特别适用于油炸食品，还具有良好的抗菌作用，可增强高油水食品的防腐保鲜效果，用于食用油脂、油炸食品、饼干、方便面等，最大使用量为0.2g/kg。为了达到更好的抗氧化效果，往往几种抗氧化剂复配使用，BHA与BHT混合使用时，总量不得超过0.2g/kg；BHA、BHT和PG混合使用时，BHA、BHT总量不得超过0.1g/kg，PG不得超过0.05g/kg；但TBHQ不能与没食子酸丙酯(PG)复配使用。

甘草抗氧化物是从甘草中提取的抗氧化成分，是一种既可增甜调味、抗氧化，又具有生理活性，能抑菌、消炎、解毒、除臭的功能性食品添加剂。甘草抗氧化物具有较强的清除自由基，尤其是氧自由基的作用，可抑制油脂的的氧化酸败，主要用于食用油脂、油炸食品、饼干、方便面等，最大使用量为0.2g/kg(以甘草酸计)。

茶多酚(TP)中的儿茶素组分对体外油脂、体内脂质体等具有更强的保护作用，不仅有抗氧化作用，而且还有抗衰老、降血脂等保健功能。茶多酚作为抗氧化剂时，在高温下不析出、不变化、不破乳，抗氧化作用强于BHA、维生素E、BHT等，用于油脂、糕点，最大使用量为0.4g/kg；用于油炸食品和方便面，最大使用量为0.2g/kg。

二、膨化食品

薯条、薯片等膨化食品中过氧化值(POV)和羰基价超标是主要的质量安全问题，要解决这一质量安全问题，除了提高油脂的质量以外，还必须通过在油脂中，添加适量食品抗氧化剂进行控制。常用的抗氧化剂有：丁基羟基茴香醚(BHA)、二丁基羟基甲苯(BHT)、没食子酸丙酯(PG)、特丁基对苯二酚(TBHQ)等酚类抗氧化剂，以及茶多酚、生育酚等天然抗氧化剂。BHA、BHT在油炸食品中的限量为0.2g/kg；PG在油炸食品中的限量为0.1g/kg；BHA、BHT两者共同使用时，总量不得超过0.2g/kg；BHA、BHT、PG三者混合使用时，BHA和BHT总量不得超过0.1g/kg，PG不得超过0.05g/kg；TBHQ在油炸食品中的限量为0.2g/kg；茶多酚的限量为0.2g/kg。

三、果蔬及果蔬汁饮料

果蔬含水丰富，容易氧化而造成质量问题，因此在加工中常使用抗氧化剂控制氧化、抑制酶促褐变和非酶褐变，保持风味和颜色。在果蔬中使用的抗氧化剂一般是水溶性的抗氧化剂，如*D*-异抗坏血酸钠，果蔬罐头、果酱，限量为1.0g/kg；瓶装葡萄酒、果汁限量为0.15g/kg。在理论上3.3 mg *L*-抗坏血酸可与1 ml空气反应，若容器顶隙中的空气含氧量平均为5 mL，则添加15～16 mg *L*-抗坏血酸，就可以使空气中的氧含量降低到临界水平以下，从而防止产品在贮存、销售期间因氧化而引起的风味改变。罐头或瓶装果汁或饮料中的非酶氧化作用，可由每升物料加 50mg *L*-抗坏血酸而降低。此外，应避免铜、铁的污染，并防止果汁与空气接触，尽量除去共存的氧。*L*-抗坏血酸一般先溶解于少量水中再添加，添加后最好立即隔绝空气。其用量应根据果汁中原有 *L*-抗坏血酸的含量和容器中的真空度来确定，使用时一般每升物料加 50～200mg。

生产糖水桃或糖水李子等罐头时，在预煮水中加 0.1%*L*-抗坏血酸可防止褐变。水果罐头放久了会变味和褪色，添加 *L*-抗坏血酸可保持原有的品质，一般用量为 0.025%～0.06%。大多数蔬菜罐头不添加 *L*-抗坏血酸作抗氧化剂，但花椰菜等常用 *L*-抗坏血酸来防止变黑。另外，可用 0.1%*L*-抗坏血酸浸渍液抑制蘑菇在加热时的褐变。冷冻水果特别是缺乏天然 *L*-抗坏血酸的水果，酶促褐变与风味变劣是一个严重问题，添加 *L*-抗坏血酸可以保持食品的品质，一般用 0.1%～0.5%*L*-抗坏血酸溶液浸渍食品 5～10 min。去皮后的果蔬半成品，用 0.1%*L*-抗坏血酸溶液浸渍，有助于防止氧化变色，添加适量的柠檬酸有增加 *L*-抗坏血酸作用的效果。

四、肉类制品

肉制品中可以使用的抗氧化剂的种类很多，如维生素 C、维生素 E 等均具有良好的抗氧化效果，其他常用于肉制品的抗氧化剂还有没食子酸丙酯（PG）、生育酚（V_E）、丁基羟基茴香醚（BHA）、二丁基羟基甲苯（BHT）。*L*-抗坏血酸应用于腌制肉制品，作为发色助剂，0.02%～0.05%浓度的添加量可有效地促进发色反应，并防止肉制品褪色，同时抑制致癌物质亚硝胺的生成。*L*-抗坏血酸钠与 *L*-抗坏血酸相同可作为发色助剂，还能保持肉的风味，增加肉的弹性。*D*-异抗坏血酸抗氧化优于 *L*-抗坏血酸，并且价格低廉。

近年来，人工合成的抗氧化剂的用量已大量缩减，开发实用、高效、成本低廉的天然抗氧化剂将是抗氧化剂研究的重点。

五、其他食品

1. 果实油 如柠檬油、橘子油等，使用抗氧化剂是用来防止色、香的变劣。通常使用的抗氧化剂为 BHA，用量为 0.02%，在这类产品制成后温度最低时加入。

2. 糖果 在糖果中使用抗氧化剂是用来防止其内部的香气成分、油脂成分或含高油脂的辅料如核桃仁、花生仁、芝麻等的氧化。通常使用 BHA 或 BHT。

3. 啤酒、葡萄酒 啤酒中使用 *L*-抗坏血酸是在滤酒时加入，使用量一般为 0.01～0.02 g/kg。*L*-抗坏血酸有助于保持葡萄酒的风味，使用量一般为 0.05～0.15 g/kg。

实践探索创新

一、调查不同类型食品中常用的防腐剂，并探讨食品防腐剂的发展趋势。

二、调查不同类型食品中常用的抗氧化剂有哪些？并探讨食品抗氧化剂的发展趋势。

三、适合在肉制品中使用的食品防腐剂有哪些？请设计试验比较它们的防腐效果。

四、请设计实验比较几种油溶性抗氧化剂在花生油中的抗氧化效果。

第六章

食品色泽改善

食品的色泽是食品感官评价的一个重要指标，是食用者对产品的第一印象，也是人们辨别食品优劣的先导。好的色泽不仅带给人美的享受，还能激发人们的购买欲和食欲。消费者往往对食品的色泽怀有某种期待，期望食品能呈现出理想的颜色，如肉呈鲜红色，橘子汁呈橘黄色，面粉呈白色。但在实际加工过程中，由于光、热、氧气及化学添加剂等因素的影响，食品会出现褪色或变色现象，导致食品的色泽受到影响。为了使食品能具有消费者所期望的色泽，在食品加工生产中，根据不同种类食品色泽变化的特点，可分别采用添加着色剂、护色剂或漂白剂来改善食品的色泽，以提高食品的商品性能。

第一节　着 色 剂

食品着色剂，也称食用色素，是赋予食品色泽和改善食品色泽的物质。食用色素是食品添加剂中重要的组成部分。现代食品加工业离不开食用色素，如果没有食用色素，货架上的食品将会黯然失色，人们的食欲和购买欲都会大打折扣。食用色素的应用非常广泛，可用于饮料、糕点、糖果、酒类等食品中，用以改善食品的色泽，也可用于一些医药品和化妆品的生产中。因此，开发和研究食用色素，特别是食用天然色素，具有广阔的发展前景。

食品色素按其来源可分为人工合成色素和天然色素两大类。

一、人工合成色素

在19世纪中叶之前，人们通常将粗制的天然色素应用于食品加工中；19世纪中叶之后，随着合成工业的发展，人工合成色素如雨后春笋，迅速在食品工业中得到广泛应用。

人工合成色素是用人工合成的方法所制备的有机化合物。它具有着色力强、色泽鲜艳、稳定性好、不易褪色、成本低等优点，但安全性较天然色素低。从化学结构上，可将人工合成色素分为偶氮类色素和非偶氮类色素两类。偶氮类色素又分为油溶性和水溶性，油溶性偶氮类色素不溶于水，被人体摄入后很难排出体外，故毒性较大，目前世界各国已不再将这类色素用于食品着色。在食品中使用的合成色素有相当一部分为水溶性偶氮色素，如苋菜红、胭脂红、新红、柠檬黄、日落黄；还有一部分为水溶性非偶氮类色素，如赤藓红、亮蓝、靛蓝。此外，人工合成色素还包括色淀。色淀是由水溶性色素沉淀在允许使用的不溶性基质上所制备的特殊着色剂，其着色部分为允许使用的合成色素，基质部分多为氧化铝，故也称铝色淀。色淀是为增强水溶性色素在油脂中的分散性，并提高其耐热、耐光、耐盐等性能，在水溶性合成色素基础上开发的一类不溶于水的合成色素制品。目前使用的铝色淀产品包括苋菜红铝色淀、胭脂红铝色淀、新红铝色淀、柠檬黄铝色淀、日落黄铝色淀、赤藓红铝色淀、亮蓝铝色淀、靛蓝铝色淀及诱惑红铝色淀。

我国GB 2760—2011《食品安全国家标准　食品添加剂使用标准》规定，允许使用的人工合成色素有苋菜红、胭脂红、赤藓红、新红、诱惑红、柠檬黄、日落黄、亮蓝、靛蓝等9种，以及它们的铝色淀。

1. 苋菜红　苋菜红(amaranth)又称鸡冠花红、酸性红、蓝光酸性红、食用色素红色2号，化学名称为3-羟基-4-(4-偶氮萘磺酸)-2,7-萘二磺酸三钠盐，为水溶性偶氮类色素，分子式$C_{20}H_{11}N_2Na_3O_{10}S_3$，相对分子质量604.48，结构式为

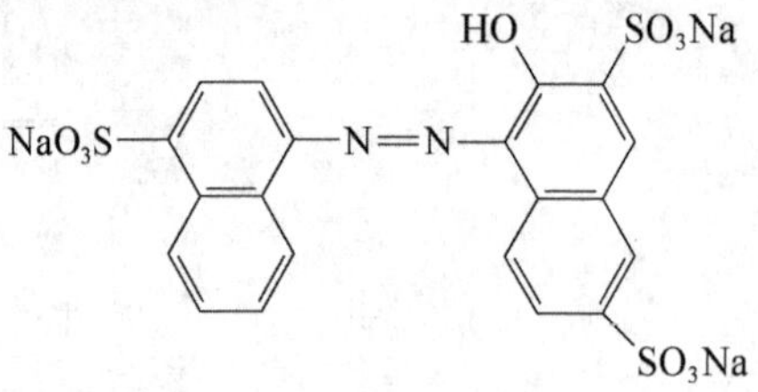

HO　SO_3Na

NaO_3S—N=N—

SO_3Na

性质：苋莱红为紫红色至暗红棕色颗粒或粉末，无臭。易溶于水，可溶于甘油、丙二醇，微溶于乙醇，不溶于油脂等其他有机溶剂。最大吸收波长为(520±2) nm。0.01%的水溶液呈玫瑰色，对柠檬酸、酒石酸较稳定，在碱液中则变为暗红色，与铜、铁等金属接触易褪色。耐光和耐热性强，耐氧化、耐盐性和耐酸性良好，耐菌性差。不适于在发酵食品及含还原性物质的食品中使用。

安全性：小鼠经口 $LD_{50}>10$ g/kg，大鼠腹腔注射 $LD_{50}>1$ g/kg。ADI 值为 0～0.5 mg/kg。

应用：按照 GB 2760—2011《食品安全国家标准　食品添加剂使用标准》规定，苋莱红可用于冷冻饮品(食用冰除外)，最大使用量为 0.025 g/kg；用于果酱、水果调味糖浆，最大使用量为 0.3 g/kg；用于蜜饯凉果、腌渍蔬菜、可可制品、巧克力和巧克力制品(包括代可可脂巧克力及制品)、糖果、糕点上彩妆、焙烤食品馅料及表面用挂浆(仅限饼干夹心)、果蔬汁(肉)饮料(包括发酵型产品等)、碳酸饮料、风味饮料(包括果味饮料、乳味、茶味、咖啡味及其他味饮料等)(仅限果味饮料)、固体饮料、配制酒、果冻等食品中，最大使用量为 0.05 g/kg；用于装饰性果蔬，最大使用量为 0.1 g/kg；用于固体汤料，最大使用量为 0.2 g/kg。

2. 胭脂红　胭脂红(ponceau 4R)又称丽春红 4R、大红、亮猩红，化学名称为 1-(4′-磺基-1′-萘偶氮)-2-萘酚-6,8-二磺酸三钠盐，为水溶性偶氮类色素，分子式为 $C_{20}H_{11}N_2O_{10}S_3Na_3$，相对分子质量 604.48，结构式为

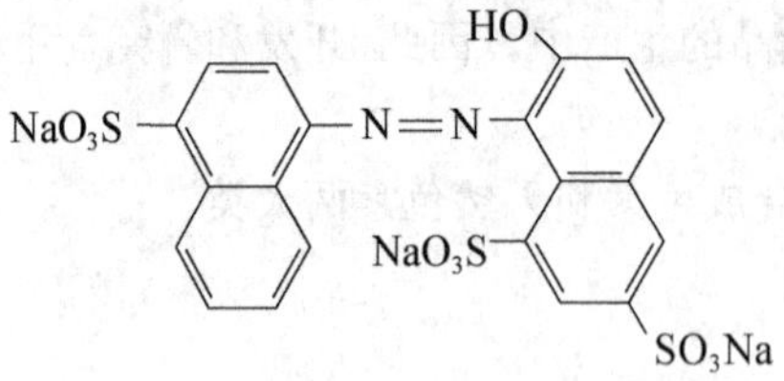

HO

NaO_3S—N=N—

NaO_3S

SO_3Na

性质：胭脂红为红色至深红色颗粒或粉末，无臭，易溶于水，20℃在水中的溶解度为 23%。溶于甘油，微溶于乙醇，不溶于油脂。胭脂红吸湿性强，最大吸收波长(508±2) nm。耐光性、耐酸性较好，对柠檬酸、酒石酸稳定。耐热(105℃)，耐还原性差，耐细菌性较差，遇碱变为褐色。着色性能弱。

安全性：小鼠经口 $LD_{50}>19.3$ g/kg，大鼠经口 $LD_{50}>8$ g/kg。ADI 值为 0～0.4 mg/kg。用添加 0%、0.5%、1.2%、2%胭脂红的饲料分别喂养大鼠 90 天，除 2%剂量组外，其他试验组在外观、行为、生长、进食量、血象和转氨酶等方面均无异常。用含 0.1%和 0.2%胭脂红的饲料喂养大鼠 417 天，连续观察至 1011 天，均未发现肿瘤。

应用：按照 GB 2760—2011《食品安全国家标准　食品添加剂使用标准》规定，胭脂红可用于调制乳、风味发酵乳、调制炼乳(包括甜炼乳、调味甜炼乳及其他使用了非乳原料的调制炼乳)、冷冻饮品(食用冰除外)、蜜饯凉果、腌渍的蔬菜、可可制品、巧克力和巧克力制品(包括代可可脂巧克力及制品)以及糖果(装饰糖果、顶饰和甜汁除外)、虾味片、糕点上彩装、焙烤食品馅料及表面用挂浆(仅限饼干夹心和蛋糕夹心)、果蔬汁(肉)饮料(包括发酵型产品等)、含乳饮料、碳酸饮料、风味饮料(包括果味饮料、乳味、茶味、咖啡味及其他味饮料等)(仅限果味饮料)、配制酒、果冻，最大使用量为 0.05 g/kg；用于蛋卷，最大使用量为 0.01 g/kg；用于可食用动物肠衣类、植物蛋白饮料、胶原蛋白肠衣，最大使用量为0.025 g/kg；用于水果罐头、装饰性果蔬、糖果和巧克力制品包衣，最大使用量为 0.1 g/kg；用于调制乳粉和调制奶油粉(包括调味乳粉和调味奶油粉)，最大使用量为 0.15 g/kg；用于调味糖浆、蛋黄酱、沙拉酱，最大使用量为 0.2 g/kg；用于果酱、水果调味糖浆、半固体复合调味料(蛋黄酱、沙拉酱除外)，最大使用量为 0.5 g/kg。

实际使用时，胭脂红对氧化、还原作用敏感，不适用于发酵食品及含还原性物质的食品。若与其他色素混合使用，应根据最大使用量按比例折算，其使用量不得超过单一色素允许量。使用时宜先用少量冷水混匀

后，在搅拌下缓慢加入沸水，所用水必须是蒸馏水或去离子水。

3. 赤藓红　赤藓红(erythrosine)又称樱桃红，化学名称为 9-(邻羧基苯基)-6-羟基-2，4，5，7-四碘-3*H*-呫吨-3-酮二钠盐一水合物，为水溶性非偶氮类色素，分子式为 $C_{20}H_6I_4Na_2O_5 \cdot H_2O$，相对分子质量 879.87，结构式为

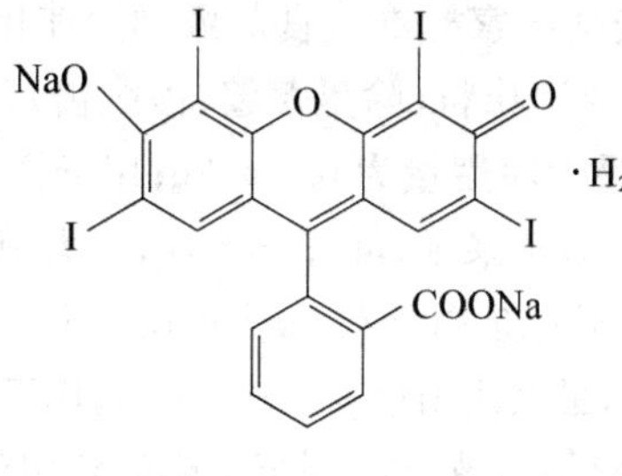

性质：赤藓红为红色或红褐色颗粒或粉末，无臭，易溶于水，溶于乙醇、丙二醇和甘油，不溶于油脂。25℃时，在水中溶解度为 9%。着色能力强，耐热性、耐碱性、耐还原性好，耐酸性、耐细菌性和耐光性差，吸湿性差。适用于饼干等焙烤类食品的着色，不适用于在汽水等饮料及酸性强的食品中添加。

安全性：ADI 值为 0～0.1mg/kg。

应用：按照 GB 2760—2011《食品安全国家标准　食品添加剂使用标准》规定，赤藓红可用于凉果类、可可制品、巧克力和巧克力制品(包括代可可脂巧克力及制品)及糖果(可可制品除外)、糕点上彩装、酱及酱制品、复合调味料、果蔬汁(肉)饮料(包括发酵型产品等)、碳酸饮料、风味饮料(包括果味饮料、乳味、茶味、咖啡味及其他味饮料等)(仅限果味饮料)、配制酒，最大使用量 0.05g/kg；用于装饰性果蔬，最大使用量为 0.1g/kg；用于熟制坚果与籽类(仅限油炸坚果与籽类)、膨化食品，最大使用量为 0.025g/kg；用于肉灌肠类、肉罐头类，最大使用量为 0.015g/kg。

4. 新红　新红(new red)化学名称为 7-[(4-磺酸基苯基)偶氮]-1-乙酰氨基-8-萘酚-3，6-二磺酸三钠盐，为水溶性偶氮类色素，分子式为 $C_{18}H_{12}O_{11}N_3Na_3S_3$，相对分子质量 611.47，结构式为

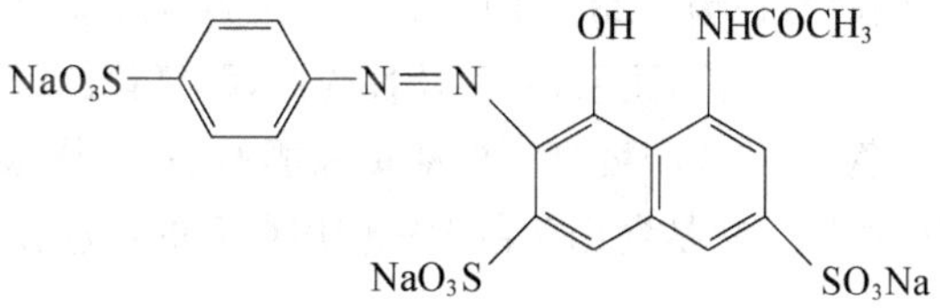

性质：新红为红色均匀粉末。易溶于水，水溶液为澄清红色，微溶于乙醇，不溶于油脂，具有酸性染料特性。遇铁、铜易变色，对氧化还原较为敏感。

安全性：小鼠经口 LD_{50} 为 10g/kg，大鼠经口 MNL>0.5%。无急性中毒症状及死亡。无胚胎毒性。

应用：按照 GB 2760—2011《食品安全国家标准　食品添加剂使用标准》规定，新红可用于凉果类、可可制品、巧克力和巧克力制品(包括代可可脂巧克力及制品)以及糖果(可可制品除外)、糕点上彩装、果蔬汁(肉)饮料(包括发酵型产品等)、碳酸饮料、风味饮料(包括果味饮料、乳味、茶味、咖啡味及其他味饮料等)(仅限果味饮料)、配制酒，最大使用量为 0.05g/kg；用于装饰性果蔬，最大使用量 0.1g/kg。当新红用于液体酱类或膏状食品，可将新红与食品搅匀；用于固态食品，可用水溶液喷涂表面着色；用于糖果生产可在熬糖后冷却前加入糖坯中，混匀。新红不适用于发酵食品。

5. 诱惑红　诱惑红(allura red)又称 C. I. 食用红色 17 号，化学名称为 6-羟基-5-[(2-甲氧基-4-磺酸-5-甲苯基)偶氮萘]-2-磺酸二钠盐，为水溶性偶氮类色素，分子式为 $C_{18}H_{14}N_2O_8S_2Na_2$，相对分子质量为 496.42，结构式为

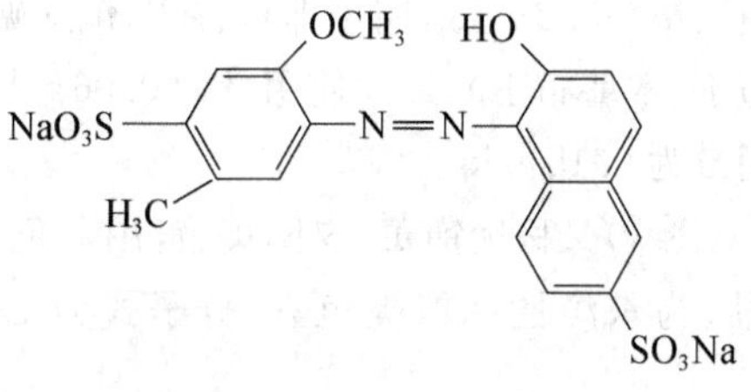

性质：诱惑红呈深红色均匀粉末，无臭，溶于水，可溶于甘油与丙二醇，微溶于乙醇，不溶于油脂。溶于水呈微带黄色的红色溶液。耐光、耐热性强，耐碱及耐氧化还原性差。

安全性：小鼠经口 LD_{50} 为 10 g/kg。ADI 为 0～7 mg/kg。

应用：按照 GB 2760—2011《食品安全国家标准　食品添加剂使用标准》规定，诱惑红可用于固体饮料类，最大使用量 0.6 g/kg；用于半固体复合调味料（除蛋黄酱、沙拉酱），最大使用量为 0.5 g/kg；用于可可制品、巧克力及其制品和糖果、调味糖浆，最大使用量为 0.3 g/kg；用于饼干夹心、饮料类、油炸小食品、膨化食品，最大使用量为 0.1 g/kg；用于冷冻饮品，苹果干、可可玉米片，最大使用量为 0.07 g/kg；用于装饰性果蔬、糕点上彩妆、可食性动物肠衣类、配制酒、胶原蛋白肠衣，最大使用量为 0.05 g/kg；用于固体复合调味料，最大使用量为 0.04 g/kg；用于西式火腿类、果冻，最大使用量为 0.025 g/kg；用于肉罐肠类，最大使用量为 0.015 g/kg。

6. 柠檬黄　柠檬黄（tartrazine）又称酒石黄、酸性淡黄、脚黄、食用黄色 4 号，化学名称为 1-(4′-磺酸基苯基)-3-羧基-4-(4′-磺酸苯基偶氮基)-5-吡唑啉酮三钠盐，为水溶性偶氮类色素，分子式为 $C_{16}H_9N_4Na_3O_9S_2$，相对分子质量 534.36，结构式为

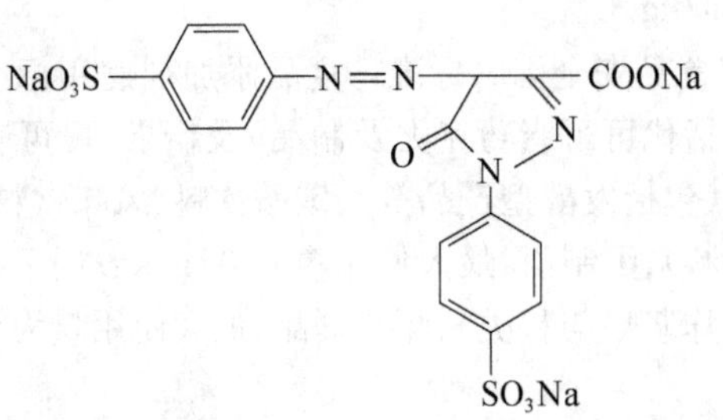

NaO_3S—C₆H₄—N=N—(吡唑啉酮环：COONa，N，N，O)—C₆H₄—SO_3Na

性质：柠檬黄为橙黄色至橙色颗粒或粉末，无臭，易溶于水，0.1%的水溶液呈黄色。溶于甘油、丙二醇，微溶于乙醇，不溶于油脂。最大吸收波长为(428 ±2) nm，21℃时的溶解度为：118%（水），9%（10% 乙醇），3%（50%乙醇）。耐光性、耐热性（105℃）强，耐酸性、耐盐性均好，耐氧化性较差，还原时褪色。在柠檬酸、酒石酸中稳定。遇碱稍变红色。着色力强，坚牢度高。柠檬黄在酒石酸、柠檬酸中稳定，是色素中最稳定的一种，可与其他色素复配使用，匹配性好。它是食用黄色素中使用最多的，应用广泛，占全部食用色素使用量的 1/4 以上。

安全性：小鼠经口 LD_{50} 为 12.75 g/kg，大鼠经口 $LD_{50} > 2$ g/kg。ADI 值为 0～7.5 mg/kg。用添加 5%柠檬黄的饲料喂养狗和大鼠的实验组，发现在部分雄性动物的肾盂里有少量的细砂样沉积物，添加 2%的实验组里有 1 只雌狗，发现幽门部位有炎症。

应用：按照 GB 2760—2011《食品安全国家标准　食品添加剂使用标准》规定，柠檬黄可用于风味发酵乳、调制炼乳（包括甜炼乳、调味甜炼乳及其他使用了非乳原料的调制炼乳）、冷冻饮品（食用冰除外）、焙烤食品馅料及表面用挂浆（仅限风味派馅料）、焙烤食品馅料及表面用挂浆（仅限饼干夹心和蛋糕夹心）、果冻，最大使用量为 0.05 g/kg；用于蜜饯凉果、装饰性果蔬、腌渍的蔬菜、熟制豆类、加工坚果与籽类、可可制品、巧克力和巧克力制品（包括代可可脂巧克力及制品）及糖果（可可制品除外）、虾味片、糕点上彩装、香辛料酱（如芥末酱、青芥酱）、饮料类（包装饮用水类除外）、配制酒、膨化食品，最大使用量为 0.1 g/kg；用于除胶基糖果以外的其他糖果、面糊（如用于鱼和禽肉的拖面糊）、裹粉、煎炸粉、焙烤食品馅料及表面用挂浆（仅限布丁、糕点）、其他调味糖浆，最大使用量为 0.3 g/kg；用于果酱、水果调味糖浆、半固体复合调味料，最大使用量 0.5 g/kg；用于粉圆、固体复合调味料，最大使用量为 0.2 g/kg；用于即食谷物，包括碾轧燕麦（片），最大使用量为 0.08 g/kg；用于谷类和淀粉类甜品（如米布丁、木薯布丁），最大使用量为 0.06 g/kg；用于蛋卷，最大使用量为 0.04 g/kg；用于液体复合调味料，最大使用量为 0.15 g/kg。

7. 日落黄　日落黄（sunset yellow）又称晚霞黄、夕阳黄、食用黄色 5 号，化学名称为 1-(4′-磺酸基苯基偶氮)-2-萘酚-6-磺酸二钠盐，为水溶性偶氮类色素，分子式为 $C_{16}H_{10}N_2Na_2O_7S_2$，相对分子质量 452.37，结构式为

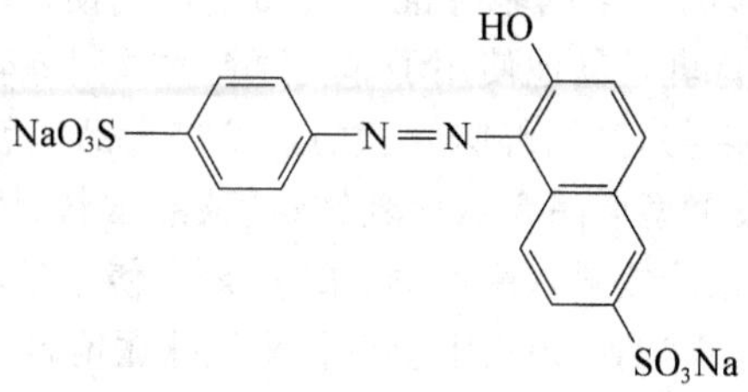

NaO_3S—⟨苯环⟩—N=N—(HO)萘环—SO_3Na

性质：日落黄为橙红色均匀颗粒或粉末，无臭。易溶于水、甘油、丙二醇，0.1%水溶液呈橙黄色，微溶于乙醇，不溶于油脂，易吸湿，耐光性、耐热性强，在柠檬酸、酒石酸中稳定，耐酸性强，遇碱呈红褐色，耐碱性好，还原时褪色。最大吸收波长为(482±2)nm。其着色性能与柠檬黄相似，易着色，坚牢度高。

安全性：小鼠经口 LD_{50} 为 2g/kg，大鼠经口 LD_{50} >2g/kg。ADI 值为 0～2.5mg/kg。

应用：按照 GB 2760—2011《食品安全国家标准　食品添加剂使用标准》规定，日落黄可用于调制乳、风味发酵乳、调制炼乳(包括甜炼乳、调味甜炼乳及其他使用了非乳原料的调制炼乳)、含乳饮料，最大使用量为 0.05g/kg；用于水果罐头(仅限西瓜酱罐头)、蜜饯凉果、熟制豆类、加工坚果与籽类、可可制品、巧克力和巧克力制品(包括代可可脂巧克力及制品)及糖果(可可制品、装饰糖果、顶饰和甜汁除外)、虾味片、糕点上彩装、焙烤食品馅料及表面用挂浆(仅限饼干夹心)、果蔬汁(肉)饮料(包括发酵型产品等)、乳酸菌饮料、植物蛋白饮料、碳酸饮料、风味饮料(包括果味饮料、乳味、茶味、咖啡味及其他味饮料等)(仅限果味饮料)、配制酒、膨化食品、水基调味饮料类，最大使用量为 0.1g/kg；用于冷冻饮品(食用冰除外)，最大使用量为 0.09g/kg；用于果酱、水果调味糖浆、半固体复合调味料，最大使用量为 0.5g/kg；用于装饰性果蔬、糖果和巧克力制品包衣、粉圆、复合调味料，最大使用量为 0.2g/kg；用于巧克力和巧克力制品、部分可可制品、除胶基糖果以外的其他糖果、面糊(如用于鱼和禽肉的拖面糊)、裹粉、煎炸粉、焙烤食品馅料及表面用挂浆(仅限布丁、糕点)、其他调味糖浆，最大使用量为 0.3g/kg；用于谷类和淀粉类甜品(如米布丁、木薯布丁)，最大使用量为 0.02g/kg；用于固体饮料类，最大使用量为 0.6g/kg；用于果冻，最大使用量为 0.025g/kg。实际使用时，日落黄可用于配制赭色、金菜色和黑色等颜色的染料。

8. 亮蓝　亮蓝(brilliant blue)又称酸性蓝 No.9、C.I.食用蓝色 2 号、FD&C 蓝色 1 号(美国)、食用蓝色 1 号(日本)，化学名称为[[[α-4-[*N*-乙基-*N*-(3′-磺基苯甲基)氨基]苯基]-(2′-磺基苯基)亚甲基]-2,5 亚环己二烯基](3′-磺基苯甲基)乙基胺二钠盐，分子式为 $C_{37}H_{34}N_2Na_2O_9S_3$，相对分子质量 792.85，结构式为

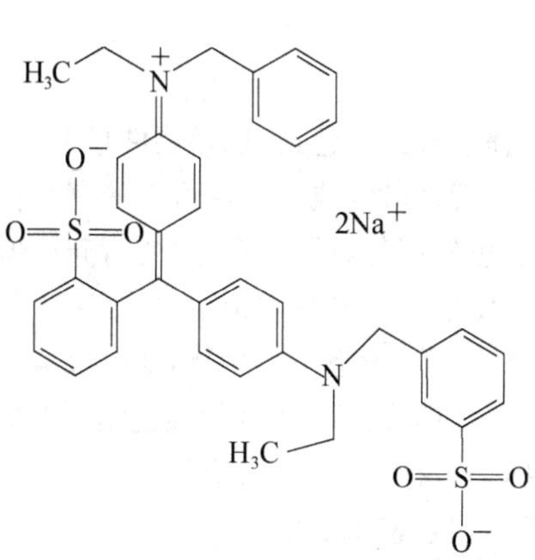

H_3C　$\overset{+}{N}$　O^-　O=S=O　$2Na^+$　N　H_3C　O=S=O　O^-

性质：亮蓝为红紫色的颗粒或粉末，并带有金属光泽。无臭，易溶于水，水溶液呈蓝色，溶解度为 18.7g/100mL，可溶于甘油、乙二醇和乙醇，不溶于油脂。耐光性和耐热性(205℃)好，耐酸性、耐碱性强，在酒石酸、柠檬酸中稳定。弱酸时呈青色，强酸时呈黄色，在沸腾碱液中呈紫色。亮蓝耐盐性好，其水溶液加金属盐后会缓慢出现沉淀。其耐还原作用较偶氮类色素强，与柠檬黄并用可配成绿色色素。

安全性：大鼠经口 LD_{50} >2g/kg。ADI 值为 0～12.5mg/kg。用含有 0.5%、1%、2%、5%亮蓝的饲料喂养大鼠 2 年，未发现异常。用含有 1%、2%亮蓝的饲料喂养狗 1 年，也未发现异常。

应用：按照 GB 2760—2011《食品安全国家标准　食品添加剂使用标准》规定，亮蓝可用于风味发酵乳、调制炼乳（包括甜炼乳、调味甜炼乳及其他使用了非乳原料的调制炼乳）、冷冻饮品（食用冰除外）、凉果类、腌渍的蔬菜、熟制豆类、加工坚果与籽类、虾味片、糕点、焙烤食品馅料及表面用挂浆（仅限饼干夹心）、调味糖浆、果蔬汁（肉）饮料（包括发酵型产品等）、含乳饮料、碳酸饮料、风味饮料（包括果味饮料、乳味、茶味、咖啡味及其他味饮料等）（仅限果味饮料）、配制酒、果冻，最大使用量为 0.025 g/kg；用于熟制坚果与籽类（仅限油炸坚果与籽类）、焙烤食品馅料及表面用挂浆（仅限风味派馅料）、膨化食品，最大使用量为 0.05 g/kg；用于果酱、水果调味糖浆、半固体复合调味料，最大使用量为 0.5 g/kg；用于装饰性果蔬、粉圆，最大使用量为 0.1 g/kg；用于可可制品、巧克力和巧克力制品（包括代可可脂巧克力及制品）以及糖果，最大使用量为 0.3 g/kg；用于即食谷物，包括碾轧燕麦（片）（仅限可可玉米片），最大使用量为 0.015 g/kg；用于香辛料及粉、香辛料酱（如芥末酱、青芥酱），最大使用量为 0.01 g/kg；用于饮料类（包装饮用水类除外），最大使用量为 0.02 g/kg；用于固体饮料类，最大使用量为 0.2 g/kg。

实际使用时，因亮蓝色度极强，可以单独或与其他色素配合呈黑色、小豆色和巧克力色等。

9. 靛蓝　靛蓝(indigotine)又称酸性靛蓝、磺化靛蓝，化学名称为 5,5′-靛蓝素二磺酸二钠盐，为水溶性非偶氮类色素，分子式为 $C_{16}H_8N_2Na_2O_8S_2$，相对分子质量 466.36，结构式为

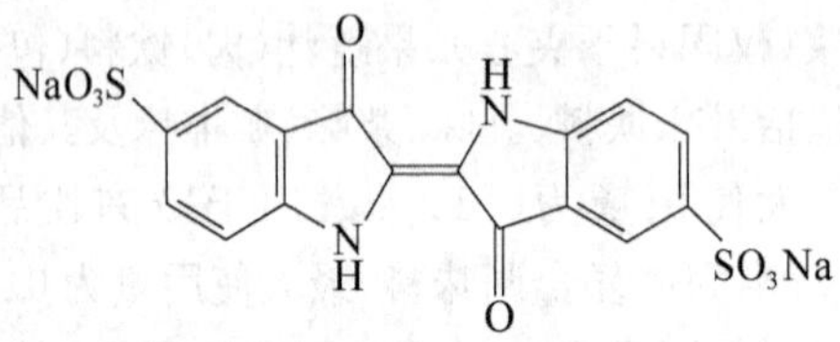

[structure: NaO3S, O, H, N, N, H, O, SO3Na]

性质：靛蓝为蓝色粉末，无臭，0.05%水溶液呈深蓝色。可溶于水、甘油、丙二醇，不溶于乙醇与油脂。25℃时在水中溶解度为 1.6%。对光、热、酸、碱、氧等均很敏感，耐盐性、耐菌性均较差。着色能力强。

安全性：经动物实验证实其安全性高，在世界各国普遍允许使用。ADI 为 0～5 mg/kg。

应用：按照 GB 2760—2011《食品安全国家标准　食品添加剂使用标准》规定，靛蓝可用于蜜饯凉果、可可制品、巧克力和巧克力制品（包括代可可脂巧克力及制品）、糖果、糕点上彩妆、饼干夹心、果蔬汁（肉）饮料、碳酸饮料、果味饮料、配制酒等食品中，最大使用量为 0.1 g/kg；用于装饰性果蔬，最大使用量为 0.2 g/kg；用于油炸食品、膨化食品，最大使用量为 0.05 g/kg；用于腌渍蔬菜，最大使用量为 0.01 g/kg；用于熟制坚果与籽类（仅限油炸坚果与籽类），最大使用量为 0.05 g/kg。

二、天然色素

天然色素是从动植物及微生物中提取得到的色素，以植物性色素占多数，如叶绿素、类胡萝卜素、花色苷等。由于食用天然色素中有些长期以来就是可食成分或从可食的有色食物中提取得到的，故其安全性较高，着色自然，并且很多天然色素除了有着色作用外，还具有一定的营养价值和保健功能。

食用天然色素按化学结构可分为六类：① 多酚类衍生物，如萝卜红、高粱红等；② 异戊二烯衍生物，如 β-胡萝卜素、辣椒红、番茄红素、叶黄素等；③ 吡咯类衍生物，如叶绿素、血红素等；④ 黄酮类衍生物，如红花黄、姜黄素等；⑤ 醌类衍生物，如紫胶红、胭脂红等；⑥ 其他类色素，如甜菜红、焦糖色等。

天然色素虽然具有较高的安全性，但也存在成本高、着色力弱、稳定性差，易褪色等缺点。在实际应用过程中要注意 pH、氧气、温度、光线等条件对色素的影响。

1. β-胡萝卜素　β-胡萝卜素(β-carotene)又称 C. I. 食用橙色 5 号，是胡萝卜素中一种最普通的异构体。分子式为 $C_{40}H_{56}$，相对分子质量 536.89，结构式为

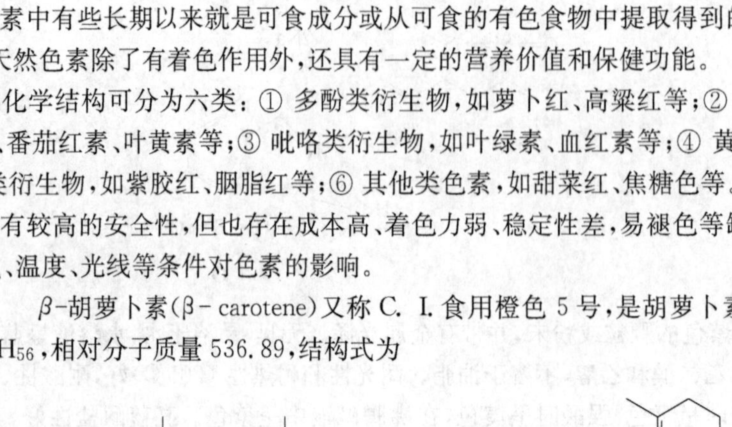

性质：β-胡萝卜素是自然界中分布最广泛的一种类胡萝卜素。它为深红紫色至暗红色有光泽的板状或斜六面体微晶体或晶体粉末，有轻微异臭或异味。不溶于水、丙二醇、甘油，微溶于乙醇、丙酮，溶于二硫化碳、苯、氯仿、石油醚和橄榄油等植物油，在橄榄油和苯中的溶解度均为 0.1 g/mL，在氯仿中的溶解度为 4.3 g/mL。熔点为 176～182℃，色调在稀溶液呈橙黄至黄色，浓度增大时呈橙红色，最大吸收波长为 450 nm 左右（在不同溶剂中最大吸收波长有所差别）。β-胡萝卜素在碱性条件下较稳定，可通过皂化方式进行分离，而在酸性时则不稳定。且对光、热和氧不稳定，受部分金属离子（Fe^{2+}、Cu^{2+}等）、不饱和脂肪酸、过氧化物等影响易发生氧化，而导致其褪色。纯 β-胡萝卜素晶体在惰性气体 N_2 或 CO_2 中储存，温度低于 −20℃ 时可较长期保存。

β-胡萝卜素是维生素 A 的前体物质，在体内可转化为维生素 A，故具有维生素 A 的生理活性。此外，β-胡萝卜素还具有抗氧化、提高免疫能力及抗肿瘤等活性，是一种功能性食品添加剂。

天然 β-胡萝卜素是以盐藻为原料提取制备，或通过微生物发酵法制备。β-胡萝卜素也可通过化学方法合成制备，产品的质量指标有所不同，β-胡萝卜素（发酵法）按照 GB 28310—2012 执行，β-胡萝卜素（化学合成）按照 GB 8821—2011 执行，β-胡萝卜素（天然提取）按照 QB 1414—1991 执行。

安全性：狗经口 LD_{50} 为 8 g/kg，ADI 为 0～5 mg/kg。用 20 mg/kg 剂量的 β-胡萝卜素给大白鼠投药，连续 6 个月，未发现大白鼠任何异常变化。在饲料中加入 0.01% β-胡萝卜素，喂养大鼠 4 代，未发现不良影响。

应用：按 GB 2760—2011《食品安全国家标准　食品添加剂使用标准》规定，β-胡萝卜素可在各类食品中按生产需要适量使用。β-胡萝卜素除了作为色素使用外，还可作为营养强化剂。

2. 红曲红　红曲红（monascus red）是由红曲深层培养发酵或从红曲米中提取制得的。红曲红又称红曲色素、红曲米、红米红，目前采用红外光谱、紫外光谱、液相色谱、质谱和核磁共振等方法分析研究红曲色素中的各种组分，已确定结构式的有六种，即红色色素（红斑素或潘红，红曲红素或梦那玉红）、黄色色素（红曲素或梦那红，红曲黄素或安卡黄素）和紫色色素（红斑胺或潘红胺，红曲红胺或梦那玉红胺）各两种。上述六种色素成分的物理化学性质互不相同，均为醇溶性色素，一般红曲色素中的黄色成分约占 5%，其性质比红色色素稳定，但含量较少，故一般红曲呈现红色，主要起着色功能的为红斑素和红曲红素。

性质：红曲红是一种红色或暗红色液体或粉末或糊状物，无臭无味。易溶于中性及偏碱性水溶液。在 pH<4.0 的环境中，溶解度降低。极易溶于乙醇、丙二醇、丙三醇及它们的水溶液。不溶于油脂及非极性的溶剂。水溶液最大吸收峰波长为(490±2)nm。在乙醇中的最大吸收波长为 470 nm，有荧光。溶液薄层时呈鲜红色，厚层时呈黑褐色。色调对酸性 pH 较稳定，其水提取液在 pH 为 11 时才呈橙色，pH 为 12 时呈黄色，pH 极度上升则变色，红曲红的乙醇提取液在 pH 为 11 时仍保持稳定的红色。耐热性强，但日光直射可褪色。红曲红几乎不受金属离子（如 0.01 mol/L 的 Ca^{2+}、Mg^{2+}、Fe^{2+} 等）以及 0.1%的过氧化氢、维生素 C 和亚硫酸钠等氧化还原剂的影响。对蛋白质着色性能极好，一旦染色，经水洗也不掉色。结晶品不溶于水，可溶于乙醇、氯仿等溶剂，呈橙红色。

安全性：小鼠经口粉末状色素 LD_{50}>10 g/kg，小鼠经口结晶色素 LD_{50}>20 g/kg，小鼠腹腔注射 LD_{50}>7 g/kg。亚急性毒性实验霉菌素试验均未发现异常，说明红曲红安全性高，且性质稳定。

应用：按 GB 2760—2011《食品国家安全标准　食品添加剂使用标准》规定，红曲红可用于调制乳、调制炼乳（包括甜炼乳、调味甜炼乳及其他使用了非乳原料的调制炼乳）、冷冻饮品（食用冰除外）果酱、腌渍的蔬菜、蔬菜泥（酱）（番茄沙司除外）、腐乳类、熟制坚果与籽类（仅限油炸坚果）中，按生产需要适量使用；用于风味发酵乳，最大使用量为 0.8 g/kg；用于固体复合调味料，最大使用量为 0.05 g/kg。

3. 焦糖　焦糖（caramel color）又称焦糖色或酱色，是由糖类物质在高温下发生焦糖化反应制得的，许多不同化合物的复杂混合物主要成分有异蔗聚糖[$(C_{12}H_{20}O_{10})_n$]、焦糖烷[$(C_{24}H_{36}O_{18})_n$]、焦糖烯[$(C_{16}H_{36}O_{18})_n$]和焦糖炔[$(C_{24}H_{26}O_{13})_n$]。焦糖按生产过程中是否加入酸、碱、盐等的不同，可分为四种。

1) 焦糖色（普通法）　即普通焦糖，生产中用或不用酸（食品级的硫酸、亚硫酸、磷酸、乙酸和柠檬酸）或碱（氢氧化钠、氢氧化钾、氢氧化钙），但不用铵或亚硫酸化合物加热制得。

2) 焦糖色（苛性亚硫酸盐法）　即苛性亚硫酸盐焦糖，在亚硫酸盐存在下，用或不用酸或碱，但不使用铵化合物加热制得。

3）焦糖色（氨法） 即氨法焦糖，在铵化合物存在下，用或不用酸或碱，但不使用亚硫酸盐加热制得。

4）焦糖色（亚硫酸铵法） 即亚硫酸铵焦糖，在亚硫酸盐和铵化合物两者存在下，用或不用酸或碱加热制得。

目前，我国对这四种焦糖色在食品上均有所应用，但由于其安全性不同，因此使用范围有所差别。在GB 2760—2011《食品安全国家标准 食品添加剂使用标准》中规定，禁止苛性亚硫酸盐焦糖用于食品，而随着人们对焦糖色毒性研究的深入，新增和扩大了焦糖色在食品中的应用范围。我国卫生部根据《中华人民共和国食品安全法》和《食品添加剂新品种管理办法》的规定，在2010年第23号公告中批准焦糖色（苛性亚硫酸盐法）为食用色素，并允许其在白兰地、朗姆酒、配制酒中按生产需要适量使用；此公告中还扩大了焦糖色（亚硫酸铵法）的使用范围及使用量，允许其在咖啡饮料类中添加，最大使用量为0.1g/kg。接着，在卫生部公告2012年第1号公告中又扩大了焦糖色（苛性亚硫酸盐法）和焦糖色（亚硫酸铵法）的使用范围及使用量，允许焦糖色（苛性亚硫酸盐法）在威士忌中按生产需要适量使用，焦糖色（亚硫酸铵法）在植物饮料类（包括可可饮料、谷物饮料等）中使用，最大使用量为0.1g/kg。

性质：焦糖为深褐色的液体或固体，有特殊的甜香气和愉快的焦苦味。易溶于水，溶于稀醇溶液，不溶于有机溶剂或油脂。经稀释后的焦糖水溶液呈透明的棕红色。标准粉状制品的含水量为5%。焦糖耐光、耐热，在日光下至少能保存6h。具有胶体性质，有等电点，其pH根据生产方法和产品不同而异，一般pH为3～4.5。焦糖的色调受pH和在大气中暴露时间的影响。pH＞6.0时易发霉。

以砂糖为原料制得的焦糖，对酸、盐较稳定，红色色度高，着色力强。以淀粉、葡萄糖为原料，在生产中用碱作催化剂制得的产品耐碱性强，红色色度高，对酸或盐不稳定，而用酸作催化剂制得的产品对酸和盐均较稳定，红色色度高，但着色力弱。

焦糖色（亚硫酸铵法、氨法、普通法）质量指标：按照GB 8817—2001执行。焦糖色（苛性亚硫酸盐法）质量指标：按照卫生部2010年第23号文件执行。

安全性：小鼠经口LD_{50}＞10g/kg，大鼠经口LD_{50}＞15g/kg，兔经口LD_{50}＞15g/kg。普通法焦糖色安全性高，其ADI无须规定。氨法焦糖和亚硫酸铵焦糖，ADI暂定为0～200mg/kg。用氨法生产焦糖色过程中，可能会产生4-甲基咪唑，它是一种惊厥剂，过量摄入对人健康不利。氨法焦糖和亚硫酸铵焦糖中4-甲基咪唑含量不得超过0.2g/kg，焦糖色（苛性亚硫酸盐法）的质量标准中规定4-甲基咪唑不得检出。

应用：按照我国GB 2760—2011《食品安全国家标准 食品添加剂使用标准》及增补公告，对不同方法生产的焦糖色分别进行了应用范围和使用限量的规定。

1）焦糖色（普通法）可用于调制炼乳（包括甜炼乳、调味甜炼乳及其他使用了非乳原料的调制炼乳）、饮料类（包装饮用水类除外）、配制酒、果冻，按生产需要适量使用；用于膨化食品，最大使用量为0.2g/kg。

2）焦糖色（苛性亚硫酸盐法）可在白兰地、朗姆酒、配制酒、威士忌中按生产需要适量使用。

3）焦糖色（氨法）可用于调制炼乳（包括甜炼乳、调味甜炼乳及其他使用了非乳原料的调制炼乳），可按生产需要适量使用。

4）焦糖色（亚硫酸铵法）可用于调制炼乳（包括甜炼乳、调味料的调制炼乳）、冷冻饮品（食用冰除外）、可可制品、巧克力和巧克力制品（包括代可可脂巧克力及制品）以及糖果、面糊（如用于鱼和禽肉的拖面糊）、裹粉、煎炸粉、粉圆、即食谷物[包括碾轧燕麦（片）]、饼干、调味糖浆、醋、酱油、酱及酱制品、复合调味料、果蔬汁（肉）饮料（包括发酵型产品等）、含乳饮料、风味饮料（包括果味饮料、乳味、茶味、咖啡味及其他味饮料等）（仅限果味饮料）、其他饮料类（仅限鸡精饮料）、白兰地、配制酒、调香葡萄酒、黄酒、啤酒和麦芽饮料、果冻，可按生产需要适量使用；用于果酱，最大使用量为1.5g/kg；用于威士忌、朗姆酒，最大使用量为6.0g/L；用于咖啡饮料类、植物饮料类（包括可可饮料、谷物饮料等），最大使用量为0.1g/kg。

除了以上介绍的食用色素外，我国允许使用的色素还有很多，包括姜黄素、栀子黄、茶黄色素、茶绿色素、多穗柯棕、二氧化钛、番茄红、柑橘黄、核黄素、黑豆红、黑加仑红、红花黄、花生衣红、姜黄、金樱子棕、菊花黄浸膏、可可壳色、喹啉黄、辣椒橙、辣椒红、辣椒油树脂、蓝锭果红、萝卜红、落葵红、玫瑰茄红、密蒙黄、葡萄皮红、桑椹红、沙棘黄、酸性红、酸枣色、天然苋菜红、橡子壳棕、胭脂虫红、胭脂树脂、杨梅红、氧化铁黑、氧化铁红、叶黄素、叶绿素铜钠（钾）盐、玉米黄、越橘红、藻蓝、栀子蓝、植物炭黑、紫草红、紫胶红、高粱红、甜菜红等。

三、拼色

1. 基本概念及要求 拼色即为色素复配的过程，是将各种色素按一定的比例混合调配，从而产生丰富的色素色谱，以满足食品加工生产中着色的需求，产生的色素称为调和色素。食品种类繁多，其剂型、口味、颜色、加工工艺各异，对色素的剂型、pH、各种内在性质的要求也不同。现有的色素品种有限，需要发展复配色素的研究来满足各种食品的要求。

复配的概念不应是几种色素的简单叠加，而应该是通过复配使新的复配产品在颜色、剂型、稳定性、pH、某种食品应用的适用性上达到一种新的高度。

复配色素要求：① 互相不起反应；② 互相能均匀溶解，无沉淀悬浮物产生；③ 互溶后使原来稳定性有所提高。

2. 拼色原理 在自然界中，所有的色彩都可由三种基本色混合而成，这就是三基色原理。三基色是相互独立的三种颜色，其中任何一种颜色都不能由其他两种颜色产生，并且所有的其他颜色都可以由这三种基本颜色按不同的比例混合产生。它有两种基色系统，一种是加色系统，其基色是红、绿、蓝；另一种是减色系统，其基色是黄、青、紫(或品红)。

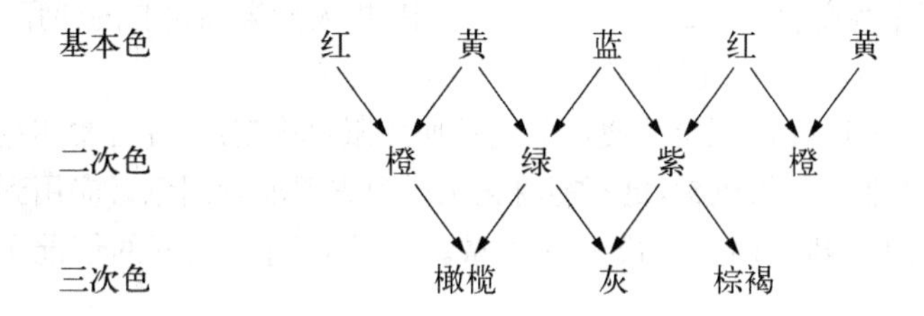

用等量的三基本色混合可得到黑色。两种基本色相混合可得到二次色。两个二次色混合或者以任何一种基本色和黑色混合所得的颜色称为三次色。

这为色素的调配提供了空间，可通过拼色达到预期的颜色。例如，亮蓝＋苋莱红⟶亮黑，胭脂红＋亮蓝＋日落黄⟶牛奶巧克力棕，柠檬黄＋日落黄＋亮蓝＋胭脂红⟶葡萄紫，柠檬黄＋亮蓝＋苋莱红⟶茶色，柠檬黄＋亮蓝⟶嫩叶绿，柠檬黄＋日落黄＋胭脂红⟶鸡蛋黄。

若想得到理想的效果与配制比例，则需反复调试。例如，配制杨梅红可用苋莱红 40%＋柠檬黄 60%；苹果绿可用靛蓝 55%＋柠檬黄 45%；紫葡萄色用靛蓝 60%＋苋莱红 40%；橘红色用胭脂红 40%＋苋莱红 60%。

3. 拼色时的注意事项 影响拼色效果的因素有很多，在拼色过程中需考虑以下几个方面。

1) 要充分考虑拼色用色素的性能，如扩散性、溶解性、纯度等，根据实验的效果来决定色素的使用量。

2) 还要考虑拼色中各种色素之间的相互作用，如靛蓝遇到赤藓红会变成褐色，在使用之前，需进行试验，以防止色素的相互作用影响拼色的效果。

3) 同一色素溶解在不同的溶剂中，产生的色调和强度可能会不同，特别是在使用两种以上的色素进行拼色时，情况更为明显。因此，在拼色时要考虑溶剂的种类和含量。

4) 拼色选用的色素种类尽量控制在三种以下，这便于控制调和色素的稳定均一性。

四、使用食用色素的注意事项

1. 食用色素的安全性 食用色素的毒性与安全性的研究和评价一直以来都受到国际组织及世界各国的重视。联合国粮食及农业组织和世界卫生组织及它们所设的FAO/WHO食品添加剂联合专家委员会，基本上每年均举行会议，提供及更新对食品添加剂特别是食用合成色素的各种毒理学评价报告。目前，我国对食品添加剂实施的是《食品安全国家标准　食品添加剂使用标准》(GB 2760—2011)，其中对食用色素的允许使用种类、使用范围、最大使用量等做出了明确的规定，并根据色素安全性评价内容的更新及实际情况，每年对其进行增补及删减。近两年我国卫生部对食用色素进行增补及修改的公告如下。

1)《中华人民共和国卫生部公告》(2010 年第 16 号)中，批准葡萄皮红、姜黄素、叶黄素、栀子蓝四种色素分别在焙烤食品、糖果、糖果、焙烤食品中的最大使用量为2.0g/kg、0.7g/kg、0.15g/kg、1.0g/kg。

2)《中华人民共和国卫生部公告》(2010年第23号)中,批准焦糖色(苛性亚硫酸盐法)可在白兰地、朗姆酒、配制酒中按生产需要适量使用。姜黄在粉圆中的最大使用量为1.2g/kg,可可壳色在面包中的最大使用量为0.0005g/kg,胭脂红在粉圆中最大使用量为1.0g/kg,胭脂树橙在粉圆和熟化干酪中最大使用量分别为0.15g/kg、0.6g/kg,叶绿素铜钠盐和植物炭黑在粉圆的最大使用量分别为0.5g/kg、1.5g/kg,焦糖色(亚硫酸铵法)在咖啡饮料类的最大使用量为0.1g/kg。

3)《中华人民共和国卫生部公告》(2012年第1号)中,批准扩大合成番茄红素、焦糖色、可可壳色及日落黄等色素的使用范围及使用量。合成番茄红素可用于调制乳、发酵乳中,最大使用量为0.015g/kg;可在即食谷物,包括碾轧燕麦、焙烤食品、果冻中使用,最大使用量为0.05g/kg。焦糖色(苛性亚硫酸盐法)可用于威士忌,按生产需要适量使用。焦糖色(亚硫酸铵法)可用于植物饮料类(包括可可饮料、谷物饮料等),最大使用量为0.1g/kg。可可壳色可用于面包,最大使用量为0.5g/kg。日落黄及其铝色淀可用于水基调味饮料类,最大使用量为0.1g/kg。

4)《中华人民共和国卫生部公告》(2012年第6号)中,批准紫甘薯色素、红曲黄色素、β-阿朴-8′-胡萝卜素醛等新的食用色素品种。

5)《中华人民共和国卫生部公告》(2012年第15号)中,扩大辣椒油树脂的使用范围及使用量,辣椒油树脂可作为色素和增味剂在再制干酪中使用,可按生产需要适量使用。

因此,食用色素必须在GB 2760规定的使用范围及使用限量内使用,并且食用色素的质量应符合国家所制定的产品标准,不能使用非食品级色素,更不能将化工类色素等非食用色素应用到食品中。相同色泽色素在混合使用时,各使用量的总和不得超过最大使用量。在不影响着色度的情况下,尽可能减少色素的使用量。

2. 食用色素的使用 使用食用色素时,必须精确称量,以防造成色差。在使用多种色素进行拼色时,应注意各种色素的溶解性、色调和颜色强度。拼配后的色调应尽量与食品原有的色泽一致,不要过于鲜艳。

使用时,还需注意食用色素在食品中的分散均匀性和染着性。将食用色素用适当的溶剂溶解,配制成一定浓度的溶液后使用,以保证色素在食品中均匀分布,避免出现色斑点。配制溶液时,最好采用玻璃、搪瓷、不锈钢等耐腐蚀的容器具,避免使用含铜、铁等金属器具,最好现配现用,临时不用时低温避光保存。色素溶液浓度不宜过高,过浓会导致难于调节色调。配制用的水,最好是蒸馏水、离子交换树脂处理后的水或冷开水,以避免钙离子、镁离子引起色素沉淀。

五、天然色素应用实例

焦糖色素是世界上用量最大的天然食用色素。它具有特殊的香气和令人愉快的苦味,其色泽、气味和滋味能在一定程度上刺激人的感官并增进人的食欲,在食品中得到广泛应用,如面包、饼干、糕点等深色的烘烤类食品,啤酒、可乐、威士忌、白兰地等液体饮料,调味酱、酱菜、酱油等调味品等食品中都常用焦糖色素进行着色。

在四种焦糖色中普通焦糖、苛性亚硫酸盐焦糖及亚硫酸氨焦糖所带的电荷为负电荷,而氨法焦糖带正电荷。

1. 在软饮料中的应用 软饮料是世界上焦糖用量最大的食品领域。在碳酸饮料中,焦糖被广泛应用,特别是可乐型饮料,如百事可乐、可口可乐的颜色是由焦糖色素中的亚硫酸铵法焦糖所形成的。像汽水、茶饮料、果汁等对色调要求高的饮料,通常选择红色指数高、耐酸性的焦糖色素。

2. 在酒类中的应用 焦糖色素可应用于啤酒、威士忌、葡萄酒、朗姆酒等酒类制品中。在啤酒生产中,可通过添加焦糖色素来提高啤酒的色度。啤酒一般选用带正电荷的焦糖色素,而其他乙醇浓度较高的酒类常选择带负电荷的焦糖色素。

3. 在调味品中的应用 焦糖色素还可应用于酱油、醋、酱料等调味品的调色。例如,在酱油生产中,通常添加带正电荷的氨法焦糖色素,以满足消费者对深色酱油色泽的需求。

4. 其他应用 焦糖色素还可应用于肉制品中,如以植物蛋白为原料来模拟肉的着色;还可用来弥补面包、蛋糕着色不均匀的情况，主要采用较高浓度的焦糖色素液体或粉末状固体。

第二节 护 色 剂

护色剂是指在加工过程中能与肉制品中呈色物质反应，使其不致分解、破坏，呈现良好色泽的非色素物质，又称发色剂。在肉及肉制品的加工、储存过程中，肉类的色泽会发生明显改变，从而影响消费者的购买欲望。护色剂就是针对此问题而产生的一类食品添加剂。我国护色剂主要为硝酸盐和亚硝酸盐两大类。从古代开始，我国就使用亚硝酸盐来腌制肉类，这一加工方法历史悠久，对促进肉制品的加工及生产起到了重要作用。

一、护色机制及安全性

1. 护色机制 肉类的红色是由肌红蛋白(myoglobin，Mb)和血红蛋白(hemoglobin，Hb)所呈现的。肉的部位不同以及家禽品种的不同，其所含肌红蛋白与血红蛋白的比例也会不同。但一般情况下，肌红蛋白是红色的主要成分，占红色的70%～90%，而血红蛋白占10%～30%。肌红蛋白是由蛋白质球蛋白与1分子正铁血红素结合而成的色素蛋白质。血红蛋白是由蛋白质球蛋白与4分子正铁血红素结合而成的蛋白质。因两者都含有正铁血红素，故统称为正铁血红素色素。

肉颜色的变化经历了以下三个过程。

1) 在新鲜肉中肌红蛋白的正铁血红素的铁处于二价还原型，即还原型肌红蛋白，呈暗紫红色。还原型肌红蛋白很不稳定，极易被氧化。当其表面与空气中的氧接触后，还原型肌红蛋白分子中Fe^{2+}上的结合水，被氧分子置换，形成氧合肌红蛋白(MbO_2)，此时配位体未被氧化，仍为Fe^{2+}，呈鲜红色。

2) 若继续与空气接触，肌红蛋白中Fe^{2+}被氧化成Fe^{3+}，即形成高铁肌红蛋白(MetMb)，色泽变为棕褐色。

3) 若继续氧化，则变成氧化卟啉，呈绿色或黄绿色，此时肉已腐败变质。

值得注意的是，高铁肌红蛋白在还原剂存在的前提下，也可被还原成还原型肌红蛋白。肌红蛋白、氧合肌红蛋白和高铁肌红蛋白可通过氧化与还原反应进行相互转换，由此导致肉类的色泽变化是动态可逆的。从这点上看，在肉类加工中加入适量的抗氧化剂和还原剂能有效阻止色泽的变化。

由于新鲜肉色泽的不稳定性，而且在加工过程中颜色还会发生很大的变化。为了使肉制品能呈现出鲜红的色泽，吸引消费者，在加工中可通过添加一定量的护色剂来实现。在肉类腌制的过程中，通常混合使用硝酸盐和亚硝酸盐。硝酸盐可在细菌还原作用下，转变为亚硝酸盐。亚硝酸盐可在酸性条件下转变为亚硝酸。由于动物肌肉组织中含有一定量的乳酸，肉的pH为5.6～5.8，故此反应很容易进行，其反应式如下：

$$NaNO_2 + CH_3CHOHCOOH \rightleftharpoons HNO_2 + CH_3CHOHCOONa$$

生成的亚硝酸很不稳定，可分解产生亚硝基(NO)：

$$3HNO_2 \rightleftharpoons H^+ + NO_3^- + 2NO + H_2O$$

亚硝基化学性质非常活泼，很容易与肌红蛋白反应，生成亮红色的亚硝基肌红蛋白(MbNO)，其反应式如下

$$Mb + NO \rightleftharpoons MbNO$$

亚硝基肌红蛋白在加热后，释放出巯基，形成鲜红色的亚硝基血色原。

亚硝酸很不稳定，在常温下就可分解产生亚硝基，NO遇到空气会被氧化成NO_2，NO_2遇水则生成硝酸，硝酸的存在能使部分Mb和Hb氧化成高铁Mb和高铁Hb。因此在肉制品加工中，在使用硝酸盐和亚硝酸盐的同时往往需加入护色助剂。护色助剂是指本身并无发色作用，但与护色剂配合使用可明显提高护色效果的一类物质。常用的护色助剂有L-抗坏血酸及其钠盐、维生素E和烟酰胺等。但在使用L-抗坏血酸时，亚硝酸盐的用量一定要合适，否则会发生不利现象。相对于一定量的亚硝酸盐，L-抗坏血酸的用量比例大，将促进绿变；增加亚硝酸盐的用量，可防止绿变。反之相对于一定量的L-抗坏血酸来说，亚硝酸盐的用量比

例大，由于其氧化作用，可促进变色。在肉制品腌制过程中，可加入适量的烟酰胺，它能与肌红蛋白结合形成很稳定的烟酰胺肌红蛋白，避免了肉类的氧化，防止其氧化变色。若将抗坏血酸与烟酰胺进行复配，应用于肉制品的腌制过程中，效果更好，能保持长时间不变色。

亚硝酸盐除了具有护色作用外还具有独特的抑菌作用，尤其是对肉毒梭状芽孢杆菌、金黄色葡萄球菌及绿色乳杆菌等有抑制其增殖和产毒作用。国外曾发生过几起由于不使用亚硝酸盐而发生肉类食品中毒的事故。护色剂还具有增强肉制品特殊风味的作用。

2. 护色剂的安全性 虽然硝酸盐和亚硝酸盐在肉制品中能起到很好的护色作用，但对于它们的安全性也是非常值得关注的。由于硝酸盐在体内的作用主要是通过转变成亚硝酸盐实现的，故在下面的介绍中，仅提及亚硝酸盐。

根据亚硝酸盐进入体内量的多少，可导致急性毒性、慢性毒性，甚至致癌的后果。

当人体摄入大量亚硝酸盐时，亚硝酸盐进入血液后，会与血红蛋白结合形成高铁 Hb，使血红蛋白失去携氧能力，严重时可窒息死亡。亚硝酸盐的外观及滋味都与食盐相似，故餐饮业误将亚硝酸盐作为食盐使用，导致亚硝酸盐急性中毒的现象较为常见。食入 0.3～0.5 g 的亚硝酸盐即可引起中毒，约 3 g 可致死。

当人体经常摄入含亚硝酸盐的食物，如腌制肉类、泡菜、剩菜等，会增加患癌症的风险。亚硝酸本身并不会致癌，但它在体内有可能转变成具有强致癌性的亚硝胺类物质，从而导致机体致癌。在人和动物的胃肠内，亚硝酸盐会与蛋白质代谢产物中的仲胺反应生成亚硝胺。亚硝胺的种类很多，如二甲基亚硝胺、二烷基亚硝胺、*N*-甲基-*N*-亚硝基脲、*N*-甲基-*N*-亚硝基丙酰胺、*N*-甲基-*N*-亚硝基-*N′*-亚硝基胺等。有资料表明，在已检测的 100 种以上的 *N*-亚硝基化合物中，约 80% 对动物具有致癌作用，有的甚至可通过胎盘或乳汁对下一代起致病作用。

亚硝胺的生成受亚硝酸浓度和反应 pH 的影响，在 pH 为 1.0 和 3.4 时，有利于亚硝胺的生成，当添加护色助剂 L-抗坏血酸、维生素 E 等时可阻止亚硝胺的生成。

虽然亚硝酸盐的使用由于其安全性受到了很大的限制，但它具有护色、抑菌和增强风味等方面的作用，而且直到目前为止，还没有发现更理想的替代品。因此，亚硝酸盐和硝酸盐类护色剂还在一直使用。

二、护色剂分类

目前，我国允许使用的护色剂主要为硝酸盐和亚硝酸盐，即硝酸钠、亚硝酸钠、硝酸钾、亚硝酸钾四种。另外，D-异抗坏血酸及其钠盐可作为发色助剂添加，能到起到增强发色效果，防止亚硝胺生成的作用。

1. 亚硝酸钠 亚硝酸钠(sodium nitrite)的分子式为 $NaNO_2$，相对分子质量 69.00。为白色或浅黄色晶体颗粒、粉末或棒状块状，无臭，微带咸味，外观和滋味颇似氧化钠。其相对密度 2.168，熔点 271℃，沸点为 320℃(分解)。在干燥条件下较稳定，能缓缓吸收氧而氧化成硝酸钠。在空气中易潮解，易溶于水，在室温下 100 mL 水能溶解 84.59 g 亚硝酸钠，水溶液 pH 约为 9，微溶于乙醇。

亚硝酸钠除了起到护色作用外，还可产生腌肉的特殊风味。此外，亚硝酸钠对多种厌氧性梭状芽孢菌如肉毒梭菌及绿色乳杆菌等有抑菌和抑制其产毒的作用。

安全性：小鼠经口 LD_{50} 为 0.2 g/kg，大鼠经口 LD_{50} 为 85 mg/kg(雄性)、175 mg/kg(雌性)。人中毒量为 0.3～0.5 g，致死量为 3 g。ADI 值暂定为 0～0.2 mg/kg(亚硝酸盐总量，以亚硝酸钠计)。

应用：按照 GB 2760—2011《食品安全国家标准 食品添加剂使用标准》规定，亚硝酸钠可用于腌腊肉制品类(如咸肉、腊肉、板鸭、中式火腿、腊肠)、酱卤肉制品类、熏、烧、烤肉类、油炸肉类、肉灌肠类、发酵肉制品类食品中，最大使用量为 0.15 g/kg，残留量以亚硝酸钠计，不得超过 30 mg/kg；用于西式火腿(熏烤、烟熏、蒸煮火腿)类，最大使用量为 0.15 g/kg，残留量以亚硝酸钠计，不得超过 70 mg/kg；用于肉罐头类，最大使用量为 0.15 g/kg，残留量以亚硝酸钠计，不得超过 50 mg/kg。

为了加强亚硝酸盐的护色效果，常加入护色助剂。L-抗坏血酸作为抗氧化剂可防止肌红蛋白的氧化，促进亚硝基肌红蛋白的生成，并对亚硝胺的生成有阻碍作用，添加量一般为 0.2%～1.0%。亚硝胺也可在脂肪中生成，而维生素 E 可溶于脂肪，且已知维生素 E 还有抑制亚硝胺生成的作用，在肉中添加 0.5 g/kg 即可有效(其在浸渍液中不溶，可加入乳化剂溶解后应用，或均匀喷洒)。由于护色剂复配使用效果最佳，所以在用亚硝酸钠腌肉时，将 L-抗坏血酸钠 0.55 g/kg、维生素 E 0.5 g/kg、烟酰胺 0.2 g/kg 和亚硝酸钠 0.04～0.05 g/kg 合用，既可以护色，又可抑制亚硝胺的生成。

2. 亚硝酸钾 亚硝酸钾(potassium nitrite)的分子式为 KNO_2，相对分子质量为 69.00。为白色或微黄色晶状固体，极易溶于水，有很强的吸湿性。

安全性：毒性比硝酸钠大，ADI 值暂定与亚硝酸钠一样。

应用：与亚硝酸钠使用范围、使用限量及残留量相同。

3. 硝酸钠 硝酸钠(sodium nitrate)的分子式为 $NaNO_3$，相对分子质量 84.99。为无色透明晶体或白色晶体粉末，可稍带浅颜色，无臭，微苦。相对密度 2.261，熔点 306.8℃，加热至 380℃分解并生成亚硝酸钠。易吸潮，易溶于水，在 100 mL 冷水中能溶解 90 g 硝酸钠，100 mL 热水中能溶解 160 g 硝酸钠，10％水溶液的 pH 为中性。微溶于乙醇，100 mL 能溶解 0.8 g 硝酸钠。硝酸钠是通过转变成亚硝酸钠，由亚硝酸钠所发挥的作用。

安全性：大鼠经口 LD_{50} 为 1.1～2.0 g/kg。ADI 值为 0～5 mg/kg。分别用添加 0.1％、1％、5％和 10％硝酸钠的饲料喂养大鼠两年，结果发现，添加 5％的试验群，仅成长稍受抑制；添加 10％的试验群发生由于饥饿而引起的形态变化。

应用：按照 GB 2760—2011《食品安全国家标准 食品添加剂使用标准》规定，硝酸钠可用于腌腊肉制品类(如咸肉、腊肉、板鸭、中式火腿、腊肠)、酱卤肉制品类、熏、烧、烤肉类、油炸肉类、西式火腿(熏烤、烟熏、蒸煮火腿)类、肉灌肠类、发酵肉制品类食品中，最大使用量为 0.5 g/kg，残留量以亚硝酸钠计，不得超过 30 mg/kg。

实际使用时，硝酸钠常与亚硝酸钠复配使用，使用量约为 0.3％。但也有实验证明，在午餐肉罐头中，仅用亚硝酸盐比硝酸盐与亚硝酸盐复配使用的安全性高，而产品质量并未降低。复配护色剂的组成为：66％硝酸盐、7％亚硝酸盐、27％食盐。

4. 硝酸钾 硝酸钾(potassium nitrate)的分子式为 KNO_3，相对分子质量 101.10。为无色透明晶体或白色晶体粉末，稍有吸湿性，易溶于水。

安全性：大鼠经口 LD_{50} 为 3.2 g/kg。ADI 值为 0～5 mg/kg(以硝酸钾计的硝酸盐总量)。在硝酸盐中，硝酸钾的毒性较强，且所含钾离子对人体心脏有影响。

应用：与硝酸钠使用范围、使用限量及残留量相同。

三、护色剂的注意事项

为更安全地使用食品护色剂，在使用过程中须注意以下几方面：

1) 在加工过程中应严格控制亚硝酸盐及硝酸盐的使用量，在保证发色作用的基础上尽可能降低使用量，使之达到最低水平。

2) 由于发色剂使用量较低，在使用时，一定将发色剂与原料混合均匀后再进行加工，以避免部分食品中亚硝酸盐超标，引起中毒现象的发生。若腌制时为干腌，应先与食盐混匀后再加入食品中；若为湿腌，应先用少量水将其溶解后再添加到食品中。

3) 国内外很多国家仍在使用硝酸盐及亚硝酸盐，最重要的原因是它们对肉毒梭状芽孢杆菌的抑制作用。在降低使用量的同时，必须考虑在工艺上通过采取相应的措施，如提高杀菌强度、添加其他抑菌剂等，以保证能够有效防止肉毒毒素中毒，确保食品的安全。据报道，亚硝酸钠的添加量低于 24 mg/kg 时，护色效果不佳；24～40 mg/kg 具有较好的护色效果。

4) 发色剂一般与发色助剂一起使用。常加入 L-抗坏血酸及其盐等还原性物质，能够将高铁肌红蛋白还原成还原型肌红蛋白，保持肉的色泽，提高护色效果，还能阻断亚硝酸盐生成亚硝胺类物质的反应，降低人体接触亚硝胺类物质的可能性。

5) 在生活中的亚硝酸盐中毒事件一般都是误用所致，且由于亚硝酸盐和硝酸盐的外观、口味与食盐相似，故必须防止误用导致的食物中毒。餐饮企业一定要对硝酸盐与亚硝酸盐规范管理，以防止此类事件的发生。

四、护色剂应用实例

各种肉制品加工过程中，均需加入硝酸盐或亚硝酸盐。具体详见以下肉制品的生产工艺。

1. 午餐肉罐头 午餐肉罐头是一种罐装压缩肉糜，其原料通常是猪肉或牛肉等。把午餐肉切成片，可以用来夹面包食用，餐蛋面热食也很美味。这种罐装食品方便食用，由于将猪肉放进密封的罐中，所以也易于保存。通常在野餐时食用。军队中，午餐肉是必备的军需物品。

生产工艺流程：

原料处理→腌制(加入亚硝酸盐)→绞肉斩拌→搅拌→装罐→排气及密封→杀菌及冷却→成品

生产原料：午餐肉主要是以猪肉或牛肉为原料，加入一定量的食盐、亚硝酸钠、淀粉、香辛料加工制成的。以猪肉为例：猪肥肉 30 kg，净瘦肉 70 kg，淀粉 11.5 kg，玉果粉 58 g，白胡椒粉 190 g，冰屑 19 kg，混合盐 2.5 kg(混合盐配料为食盐 98%、白糖 1.7%、亚硝酸钠 0.3%)。亚硝酸钠在产品残留量不超过 50 mg/kg。

2. 火腿肠 火腿肠是指以动物肉为主要原料，经绞碎、腌制、斩拌乳化，灌入 PVDC 肠衣中，经高温杀菌而制成的肉肠制品。它具有营养丰富、食用方便、风味独特、便于携带和保存的特点，近年来深受人们的欢迎。自 1984 年洛阳春都集团从日本引进火腿肠生产工艺之后，迅速占据国内市场，目前我国已成为世界上最大的火腿肠生产国。

生产工艺流程：

原料冻猪肉→解冻→绞碎→搅拌→腌制(加入亚硝酸盐)→斩拌→灌肠→蒸煮杀菌→冷却→成品检验→贴标→入库保存

经绞碎的肉，放入搅拌机中，同时加入食盐(2.5%)、亚硝酸钠(质量百分比 3×10^{-5})、复合磷酸盐(0.1%)、异抗坏血酸钠(0.04%)、各种香辛料和调味料等进行腌制，腌制 24h。腌制好的肉颜色鲜红，且色调均匀，富有弹性和黏性，同时腌制过程可提高制品的持水性。

3. 金华火腿 金华火腿是用鲜猪后腿经过腌制、洗晒、整形和发酵等工序精制而成的腌腊制品。

生产工艺流程：

鲜猪肉后腿→修割腿坯→腌制→浸腿→洗刷→晒腿→做形→发酵→成品

火腿腌制就是向鲜腿加入食盐和硝酸钠，是一个物理化学的变化过程。食盐具有抑菌防腐作用，是腌制成品火腿能够长期保存而不变质的根本原因。在腌制过程中，食盐由肉表面的高浓度处向内部低浓度处扩散，直至各个组织浓度平衡为止；而肌肉内的水分则由内部向外部高盐浓度一侧渗透出来。利用这种扩散渗透作用，促使肌肉组织脱水收缩，并保持较高的盐分，从而抑制微生物的生长与繁殖。硝酸钠在微生物作用下会转变成亚硝酸钠，使肉的色泽变成鲜红色。

在这些产品的腌制中，添加亚硝酸钠的主要目的是发色作用，而添加异抗坏血酸钠是起发色助剂作用。

第三节 漂白剂

由于食品在加工中有不受欢迎的颜色或有些食品原料因品种、运输、储存的方法的不同，采摘期的成熟度不同，颜色也会不同，这样可能导致最终颜色不一致而影响产品的质量。为了去除不受欢迎的颜色或使产品有均一的颜色，就要使用漂白剂。

漂白剂是指能破坏、抑制食品的发色因素，使其褪色或使食品免于褐变的食品添加剂。经过漂白剂的作用，可使食品的色泽变浅或变成白色，从而达到改善色泽的目的。

一、漂白剂分类

按作用机制的不同，漂白剂可分为氧化性漂白剂和还原性漂白剂。氧化性漂白剂作用较强烈，食品中的色素受氧化作用而分解褪色，但同时也会破坏食品中的营养成分，而且残留量较大。目前这类漂白剂大部分已被排除在GB 2760中，允许使用的种类很少。还原性漂白剂作用比较缓和，具有一定的还原能力，食品中的色素在还原剂的作用下形成无色物质而消除色泽，但是被其漂白的色素物质一旦再被氧化，可能重新显色。已列入我国GB 2760的漂白剂全部以亚硫酸制剂为主，主要包括硫磺、二氧化硫、焦亚硫酸钾、焦亚硫酸钠、亚硫酸钠、亚硫酸氢钠、低亚硫酸钠。

1. 还原性漂白剂　还原性漂白剂是指能使着色物质还原而起漂白作用的添加剂，主要为亚硫酸类化合物，如亚硫酸钠、亚硫酸氢钠、低亚硫酸钠、焦亚硫酸钾、焦亚硫酸钠等。

对于亚硫酸类物质在食品加工中的应用有着悠久的历史。我国古代就有利用浸硫、熏硫来保藏与漂白食品，其本质就是利用这类物质的漂白和防腐功能。无论哪种还原性漂白剂，都是通过在使用时释放二氧化硫而起作用的。

(1) *硫磺*：硫磺(sulphur)又称硫黄、硫，元素符号为S，相对原子质量32.06。硫磺为黄色或浅黄色脆性晶体、片状或粉末，容易燃烧。燃烧温度为248～261℃，燃烧时产生二氧化硫气体。熔点为112.80℃，沸点为444.60℃，相对密度为2.07。它不溶于水，稍溶于乙醇和乙醚，溶于二硫化碳、四氯化碳和苯。

安全性：硫磺燃烧产生的二氧化硫即使在很低的浓度下，也会引起慢性喘息、上呼吸道及鼻孔出血，还会导致血红蛋白升高和淋巴增大等症状。

应用：按照GB 2760—2011《食品安全国家标准　食品添加剂使用标准》规定，硫磺可用于水果干类、粉丝、粉条、食糖，最大使用量为0.1g/kg；蜜饯凉果，最大使用量为0.35g/kg；干制蔬菜，最大使用量为0.2g/kg；经表面处理的鲜食用菌和藻类，最大使用量为0.4g/kg。硫磺对以上产品均仅限用于熏蒸，最大使用量以二氧化硫残留量计。

实际使用时，通常采用气熏法。熏硫可使果片表面的细胞破坏，加速干燥，同时由于二氧化硫的还原作用，可破坏酶的氧化系统，阻止氧化作用，使果实中单宁物质以及维生素类物质不致被氧化而变成棕褐色。可使果脯、蜜饯等产品保持浅黄色或金黄色，同样也可防止一般果蔬干制品发生褐变。此外，由于二氧化硫溶于水成为亚硫酸，有抑制微生物的作用，达到防腐的目的。熏硫室中二氧化硫的浓度一般为1%～2%，有时高达3%。1t切分果实原料，需3～4kg硫磺(根据果实品种、成熟度、熏房的大小不同，熏硫时间有所不同)。一般熏硫时间为30～60min，最长可达3h，主要由果实的大小和性质决定。

(2) *二氧化硫*：二氧化硫(sulfur dioxide)的相对分子量为64.07，它是由燃烧的硫磺或黄铁矿制得的。二氧化硫在常温下为一种无色具有强烈刺激性的气体，易溶于水和乙醇。二氧化硫溶于水后，一部分水化合成亚硫酸，亚硫酸对微生物具有强烈的抑制作用，能达到防腐的目的。亚硫酸不稳定，受热易分解，分解后又释放出二氧化硫。

安全性：二氧化硫是一种有害气体，在空气中浓度较高时，对眼、呼吸道黏膜有强刺激性。

应用：按照GB 2760—2011《食品安全国家标准　食品添加剂使用标准》规定，二氧化硫可用于经表面处理的鲜水果、蔬菜罐头(仅限竹笋、酸菜)、干制的食用菌和藻类、食用菌和藻类罐头(仅限蘑菇罐头)、坚果和籽类罐头、米粉制品(仅限水磨年糕)、冷冻米面制品(仅限风味派)、调味糖浆、半固体复合调味料、果蔬汁(浆)、果蔬汁(肉)饮料(包括发酵型产品等)中，最大使用量为0.05g/kg；水果干类、腌渍蔬菜、可可制品、巧克力及其制品以及糖果、粉丝、粉条、饼干、食糖，最大使用量为0.1g/kg；脱水马铃薯、淀粉糖，最大使用量为0.4g/kg；蜜饯凉果，最大使用量为0.35g/kg；干制蔬菜、腐竹类(包括腐竹、油皮等)，最大使用量为0.2g/kg；食用淀粉，最大使用量为0.03g/kg；葡萄酒、果酒，最大使用量为0.25g/L；啤酒和麦芽饮料，最大使用量为0.01g/kg。所有产品的最大使用量均以二氧化硫残留量计。

(3) *亚硫酸钠*：亚硫酸钠(sodium sulphite)有无水物和七水合物，无水亚硫酸钠的分子式为Na_2SO_3，相对分子质量129.06，七水合物亚硫酸钠的分子式为$Na_2SO_3 \cdot 7H_2O$，相对分子质量252.15。无水亚硫酸钠为无色至白色六角形棱柱晶体或晶体粉末，无臭，相对密度2.633，可溶于水，微溶于乙醇，溶于甘油。其水溶液呈碱性，1%水溶液的pH为8.4～9.4。有强还原性，在空气中慢慢氧化成硫酸钠(芒硝)。其有效二氧化硫的含量为50.84%。七水亚硫酸钠为无色单斜晶体，无臭或几乎无臭，相对密度1.561。易溶于水、甘油，在空气中易风化并氧化成硫酸钠，150℃时失去结晶水成无水物。其有效二氧化硫的含量为25.42%。

安全性：小鼠经口LD_{50}为600～700mg/kg(以SO_2计)。小鼠静脉注射LD_{50}为0.175g/kg(以SO_2计)。

ADI 值为 0～0.7mg/kg(以 SO_2 计)。

应用：与二氧化硫使用范围及限量相同。

实际应用时，亚硫酸钠可采用浸渍法和直接加入法两种使用方法。浸渍法是将果蔬浸在 0.2%～0.6%的亚硫酸钠溶液中，再干制，以防止褐变；而对于果汁类，可采用直接加入法在其中添加 0.05%的亚硫酸钠，可防止果汁颜色的变化。用于苹果脯，使用量为 0.25%。用于糖莲籽，使用量为 0.14%。

(4) 焦亚硫酸钠：焦亚硫酸钠(sodium pyrosulfite)又称偏重亚硫酸钠，分子式为 $Na_2S_2O_5$，相对分子质量 190.10。焦亚硫酸钠为无色晶体或白色至微黄色粉末，有强烈的二氧化硫气味。密度为 1.4g/cm^3 时，溶于水和甘油，微溶于乙醇，1%水溶液的 pH 为 4～5。在水中的溶解度随温度升高而增大。溶于水后，生成稳定的亚硫酸氢钠，水溶液显酸性，与硫酸反应时放出二氧化硫，与氢氧化钠或碳酸钠反应时生成亚硫酸钠。在空气中极易氧化放出二氧化硫。加热至 150℃分解也放出二氧化硫。焦亚硫酸钠中有效二氧化硫的含量为 57.65%。

安全性：兔经口 LD_{50} 为 0.6～0.7g/kg(以 SO_2 计)。大鼠静脉注射 LD_{50} 为 115mg/kg。ADI 值为 0～0.7mg/kg。

应用：与二氧化硫使用范围及限量相同。

目前在我国浅色蔬菜的加工过程中，多使用焦亚硫酸钠溶液进行护色，如蘑菇罐头在加工过程中的护色处理，经过护色后的蘑菇原料加工成的蘑菇罐头色泽、风味均很好。

(5) 使用注意事项：对还原性漂白剂使用时应注意以下几个方面。

1) 生产中应注意不要混入铁、铜等金属离子，以防金属离子与亚硫酸发生反应或使食品氧化变色。避免使用金属容器，另外还可采用金属离子螯合剂(柠檬酸、EDTA 的二钠盐、植酸等)来除去食品中所含的金属离子。

2) 亚硫酸盐类的溶液容易分解失效，在使用过程中最好现配现用。

3) 用亚硫酸盐类漂白的物质，由于还原作用温和且可逆，易出现色泽不稳定复色的现象，故通常需要控制食品中残留部分的二氧化硫，能明显抑制复色现象，保持产品色泽稳定。例如，莲藕中残留 10～15mg/kg 的二氧化硫能明显防止产品在运输和储藏过程中的变色现象，但一定要控制好残留量，若残留量过高会造成食品中有二氧化硫的气味。

4) 亚硫酸盐类会破坏食品的营养元素。亚硫酸盐能与氨基酸、蛋白质等反应生成双硫键化合物；能与维生素 B_1 发生不可逆的亲核反应，导致维生素 B_1 裂解而损失，故亚硫酸盐不得用于作为维生素 B_1 源的食品；亚硫酸盐能够使细胞产生变异；亚硫酸盐会诱导不饱和脂肪酸的氧化。

5) 使用亚硫酸盐类时，由于其能渗入果蔬组织，若仅采用简单加热的方式很难将二氧化硫除尽，所以亚硫酸盐类漂白的水果只适宜于制作果酱、果干、果酒、果脯、蜜饯等小块型或破碎组织的产品。而且这些产品在后期加工中实施了加热、抽真空等工序，能将二氧化硫尽可能除去。但在加工整形罐头类产品时，二氧化硫不易散发出来，经常会出现二氧化硫残留量超标的现象。而且二氧化硫残留量过多会严重导致马口铁罐体的腐蚀，产生大量硫化斑，降低产品品质。

2. 氧化性漂白剂 氧化性漂白剂主要包括氯制剂与过氧化类物质，它们借助氧化作用而显示其漂白功能。氧化性漂白剂主要包括过氧化丙酮、过氧化氢、二氧化氯、过氧化苯甲酰、过氧化钙等，过氧化类漂白剂主要用于小麦粉的漂白。2011 年 3 月，我国卫生部、工业和信息化部、商务部、国家工商行政管理总局、国家质量监督检验检疫总局、国家粮食局、国家食品药品督管理总局七部门联合发布了关于撤销食品添加剂过氧化苯甲酰、过氧化钙的公告(卫生部公告 2011 年第 4 号)，规定自 2011 年 5 月 1 日起，禁止生产和添加用于面粉增白的过氧化苯甲酰、过氧化钙。根据《食品安全法》，食品添加剂应当在技术上确有必要且经过风险评估证明安全可靠时，才可列入允许使用范围。而食品添加剂过氧化苯甲酰、过氧化钙在目前已无技术上的必要性，故决定予以撤销。在《食品安全国家标准 食品添加剂使用标准》(GB 2760—2011)中，所有的过氧化类漂白剂均被撤销，氧化性漂白剂仅有氯制剂稳定态二氧化氯。

二氧化氯(chlorine dioxide)分子式 ClO_2，相对分子质量为 67.45。

安全性：ADI 为 0～30mg/kg。

应用：按 GB 2760—2011《食品安全国家标准 食品添加剂使用标准》规定，稳态二氧化氯可用于经表面处理的鲜水果和新鲜蔬菜中，最大使用量为0.01g/kg；用于水产品及其制品（包括鱼类、甲壳类、贝类、软体类、棘皮类等水产品及其加工制品）（仅限鱼类加工），最大使用量为0.05g/kg。

二、漂白剂应用实例

白砂糖是把甘蔗或甜菜压榨后的蔗汁或甜菜汁经亚硫酸法或碳酸法处理后，再经蒸发浓缩、结晶、分蜜及干燥后得到的洁白晶型砂糖。我国是食用糖生产和消费大国，年产量和消费量均在1000万t左右，其中白砂糖占食糖总产量的90%左右。根据生产过程中使用澄清剂的不同，可将白砂糖分为亚硫酸法白砂糖和碳酸法白砂糖，现有糖厂中约85%采用亚硫酸澄清工艺生产白砂糖，只有约15%的糖厂采用碳酸法或精制法工艺生产白砂糖及优质白砂糖。亚硫酸盐在其中主要起漂白、澄清的作用。

亚硫酸法白砂糖的生产工艺流程：

原料→提汁→一次加热→亚法处理→二次加热→沉淀→清汁→加热→真空蒸发→糖浆上浮/硫熏→煮糖结晶→助晶→分蜜→干燥→筛分→包装→储藏

糖中的色素主要为铁和酚类物质。铁与各种有机物结合形成深色的络合物，微量的铁即可使糖的颜色变得很深。酚类物质很容易被氧化，发生缩聚反应，形成深色的高分子物质，影响糖品颜色。可加入亚硫酸盐，对色素成分进行漂白，增加糖品白度。

糖浆硫熏是白砂糖生产过程中的一道传统程序，其主要目的在于抑制色素的生成和对糖浆的漂白。另外，它还具有一定的降低糖浆黏度以及改善成品糖闪光度的作用。糖浆中色素的生色基团均带有双键，通入二氧化硫后，所形成的亚硫酸可在双键上产生加成反应，减少了色素的双键数，抑制其发生缩聚反应，从而起到漂白增白的作用。

但在硫熏的过程中，也会对产品产生不利的影响。由于上述的反应大部分是可逆的，在有氧的情况下，反应将逆向进行而使色素复原。此外，亚硫酸是二级电离的酸，只有在较高的pH才能有高的电离度，在低pH下，会产生较多的亚硫酸氢根，从而导致可溶性亚硫酸盐的形成，增加糖品中的二氧化硫残留量。这个现象在糖浆硫熏中更为明显。在一些工厂中，糖浆硫熏控制的pH较低，这会使硫熏的负面作用进一步加剧。

亚硫酸法生产的白砂糖存在的主要问题是色值和二氧化硫含量偏高。我国从2006年起施行的白砂糖国家标准(GB 317—2006)规定：一级白糖色值低于150IU，残留二氧化硫量不高于30mg/kg，饮料用糖则更为严格，要求二氧化硫含量不得高于15mg/kg。因此现在很多企业都把提高一级糖产率、降低二氧化硫含量作为最重要的质量管理目标。

有些糖厂认为，糖浆的二次硫熏是造成糖成品二氧化硫超标的直接原因。只要取消了糖浆二次硫熏，糖成品中二氧化硫含量就能达标故采用加入助剂来代替糖浆二次硫熏。这种方法虽然能使二氧化硫含量达标，但白砂糖的其他指标却受到了影响。

应该说糖浆二次硫熏是制糖工业中的传统工艺，是质量控制的必要工艺。多年来，大量制糖科研人员均做过有关取消糖浆二次硫熏的试验，但均未能取得满意的效果。从成本和质量两方面考虑，糖浆二次硫熏是必不可少的工艺，它对提高白砂糖质量有一定的作用。在亚硫酸法糖厂均使用糖浆二次硫熏，在碳酸法糖厂，糖浆也要经过硫熏。因此，要使糖成品二氧化硫含量较低必须从澄清入手，控制好糖浆的pH，不能直接取消硫熏步骤。

第七章

食品增香

食品的香气是一种很重要的感觉。食品中香味的来源主要有三个方面：一是食品基料(肉、鱼、水果、蔬菜等)本身所具有的，这些原料是人类饮食的主体，也是人体所需营养的主要来源；二是食品基料中的香味前体物质在加热、发酵等加工过程中发生化学变化所产生的；三是在食品加工生产过程中有意添加的，如食用香料、食用香精等。

现代化生产工艺中，为了提高和改善食品的香味和香气，有时需要添加少量的香精或香料，这些香精和香料被称为增香剂或赋香剂。食品香精香料的应用极大满足和丰富了人们的口味，给人们创造了很多新鲜美味的食品，促进了食品工业的快速发展。

第一节 食用香料

食用香料是指能够增强食品香气和香味的食品添加剂，是食品添加剂中品种最多的一种。食用香料除了可以单独使用外，还经常用于配制各种食用香精，并可按正常生产需要使用。食用香料是能被嗅觉闻出气味或味觉尝出味道的、用来配制香精或直接给食品和饮料等加香的物质。食用香料之所以能发香，是因为它是由一种或多种具有气味的有机物组成的。这些有机物的分子结构中均含有发香的生香基团，即发香基团。这些发香基团在分子内以不同的方式结合，使食用香料具有不同类型的香气和香味。

联合国粮食及农业组织和世界卫生组织所属的世界食品法典委员会下的食品添加剂法规委员会将食品香料按其来源及结构性质分为三类：天然香料、天然等同香料和人造香料。天然香料是指完全用物理方法从植物或动物原料中获得的具有香味的化合物，如从香荚兰豆中获得的香兰素，从薄荷中获得的薄荷脑等。GB 2760—2011《食品安全国家标准　食品添加剂使用标准》中允许使用的食品用天然香料有402种。天然等同香料是从芳香原料中用化学方法离析出来的或用化学方法制取的香味物质。这些物质与天然香料中存在的物质，在化学结构上是相同的，如用化学方法合成的香兰素，从柠檬草油单离出来的柠檬醛等。天然等同香料品种很多，占食品香料的绝大多数，对调配食品香精十分重要。人造香料是指尚未从使用的天然产品中发现的香味物质，如乙基麦芽酚、乙基香兰素。此类香料品种较少，均由化学合成方法制成。

一、常用的天然香料

食品中常用的天然香料主要为柑橘油类和柠檬油类，即水果型香料。这两种香料均属于芸香科植物的产物，其中包括甜橙油、酸橙油、橘子油、红橘油、柚子油、柠檬油、香柠檬油等品种，最常用的是甜橙油、橘子油和柠檬油。除此之外，肉桂油、薄荷素油和留兰香油也经常使用。

1. 甜橙油　甜橙油(orange oil)是由芸香科植物甜橙的果皮，用水蒸气蒸馏法、压榨法等方法提取制的。

甜橙油为黄色至橙色或深橙黄色的挥发性油状液体，带有清甜的橙子香气和柔和的芳香滋味。溶于乙醇，难溶于水。其主要成分为柠檬烯，含量高于90%，并含有癸醛、己醛、辛醇、芳樟醇、柠檬醛、甜橙醛、十一醛等百余种成分。甜橙油一般置于深褐色玻璃瓶或铝桶内，密封保存于阴凉处。

应用：甜橙油广泛用于配制多种食用香精，是橘子、甜橙等果香型香精的主要原料，可直接添加到糖果、饼干、糕点、冷饮等食品中。按照GB 2760—2011《食品安全国家标准　食品添加剂使用标准》规定，甜橙油可按生产需要适量用于配制各种食品香精。

2. 橘子油　橘子油(mandarin oil)是由芸香科植物柑的果皮，用水蒸气蒸馏法、压榨法等方法提取而得。

橘子油为黄色的油状液体，带有清甜的橘子香气。溶于90%乙醇，难溶于水。其主要成分为柠檬烯、邻*N*-甲基-邻氨基苯甲酸甲酯及癸醛。橘子油一般置于深褐色玻璃瓶或铝桶内，密封保存于阴凉处。

应用：橘子油可广泛用于配制多种食用香精，是橘子型香精的主要原料。可直接添加到食品中，常用于浓缩柑橘汁、柑橘酱等柑橘类产品中。按照GB 2760—2011《食品安全国家标准　食品添加剂使用标准》规定，橘子油可按生产需要适量用于配制各种食品香精。

3. 柠檬油　柠檬油（lemon oil）是由芸香科植物柠檬的果皮，用冷磨法、压榨法或蒸馏而得。

柠檬油为鲜黄色澄明的油状液体，具有清新的柠檬果香气。易溶于乙醇中，主要成分为柠檬烯和柠檬醛等。一般置于深褐色玻璃瓶或铝桶内，密封保存于阴凉处。

应用：柠檬油可广泛用于配制多种食用香精，是柠檬型香精的主要原料。可直接添加到各种食品中。按照GB 2760—2011《食品安全国家标准　食品添加剂使用标准》规定，柠檬油可按生产需要适量用于配制各种食品香精。

4. 肉桂油　肉桂油（cassia oil）又称中国肉桂油，主要成分为反式肉桂醛、乙酸肉桂醛、香豆素、水杨酸、苯甲酸、苯甲醛、乙酸邻甲氧基肉桂酯和反式邻甲氧基肉桂醛等。肉桂油为黄色至红褐色液体，具有特有的辛香味，先有甜味，然后有辛辣味。放置日久或暴露于空气中会使油色变深、油体变稠，严重的会有肉桂酸析出。天然品闪点不高于100℃，兼有杀菌作用，溶于冰醋酸、丙二醇、非挥发性油和乙醇中，不溶于甘油和矿物油。

肉桂油可采用水蒸气蒸馏法和溶剂萃取法制备。水蒸气蒸馏法是以樟科属植物中国肉桂树的风干陈化熟透的枝、叶或树皮或籽为原料，经水蒸气蒸馏并精制而得。溶剂萃取法是将原料进行预处理、选择、粉碎，然后和溶剂恒温搅拌一定时间，减压抽滤，滤液用活性炭脱色，去溶剂，精制得产品。

应用：肉桂是我国南方主要经济林树种之一，主要产于广西、广东（约占世界产量的80%），近十年来发展迅猛。在各种精油中，中国肉桂油在世界市场上占有重要地位，是我国传统出口商品。中国肉桂常与其他辛香料组合成各种香味的调味料，主要用于肉类烹饪，也用于腌渍、浸酒及面包、蛋糕、糕点等焙烤食品，也可用于水果保鲜。肉桂油具有强烈的辛香，暖甜而微带木香和膏香。粗制品的香气较粗，精制品甜些，但香气持久不如粗制品。按照GB 2760—2011《食品安全国家标准　食品添加剂使用标准》规定，肉桂油可按生产需要适量配制各种食品香精。

5. 薄荷素油　薄荷素油（mentha arvensis oil）又称脱脑油，是唇形科植物薄荷的茎叶经蒸馏而得的薄荷原油，再经分离去除大部分薄荷脑后所剩的油状物即为薄荷素油。薄荷素油主要成分为薄荷脑、乙酸薄荷酯、薄荷酮等。薄荷素油为无色、淡黄色或黄绿色的澄清液体，有薄荷香气。在水中溶解度很小，溶于乙醇、乙醚、氯仿及脂肪油中。薄荷素油需避光密封保存。

应用：薄荷素油是配制薄荷型香精的主要原料之一。按照GB 2760—2011《食品安全国家标准　食品添加剂使用标准》规定，薄荷素油可按生产需要适量配制各种食品香精。

6. 留兰香油　留兰香油（spearmint oil）又称薄荷草油、绿薄荷油。留兰香的主要品种有大叶留兰香和小叶留兰香。本品是唇形科植物大叶留兰香的茎和叶经蒸馏后而得。

留兰香油为无色或略带黄色液体。具有留兰香叶的特征香气。其含酮量为80%，主要成分为左旋芹酮。能溶于80%乙醇中。留兰香油需避光密封保存。

应用：留兰香油可直接用于食品中，是胶姆糖的主要赋香剂之一。按照GB 2760—2011《食品安全国家标准　食品添加剂使用标准》规定，留兰香油可按生产需要适量配制各种食品香精。

二、常用的天然等同香料

食用香料中大部分为天然等同香料，天然等同香料中有代表性的是香兰素、苯甲醛、DL-薄荷脑、柠檬醛等。

1. 香兰素　香兰素（vanillin）又称香草粉，化学名称为3-甲氧基-4-羟基苯甲醛。香兰素天然存在于香荚兰豆、安息香膏、秘鲁香膏和吐鲁香膏等中。目前，我国主要由邻氨基苯甲醚经重氮水解，生成愈创木酚，再用愈创木酚在亚硝基二甲基苯胺和催化剂存在下，与甲醛缩合，生成香兰素。最后通过萃取分离、真空蒸馏和结晶提纯而制得的香兰素产品。

香兰素为白色至微黄色晶体，具有香荚兰豆特有的香气。易溶于乙醇、乙醚、氯仿等有机溶剂，微溶于水，能溶于热水。本品易受光照影响，在空气中能发生氧化，故需避光密封保存。

安全性：大鼠经口 LD_{50} 为 1580 mg/kg，大鼠 MNL 为 1000 mg/kg。ADI 为 0～10 mg/kg。

应用：香兰素是使用最多的食品赋香剂之一，是配制香草型香精的主要香料，也可单独使用。广泛应用于饼干、糕点、冷饮、糖果等食品的赋香。在加入原料中时，应事先用温水溶解后再加入，以防赋香不均而影响口感。GB 2760—2011《食品安全国家标准 食品添加剂使用标准》规定，香兰素为允许使用的食品用天然等同香料，可用于配制各种食品香精。

按照 GB 2760—2011《食品安全国家标准 食品添加剂使用标准》规定，较大婴儿和幼儿配方食品中可以使用香兰素浸膏，最大使用量为 5 mg/100 mL，其中 100 mL 以即食食品计，生产企业应按照冲调比例折算成配方食品中的使用量；婴幼儿谷类辅助食品中可以使用香兰素，最大使用量为 7 mg/100 g，其中 100 g 以即食食品计，生产企业应按照冲调比例折算成谷类食品中的使用量；凡使用范围涵盖 0～6 个月婴幼儿配方食品不得添加任何食用香料。

2. 苯甲醛 苯甲醛(benzaldehyde)又称人造苦杏仁油。苯甲醛天然存在于苦杏仁油、桂皮油等精油中，是苦杏仁油的主要香气成分。工业上，由甲苯经催化氧化或由苯乙烯经臭氧氧化而制得。

苯甲醛为无色或淡黄色液体。具有苦杏仁的特异芳香气味。性质不稳定，在空气中易氧化生成苯甲酸，还原可变为苯甲醇。微溶于水，溶于乙醇、乙醚、氯仿等溶剂。苯甲醛需避光密封保存。

安全性：大鼠经口 LD_{50} 为 1300 mg/kg，大鼠经口 MNL 为 500 mg/kg。ADI 为 0～5 mg/kg。

应用：苯甲醛广泛用于配制杏仁、樱桃等食用香精。按照 GB 2760—2011《食品安全国家标准 食品添加剂使用标准》规定，苯甲醛为允许使用的食品用天然等同香料，暂时允许使用苯甲醛配制各种食品香精。

3. DL-薄荷脑 DL-薄荷脑(DL-menthol)是以柠檬油中单离出来的香茅醛为原料，经环化、催化加氢而制得的。

DL-薄荷脑为白色熔块或无色透明液体，具有类似天然薄荷油的清凉气息。性质与 L-薄荷脑相似。微溶于水，易溶于乙醇、乙醚等有机溶剂。DL-薄荷脑应装入专用镀锌铁中，密封储运。

安全性：大鼠经口 LD_{50} 为 3180 mg/kg。ADI 为 0～1.2 mg/kg。

应用：DL-薄荷脑是配制薄荷型香精的主要原料，可单独使用，也可与其他香料配合使用，用于糖果、胶姆糖、饮料等食品的赋香。按照 GB 2760—2011《食品安全国家标准 食品添加剂使用标准》规定，DL-薄荷脑为允许使用的食品用天然等同香料，可用于配制各种食品香精。

4. 柠檬醛 柠檬醛(citral)化学名称为 2,6-二甲基-2,6-辛二烯-8-醛，有 α-、β-、顺-、反-4 种异构体。柠檬醛可从山苍子油分离精制，也可由香叶醇、橙花醇等经氧化制得，或从工业香叶醇用铜催化剂减压气相脱氢制得。

柠檬醛是无色或淡黄色液体，有强烈的类似于无萜柠檬油的香气。柠檬醛易被氧化生成聚合物而着色。产品需避光密封保存。柠檬醛的保质期较短，一般为 3 个月，应注意按期使用。

安全性：柠檬醛可产生局部影响，在正常循环中无药理影响。幼年大鼠，每日摄入柠檬醛 0.15 mg，共 26 天，出现体重减轻的现象。大鼠每日摄入 50 mg/kg 的柠檬醛，共 12 周，未发现不良影响。ADI 为 0～0.5 mg/kg。

应用：按照 GB 2760—2011《食品安全国家标准 食品添加剂使用标准》规定，柠檬醛为允许使用的食品用天然等同香料，可用于配制各种食品香精。柠檬醛的香气清新，可单独使用，也可用于调制柠檬油、橘子油等各种果香型香精，广泛用于饮料、糖果、焙烤食品等的赋香。

三、人造香料

1. 乙基麦芽酚 乙基麦芽酚(ethyl maltol)化学名称为 3-羟基-2-乙基-4-吡喃酮，分子式 $C_7H_8O_3$，相对分子质量为 140.15。

乙基麦芽酚为白色粉末晶体，有非常甜蜜的持久的焦甜香气，味甜，稀释后有香甜水果香气。1 g 溶于约 55 倍水中或 10 倍乙醇或 17 倍丙二醇，微溶于苯和乙醇。在室温下较易挥发，但香气较持久。乙基麦芽酚是我国近年来出口量最大的合成香料。

安全性：小鼠经口 LD_{50} 为 1.2g/kg，大鼠经口 LD_{50} 为 1.5g/kg。ADI 为 0～2mg/kg。以 0.2g/kg 的剂量每日对大鼠灌胃，历经两年，其生长、体重、血检等均正常。

应用：乙基麦芽酚主要用于草莓、葡萄、菠萝等水果型香精的配制。按照 GB 2760—2011 规定，乙基麦芽酚为允许使用的食品用人造香料，可用于配制各种食品香精。

2. 乙基香兰素 乙基香兰素（ethyl vanillin）化学名称为 3-乙氧基-羟基苯甲醛，是以邻硝基氯苯为原料经一系列化学反应合成邻羟基乙醚再套用香兰素生产工艺而制得。

乙基香兰素为白色至微黄色晶体或晶体粉末，具有类似香荚兰豆的香气，香气较香兰素浓郁。能溶于 95%乙醇，呈澄清透明溶液。乙基香兰素需避光密封保存。

安全性：大鼠每周给予 30mg/kg，共 7 周，或 20mg/kg，共 18 周，在生长、摄食、蛋白质利用率等方面均无不良影响。但大鼠每周给予 64mg/kg，共 10 周，生长率降低，对内脏有影响。ADI 为 0～10mg/kg。

应用：乙基香兰素的香型与香兰素相同，纯品香气比香兰素还强 3～4 倍。其使用与香兰素相同，特别适用于乳基食品的赋香。本品可与其他香料配制香精。按照 GB 2760—2011 规定，乙基香兰素为允许使用的食品用人造香料，可用于配制各种食品香精。

第二节 食用香精

香料的香气较单调，除了少数香料可直接加入食品中外，大多数香料一般都要调配成香精后加入食品中。食用香精是由各种香料经过调配，与溶剂或载体及其他某些食品添加剂组成的具有一定香型和浓度的混合体。

一、香精的组成

一个完整的香精配方往往有数种甚至数十种香料调配成，其中主要涉及以下几种成分。

(1) 主香剂：也称香基，主香剂是形成香精主体香韵的基础，是构成香精香型的基本原料。

调香师要调配某种香精，首先要确定其香型，然后找出能体现该香型的主香剂。在香精调配过程中，有的只用一种香料作主香剂，但多数情况下，用多种香料作主香剂，如调和玫瑰香精，常用苯乙醇、香茅醇、香叶醇、玫瑰醇、玫瑰醚、甲酸香叶酯、玫瑰油、香叶油等作主香剂。

(2) 辅助剂：起着辅助调节香气和香味，弥补主香剂不足的作用。添加辅助剂后，可使香精的香气更趋完美，以满足不同类型的消费者对香精的需求。辅助剂可分为协调剂和变调剂两种。

1) 协调剂 也称调合剂，其香气与主香剂属于同一类型，其作用是协调各种成分的香气，使主香剂香气更加明显突出。如在调配玫瑰香精时，常用芳樟醇、羟基香茅醛、柠檬醛、丁香酚、玫瑰木油等作协调剂。

2) 变调剂 也称矫香剂或修饰剂。用作变调剂的香料香型与主香剂不属于同一类型，是一种使用少量即可起作用的暗香成分，其作用是使香精变化格调，使其别具风格。如在调配玫瑰时，常用苯乙醛、苯乙二甲缩醛、乙酸苄酯、丙酸苯乙酯、檀香油、柠檬油等作变调剂。

(3) 头香剂：也称顶香剂。用作头香剂的香料挥发度高，香气扩散能力强。其作用是使香精的香气更加明快、透发，增加人们的最初喜爱感。例如，在调配玫瑰香精时，常用壬醛、癸醛等高级脂肪族醛作头香剂。

(4) 定香剂：也称保香剂。它的作用是使香精中各种香料成分挥发均匀，防止快速蒸发，使香气更加持久，香气稳定。适合作定香剂的香料非常多，大体分为以下几类。

1) 动物性天然香料定香剂 最常用的麝香、灵猫香、海狸香、龙涎香等动物性天然原料，都是最好的定香剂。它们不但能使香精香气留香持久，还能使香精的香气更加柔和和圆熟，特别是将它们用于高级香水中，可使香水香气具有某种"生气"，更加温暖而富有情感，深受人们的喜爱。

2) 植物性天然香料定香剂 凡是沸点比较高，挥发度较低的天然香料均可作定香剂。常用的精油、浸膏类定香剂有岩兰草油、广霍香油、檀香油、鸢尾油等。常用的树脂、天然香膏类作定香剂的有安息香香树脂、乳香香树脂、吐鲁香膏、秘鲁香膏等。

3) 合成香料定香剂 品种很多，包括合成麝香、某些结晶高沸点香料化合物和多元酸、酯类等，如香豆素、香兰素、乙基香兰素、洋茉莉醛、乙酸玫瑰酯、乙酸岩兰草酯、苯甲酸桂酯、苯甲酸苯乙酯、苯乙酸苯乙酯、邻苯二甲酸二甲酯、邻苯二甲酸二乙酯、邻苯二甲酸二丁酯、丙二酸二乙酯、丁二酸二乙酯、癸二酸二乙酯等。

(5) 稀释剂：起稀释作用，经稀释的香气较未稀释前更为幽雅。常用的稀释剂有乙醇、丙二醇、植物油等。

调香师在确定香精配方之前，首先要明确所配香精的香型、香韵、用途和档次，再考虑主香剂、协调剂、变调剂和定香剂的组成，然后再根据香料的挥发度，确定香精组成的比例，制定香精配制的初步方案，最后进行正式调配。

二、香精的分类

食用香精的分类按用途可分为：饮料用、糖果用、焙烤食品用、方便食品用和酒用等；按香型可分为：柑橘型、果香型、薄荷香型、豆香型、辛香型、乳品香型和肉香型等；按性能可分为：水溶性香精、油溶性香精、乳化香精、粉末香精等。

1. 水溶性香精　水溶性香精在一定浓度下，能够全部溶解于水中而不会出现浑浊现象。将各种天然或合成香料调配而成的香基溶解于40%～60%的乙醇或丙二醇等其他水溶性溶剂中，必要时加入酊剂、萃取物或果汁等制备而成。

水溶性香精一般应为透明的液体，不呈现液面分层或浑浊的现象。在水中的溶解度为0.1%～0.15%(15℃)，对20%乙醇的溶解度为0.2%～0.3%(15℃)。水溶性香精易挥发，具有轻快的头香，香气飘逸，但对热敏感，不适用于在高温操作下食品的加香。

应用：适用于以水为介质的食品，如汽水、果露、棒冰、冰淇淋、酒类等。食用水溶性香精用于冷饮品，如汽水、冰棒中，一般使用量为0.002%～0.1%；用于配制酒中，一般使用量为0.1%～0.2%；用于果味露中，一般使用量为0.3%～0.6%。

水溶性香精挥发性较强，对必须加热的食品，应尽可能在加热后冷却时，或在加工处理的后期进行添加，以减少挥发损失。例如，在汽水生产中，可在配制糖浆时加入食用水溶性香精。溶解好的热糖浆经过滤打入配料缸后，加入防腐剂，最后加入香精，再经搅拌均匀后进行灌瓶。香精在添加前，可先用滤纸过滤，以防溶解不完全，然后倒入配料缸中。在冰棒生产中，可在料液冷却时加入香精。当料液打入冷却缸后，至料液温度降至10～16℃才可将已处理的柠檬酸及香精加入。在冰淇淋生产中，可在凝冻时添加香精。

2. 油溶性香精　油溶性香精也称耐热型香精，是向各种香料和香助剂调制成的香基中加入精炼植物油、甘油、丙二醇等稀释剂而配制成的可溶性香精。

油溶性香精一般为透明的油状液体，不呈现液面分层或浑浊现象。但以精炼植物油作为稀释剂的使用油溶性香精在低温时会呈现凝冻现象。油溶性香精中含有较多植物油或甘油等高沸点稀释剂，故其耐热性高于水溶性香精。油溶性香精的香气浓郁、沉着持久，香味浓度较高，具有香感强硬的香韵。

应用：适用于较高温度操作工艺的食品加香，如糖果、饼干和糕点等。用于饼干、糕点中使用量一般为0.05%～0.5%，在面包中为0.04%～0.1%，在糖果中为0.05%～0.1%。

焙烤食品要经高温处理，不宜使用耐热性差的水溶性香精，必须使用耐热性较高的油溶性香精。但温度过高，还会造成香精的损失，尤其是饼干，故其使用量往往稍高一些。焙烤食品使用香精香料多在和面时加入，但当使用化学膨松剂的食品时，加料时要避免香精与化学膨松剂接触，防止受碱性的影响。

在硬糖生产中，香精应在冷却过程的调和时加入，当糖膏倒在冷却台后，待温度降至105～110℃时，依次加入酸、色素和香精香料。香精香料不要过早加入，以防大量挥发，但也不能太迟加入，因温度过低，糖膏黏度增大，导致难以搅拌均匀。

3. 乳化香精　将油性香料加入适当的乳化剂、稳定剂、增稠剂、抗氧化剂、防腐剂及色素，使其在水中分散为微粒。一般为O/W型。

乳化的效果可以抑制香精的挥发，可使油溶性香味成分溶于水中，降低成本。

外观呈乳浊液状，香气温和，有保香效果，在水中的分散性产生浑浊作用。

应用：适用于有一定浑浊度的果汁或果味饮料等，对要求透明的产品不适用。

4. 粉末香精　粉末香精分为包埋型和吸附型。它是通过使用赋形剂，液体条件下先经过乳化再进行喷雾干燥等工序制成的粉末状香精。包埋型香精主要为微胶囊香精，由于赋形剂在香精表面形成薄膜，包裹住香精，因此香精的稳定性、分散性较好，可防止受空气氧化或挥发损失，延长加香产品的保质期，且储运、使用方便，适用于粉末状食品的加香。用微胶囊香精加香的产品在较长的存放期中仍能保持原有的香味，具有香味持久的特点。吸附型粉末香精是将香味物质吸附在载体表面，香气较强烈。但香味物质也会与光、空气等接触，因此其香气更易散失，易氧化。

三、食用香料、香精的使用注意事项

食用香料、香精在使用过程中应注意以下几方面。

1）香料、香精在食品中仅限于加香，不得用作腐烂变质食物的气味掩盖剂。

2）香精的使用量要控制适当，添加过少或过多都会影响效果，因此在添加时，需要精确计量。香精多为液体，一般采用量杯或量筒进行量取。使用时要保证香精在食品中分布均匀。

3）香精易受碱性条件的影响，因此在使用碱性剂时，要注意分别添加，防止碱性剂与香精香料直接接触后发生反应而变色。如香兰素与碳酸氢钠接触后会变成棕红色。

4）香精中的某些香料易受到温度、空气、水分、阳光等外界条件的影响而发生变质，如氧化、聚合、水解等。因此香精一般多用深色玻璃瓶盛装。储存温度在10～30℃为宜，防止阳光暴晒。香精在开启后应尽快用完。

5）水溶性香精易于挥发，故适用冷饮及配制酒；在果汁及水果罐头生产中，香精应在加工后期即冷却后添加。

6）油溶性香精适用于饼干、糕点、面包等焙烤食品和糖果食品的生产。油溶性香精虽耐热性好，但高温下也有挥发，故饼干焙烤食品等生产中其使用量要稍高些。香精不要过早加入，以防大量挥发；但也不能太迟加入，因温度过低糖膏黏度增大，难以混合均匀。

四、食用香料、香精的安全性问题

食用香精是由各种食用香料与稀释剂等配制而成，故其安全性归根到底取决于食用香料的安全性。食用香精在食品中的添加量很小，而每种香料在香精中所占比例也很小，量大反而让人无法接受，因此食用香料属于“自我限量”的食品添加剂。

食用香料的品种非常多，而经FAO/WHO食品添加剂联合专家委员会(JECFA)评价过的食用香料却极少。其原因之一是由于数量过多，若进行一一评价，所花费的金额巨大；更重要的原因是香料中大多数为天然香料和天然等同香料，它们已经被人们使用了上千年的历史，已被证明是安全的。所以JECFA对天然食用香料和天然等同香料均允许使用，仅对人造香料进行安全性评价。我国食品添加剂标准化委员会确定，食用香料和香精作为食品添加剂的一类，对在我国使用和生产的香料品种，应参照国际的或发达国家的香料立法和管理状况，按照相关规定进行评价，通过允许或暂时允许使用的名单，并陆续制定更新国家标准，并由有关部门批准公布后遵照执行。我国允许使用的天然食品用香料、天然等同食品香料及人造食品香料的详细名单可查阅GB 2760—2011中的附录B以及GBT 14156—2009食品用香料分类与编码。

第三节　香料、香精应用实例

食用香精调配的大致过程为：首先将各种主要香料按照一定的比例混合在一起，当作香精的主香剂，再加入相应的头香剂，是香味在幅度和深度上得到扩散，再加辅助剂(变调剂或协调剂)进行调整。然后再加入定香剂和稀释剂，并经过一段时间的陈化，即制得使用香精的基本类型，称为香基。再利用香基进一步加工制成水溶性香精、油溶性香精、乳化香精及粉末状香精等各种成品香精。下面以几种常用的香精配方为例进行介绍。

一、巧克力香精

巧克力是以可可制品原料为基础，与糖、奶类制品加工处理后，制成的产品的总称。

巧克力香精是采用可可提取物配制的，另外可以加入牛奶香韵、烘烤香韵和香草-焦糖香韵等组成巧克力香型，其中可可香韵是最主要的成分。

巧克力香精中各香韵比例范围及原料选择。

可可香韵 10%～60%：可可粉酊 10%～60%，可可醛 0.05%～0.5%，异戊醛 0.1%～1%。

牛奶香韵 10%～30%：丁位癸内酯 1%～8%，丁位十一内酯 0.5%～5%，丁位十二内酯 10%～40%。

香草-焦糖香韵 30%～50%：香兰素 5%～20%，乙基香兰素 1%～5%，麦芽酚 1%～10%，乙基麦芽酚 5%～10%，10%呋喃酮 0.5%～5%。

酸香香韵 1%～10%：乙酸 0.01%～0.1%，2-甲基丁酸 0.1%～1%，苯乙酸 0.5%～5%，十二酸 5%～10%，十四酸 5%～10%。

果香韵 0.1%～1%：乙酸异戊酯 0.05%～0.5%，苯甲醛 0.05%～0.5%。

烘烤香韵 0.5%～2%：2-甲基吡嗪 0.01%～0.1%，2,3-二甲基吡嗪 0.1%～1%，2,5-二甲基吡嗪 0.1%～1%，2,3,5-三甲基吡嗪 0.2%～2%，2-乙酰基吡嗪 0.1%～1%。

巧克力香精配方见表 7-1 和表 7-2。

表 7-1 巧克力香精配方 1

原料	数量/%
可可粉酊	60
苯乙酸戊酯	2.0
香兰素	2.5
椰子醛	0.06
藜芦醛	0.06
丙二醇	35.38
总计	100

表 7-2 巧克力香精配方 2

原料	数量/%
乙基香兰素	2.0
香兰素	2.0
香荚兰豆浸膏	10.0
可可粉酊	30.0
2,3,5-三甲基吡嗪	1.0
苯乙酸	1.0
异戊醛	2.0
异丁醛	1.0
δ-癸内酯	5.0
丙二醇	46.0
总计	100

二、香蕉香精

香蕉香精常以乙酸乙酯、乙酸异戊酯、丁酸异戊酯等香料为主要成分，以橘子油增加天然新鲜感，再用丁香油、香兰素等打底。

香蕉香精中各香韵比例范围及原料选择：

果香韵 50%～90%：乙酸异戊酯 20%～50%，丁酸异戊酯 10%～20%，异戊酸异戊酯 5%～10%，丁酸乙酯 10%～30%，乙酸丁酯 5%～10%，乙酸乙酯 10%～30%，甜橙油 1%～10%，柠檬油 1%～10%。

青香韵 2%～20%：叶醇 0.3%～3%，乙酸叶醇酯 0.3%～3%，芳樟醇 1%～10%，乙酸芳樟酯 1%～10%。

香草香韵 1%～10%：香兰素 1%～10%，乙基香兰素 0.5%～5%，香荚兰豆酊 1%～10%。

辛香韵 1%～10%：丁香花蕾油 1%～5%，丁香酚 0.3%～3%，异丁香酚 0.6%～6%。

香蕉香精配方见表 7-3 和表 7-4。

表 7-3 香蕉香精配方 1

原料	数量/%
乙酸异戊酯	6
丁酸乙酯	0.3
丁酸异戊酯	1
异戊酸异戊酯	0.5
除萜橘子油	0.5
丁香油	0.07
香兰素	0.08
95%乙醇	80
蒸馏水	11.55
总计	100

表 7-4 香蕉香精配方 2

原料	数量/%
乙酸乙酯	0.375
甜橙油	0.75
乙酸戊酯	8.25
丁酸乙酯	1.5
丁酸戊酯	2.25
乙酸丁酯	1.5
丁香油	0.225
橙叶油	0.075
香兰素	0.075
丙三醇	5
乙醇	65
蒸馏水	15
总计	100

第八章

食品酸度调节

酸度调节剂是指用以维持或改变食品酸碱度的物质，主要指酸味剂(acid，acidifier)，酸味剂能赋予食品酸味并具有一定的防腐和抑菌作用。作为食品添加剂，可增进食欲，同时有助于纤维素和钙、磷等物质的溶解，促进人体对营养素的消化、吸收。

酸味是味蕾受到 H^+ 刺激的一种感觉。酸味剂的阈值与pH的关系是：无机酸的酸味阈值为pH 3.4～3.5，有机酸的酸味阈值为pH 3.7～4.9。大多数食品的pH为5～6.5，呈弱酸性，但无酸味感觉，若pH在3.0以下，酸味感强，难以适口。此外，酸味感维持的时间长短并不与pH成正比，但与其解离速度有关，解离速度慢的酸味维持时间较长，解离速度快的酸味维持较短。酸味剂解离出 H^+ 后的阴离子，也影响酸味。在相同的pH下酸味的强度不同，其顺序为：乙酸＞甲酸＞乳酸＞草酸＞盐酸。如果在相同浓度下把柠檬酸的酸味强度定为100，则酒石酸的比较强度为120～130，磷酸为200～230，延胡索酸为263，*L*-抗坏血酸为50。

酸味剂产生不同的酸味与其分子中羟基、羧基、氨基的有无、这些基团的数目及其在分子结构中所处的位置有关。

酸味剂可分为有机酸和无机酸。目前，食品中常用的酸味剂，如柠檬酸、乳酸、苹果酸、酒石酸等有机酸，主要的无机酸为磷酸。采用发酵法或人工合成的酸味剂如延胡索酸、琥珀酸、葡萄糖酸等也用于食品调味。按其口感(愉快感)的不同可分成：① 令人愉快的酸味剂，如柠檬酸、抗坏血酸、葡萄糖酸和*L*-苹果酸；② 伴有苦味的酸味剂，如*dl*-苹果酸；③ 伴有涩味的酸味剂，如磷酸、乳酸、酒石酸、偏酒石酸、延胡索酸；④ 有刺激性气味的酸味剂，如乙酸；⑤ 有鲜味的酸味剂，如谷氨酸。

在使用中，酸味剂与其他调味剂的作用是：酸味剂与甜味剂之间有拮抗作用。二者易相互抵消，故食品加工中需要控制一定的糖酸比。酸味与苦味、咸味一般无拮抗作用，与涩味物质混合，会使酸味增强。酸味剂在食品中的主要作用如下。

1) 调节食品体系的酸碱性，改善产品性能。如对凝胶、干酪、果酱、果冻等产品加工过程中，正确调节pH可获得产品的最佳性状和韧性；酸味剂的添加降低了食品体系的pH，有利于抑制微生物的繁殖及不良的发酵过程；增强了酸性防腐剂的防腐效果，减少食品高温灭菌时间，进而减少了高温处理可能对食品风味产生的不利影响。

2) 作为香味辅助剂，广泛应用于调香。如添加酒石酸可辅助葡萄的香味，磷酸可辅助可乐的香味，苹果酸可辅助多种水果型饮料的香味。酸味剂的使用可修饰甜味，平衡食品风味，辅助构成特定的香味。

3) 螯合剂。食品或接触材料中某些金属离子如铜、铁、镍等能加速食品氧化，引起变色、腐败、营养素损失等不良影响，许多酸味剂具有螯合金属离子的能力，并且酸与抗氧化剂、防腐剂等复配使用，具有增效作用。

4) 稳定泡沫。由于酸味剂遇碳酸盐可产生 CO_2 气体，因此，酸味剂是化学膨松剂产气的基础，且其性质决定了膨松剂的反应速率。

5) 具有还原性。酸味剂可作为水果、蔬菜制品加工中的护色剂，可作为肉类加工中的护色助剂。

6) 在糖果生产中酸味剂用于蔗糖的转化，并抑制褐变，具有缓冲作用。

酸味剂在使用时必须注意以下几点：① 酸味剂多数能电离出 H^+，由于 H^+ 的存在会影响到食品加工条件，与食品原料成分如纤维素、淀粉等发生反应，也可能与其他添加剂相互影响，因此食品加工工艺中需要有酸味剂的添加程序和时间，避免不良影响的产生。② 当使用固体酸味剂时，要考虑它的吸湿性和溶解性。因此，必须采用适当的包装材料和包装容器。③ 阴离子除影响酸味剂的风味外，还能影响食品风味，如前所述的盐酸、磷酸具有苦涩味，会使食品风味变劣。而且酸味剂的阴离子常使食品产生另一种味，这种味称为副味，一般有机酸可具有爽快的酸味，而无机酸一般酸味不很适口。④ 酸味剂有一定的刺激性，能引起消化系统的疾病。

第一节　柠檬酸

性状与性能：柠檬酸(citric acid)又称枸橼酸，化学名称为 3-羟基-羧基戊二酸。分子式为 $C_6H_8O_7 \cdot H_2O$，相对分子质量为 210.14。柠檬酸是一种应用广泛的酸味剂。在室温下，柠檬酸为无色半透明晶体或白色颗粒或白色结晶性粉末。无臭，有强酸味，酸味爽快可口。20℃时在水中的溶解度为 59%，其 2%水溶液 pH 为 2.1。柠檬酸易溶于水，使用方便。酸味纯正，温和，芳香可口。其刺激阈的最大值为 0.08%，最小值为0.02%。柠檬酸易与多种香料配合产生温和清爽的酸味，适用于各类食品的酸化。

柠檬酸有较好的防腐作用，特别是抑制细菌的繁殖效果较好。它螯合金属离子的能力较强，作为金属封锁剂，作用之强居有机酸之首，能与本身质量的 20%的金属离子螯合。可作为抗氧化增强剂，延缓油脂酸败，也可作色素稳定剂，防止果蔬褐变。

柠檬酸与柠檬酸钠、钾盐等配成缓冲液，可与碳酸氢钠配成起泡剂及 pH 调节剂等。柠檬可改善冰淇淋质量，制作干酪时容易成形和截开。结晶柠檬酸和无水柠檬酸的相对分子质量比为 192.13/210.14，因此使用结晶柠檬酸要比无水柠檬酸多用 9.14%。

毒性：小鼠经口 LD_{50} 为 5040～5790 mg/kg；大鼠经口 LD_{50} 为 11 700 mg/kg；大鼠腹腔注射 LD_{50} 为 883mg/kg。ADI 不需要规定。在人体中，柠檬酸为三羧酸循环的重要中间体，无蓄积作用。但多次内服大量含高度柠檬酸的饮料，可腐蚀牙齿珐琅质。

使用：按 GB 2760—2011《食品安全国家标准　食品添加剂使用标准》规定，柠檬酸属于可在各类食品中按生产需要适量使用的添加剂。此外，尚可用于复配薯类淀粉漂白剂的增效剂，最大使用量为 0.025 g/kg。因本品的酸味是所有有机酸中最可口的，故在各种食品中广泛应用，其使用情况如下所示。

各种汽水和果汁：柠檬酸在各种饮料中的使用量可按原料含酸量、浓度、倍数、成品酸度指标等因素来掌握，一般使用量为 1.2～1.5 g/kg，浓缩果汁为 1～3 g/kg。

糖水水果罐头和蔬菜罐头：在糖水水果罐头灌注的糖液中，常加入适量的柠檬酸或其他有机酸，除了改进风味、防止变色外，对抑制微生物繁殖也有一定作用。一般使用量为：桃 0.2%～0.3%，橘片0.1%～0.3%，梨 0.1%，荔枝 0.15%。糖液宜现用现配，加酸后的糖液要在 2 h 内用完。水果和蔬菜常因品种、产地、成熟度和收获期的不同，含酸量有差异，致使加工制品的酸度变化，常加入不同量的柠檬酸来调整，使产品质量保持稳定。在鲜蘑菇、芹菜罐头的预煮液中加柠檬酸 0.7～1 g/kg，清水笋的预煮液或罐头汤汁中加 0.5～0.7 g/kg，其他如番茄、洋葱等可调 pH 至 4.1～4.3。

果酱和果冻：柠檬酸常用于果酱和果冻，其使用量以保持制品的 pH 在 2.8～3.5 较为合适。在果酱中添加适量的柠檬酸，除有利于改进风味和防腐外，还有促进蔗糖转化和果胶物质的胶凝，有助于防止储藏时由于蔗糖晶析而引起的发砂现象。在使用时，柠檬酸应先用水溶解，在果酱浓缩接近终点时加入，搅匀后即可出料装罐。果酱中柠檬酸和防腐剂山梨酸钾不能同时添加，原因是柠檬酸与山梨酸钾混合易形成溶解度低的山梨酸晶体，从而导致分散不均匀，影响防腐效果。速冻水果也可用柠檬酸防止酶促和金属催化引起的产品氧化、褐变及变味。

水果硬糖：水果硬糖使用柠檬酸，一般使用量为 4～14 g/kg，在糖膏冷却时加入。

冰棍和雪糕：水果味冰棍和雪糕中柠檬酸的使用量为 0.5～0.65 g/kg。柠檬酸可先在耐酸的容器中加沸水溶解，待已灭菌的料液打入冷却罐冷却后，再加入。

水产品：在贝、蟹、虾等灌装水产品食品或急冻工艺中添加柠檬酸，可减少褪色、变味，并通过螯合作用避免铜、铁等金属杂质改变产品颜色。加工前，水产品经过柠檬酸浸泡处理，并同时添加异抗坏血酸或其钠盐，可增强水产品的抗氧化能力并抑制酶活力。

其他用途：柠檬酸对不同类型食品可能体现不同性能。如可调节酒类产品的 pH，具有抗氧化或防止形成络合物引起浑浊现象；增加蜜饯的水果风味并促进蔗糖转化；加强冰淇淋的乳化作用；在乳酪、奶油中柠檬酸可络合钙离子，具有抗氧化和防止硬化的作用；在焙烤食品中具有膨化作用。

第二节 磷 酸

性状与性能：磷酸(phosphoric acid)，分子式 H_3PO_4，相对分子质量 98.00，为无色透明糖浆状液体，无臭。含量为 85%的磷酸，相对密度为 1.59，极易溶于水，也溶于乙醇。磷酸在空气中易潮解，加热失水成为无水物，进一步加热至沸点 213℃时，生成焦磷酸，加热至 300℃以上时，则变为偏磷酸。市售磷酸试剂是磷酸含量 85%左右的黏稠的、不挥发的浓溶液。磷酸属强酸，其酸味度比柠檬酸大 2.3～2.5 倍，有强烈的收敛味和涩味。磷酸为无机酸，伴随有涩味，多用于可乐型饮料。磷酸是酵母菌的营养成分，可加强其发酵能力，酿酒时可作为酵母菌的磷酸源，而且还能防止杂菌生长。

毒性：用含 0.4%、0.75%磷酸的饲料喂养大鼠，经 90 周 3 代实验。结果发现对生长和生殖没有不良影响，在血液及病理学上也没有发现异常。ADI 为 0～70mg/kg(以食品和食品添加剂总磷量计)。

使用：按照我国 GB 2760—2011《食品安全国家标准 食品添加剂使用标准》规定，磷酸的使用标准见表 8-1。

表 8-1 磷酸的使用标准

食品名称	最大使用量/(g/kg)	备注
米粉(包括汤圆粉)，八宝粥罐头，谷类和淀粉类甜品(如米布丁、木薯布丁)(仅限谷类甜品罐头)水产品罐头，预制水产品(半成品)	1.0	可单独或混合使用，最大使用量以磷酸根(PO_4^{3-})计
其他杂粮制品(仅限冷冻薯条、冷冻薯饼、杂粮甜品罐头)	1.5	
熟制坚果与籽类(仅限油炸坚果与籽类)，膨化食品	2.0	
乳及乳制品(01.01.01、01.01.02、13.0 涉及品种除外)，水油状脂肪乳化制品，02.02 类以外的脂肪乳化制品，包括混合的和(或)调味的脂肪乳化制品，冷冻饮品(03.01 冰淇淋雪糕类、03.04 食用冰除外)，蔬菜罐头，可可制品、巧克力和巧克力制品(包括代可可脂巧克力及制品)以及糖果，小麦粉及其制品，小麦粉，果冻，饮料类(14.01 包装饮用水类除外)，即食谷物[包括碾轧燕麦(片)]，杂粮粉，食用淀粉，方便米面制品，冷冻米面制品，熟肉制品，预制肉制品，冷冻鱼糜制品(包括丸等)	5.0	
乳粉和奶油粉，调味糖浆复合调味料	10.0	
焙烤食品	15.0	
其他油脂或油脂制品(仅限植脂末)	20.0	
其他固体复合调味料(仅限方便湿面调味料包)	80.0	

一般认为磷酸风味不如有机酸好，所以应用较少。但用作一些非水果型的饮料，特别是传统可乐饮料的酸味剂，有人说“没有磷酸，就没有可乐”，它是构成可乐风味不可缺少的风味促进剂。因其酸味强度大，故用量少，通常为 0.6g/kg 左右。

在方便面和肉制品中常用磷酸盐(三聚磷酸盐、焦磷酸盐和六偏磷酸盐等)作为添加剂以提高制品的保水性、吸油性等。

磷酸还可用作螯合剂、抗氧化增效剂和 pH 调节剂及增香剂。用作酿造时的 pH 调节剂，其使用量在 0.035%以下。在果酱中使用少量磷酸，以调节果酱能形成最大胶凝体的 pH。在软饮料、糖果和焙烤食品中用作增香剂。

生产汽水和酸梅汁用磷酸代替柠檬酸作酸味剂，其使用量：汽水为 0.1%～0.15%，酸梅汁浓缩液为 0.22%，啤酒糖化时用磷酸代替乳酸调节 pH，使用量为 0.004%，作为酵母菌营养剂，促进细胞核生长，使用量按干酵母菌计为 0.53%。

第三节 乳 酸

性状与性能：乳酸(lactic acid)化学名称为 2-羟基丙酸，分子式 $C_3H_6O_3$，相对分子质量 90.08，为无色或微黄色的糖浆状液体，是乳酸和乳酸酐的混合物。一般乳酸的浓度为85%～92%，无气味，具有吸湿性，水溶液显酸性，可与水、乙醇、丙酮、甘油混溶，不溶于氯仿、二硫化碳和石油醚。乳酸存在于发酵食品、腌渍物、果酒、清酒、酱油及乳制品中。乳酸具有较强的杀菌作用，可防止杂菌生长，抑制异常发酵。因具有特异收敛性酸味，故使用范围不如柠檬酸广泛。

毒性：大鼠经口 LD_{50} 为 3730mg/kg。乳酸异构体有 *dl*-型、*D*-型和 *L*-型 3 种，L-型为哺乳动物体内正常代谢产物，在体内分解为氨基酸及二羧酸物，在胃中即可大部分分解，几乎无毒。但 3 个月以下婴儿不宜用 *dl*-及 *D*-乳酸，以用 *L*-乳酸为好。ADI 不需要规定（*D*-乳酸、*dl*-乳酸不应加入 3 个月以下的婴儿食品中）。

使用：乳酸在自然界中广泛存在，是世界上最早使用的酸味剂。按照GB 2760—2011《食品安全国家标准 食品添加剂使用标准》规定，乳酸属于可在各类食品中按生产需要适量使用的添加剂。乳酸在果酱、果冻中的添加使用，添加量保持产品的 pH 为 2.8～3.5 是较为合适。在乳酸饮料和果味露中，多与柠檬酸并用，乳酸的添加量一般为 0.4～2.0g/kg。用于配制酒、果酒调酸时，配制酒添加 0.03%～0.04%，果酒如葡萄酒，一般使酒中总酸度达 0.55～0.65g/100mL（以酒石酸计）即可。用于白酒调香时，在玉冰烧酒和曲香白酒中分别添加 0.7～0.8g/kg 和 0.05～0.2g/kg。

第四节 其他酸味剂

一、苹果酸

苹果酸（malic acid）具有酸度大、味道柔和、持久性长的特点，理论上苹果酸可取代柠檬酸用于食品及饮料行业。目前苹果酸是继柠檬酸、乳酸之后用量排名第三的食品酸味剂。

使用：按照 GB 2760—2011《食品安全国家标准 食品添加剂使用标准》规定，苹果酸属于可在各类食品中按生产需要适量使用的添加剂。添加不同量的苹果酸和柠檬酸可获得相同效果，相对柠檬酸的用量，苹果酸的使用量平均可少 8%～12%（质量分数）。苹果酸能掩盖一些蔗糖的替代物所产生的苦味。苹果酸可用于水果型食品（特别是果酱）、碳酸饮料及一些其他食品中，可提高其水果风味。不同食品苹果酸的使用量也有所差异，其在果汁、清凉饮料等中的使用量为 0.25%～0.55%，在果子露中的使用量为 0.05%～0.1%，在果酱中的使用量为 0.2%～0.3%，在果冻中的使用量为 0.1%～0.3%，在水果糖中的使用量为 0.05%～0.1%。

二、酒石酸

使用：按照 GB 2760—2011《食品安全国家标准 食品添加剂使用标准》规定，酒石酸（tartaric acid）属于可在各类食品中按生产需要适量使用的添加剂。酒石酸一般很少单独使用，多与柠檬酸、苹果酸等并用，特别适合于添加到葡萄汁及其制品中，也可作为速效合成膨松剂的酸味剂使用。

多数有机酸酸味剂都是安全无毒的，不需规定其 ADI 值。如天然存在于水果中的柠檬酸、苹果酸以及食物发酵产生的乳酸、乙酸等，吸收后可进入体内三羧酸循环而被代谢，没有积蓄作用。在食品加工时可按正常生产需要量添加，不作严格限制。

第九章

食品甜味调节

甜味剂(sweetening agents)是赋予食品甜味为主要目的的食品添加剂。甜味剂甜味的高低、强弱称为甜度,是甜味剂的重要指标。甜度不能用物理、化学的方法进行定量测定,只能凭借人们的味觉感官判断,因此,目前尚无标准来表示甜度的绝对值。为了比较不同甜味剂的甜度,一般以蔗糖作为标准,其他甜味剂的甜度是与蔗糖甜度比较而得出的相对甜度。

甜味剂种类较多,按其来源不同可分为天然甜味剂和人工合成甜味剂。天然甜味剂又分为糖与糖的衍生物以及非糖天然甜味剂,如砂糖、甜菊糖,是具有代表性的天然甜味剂。人工合成甜味剂,以淀粉、植物类,甚至石油作为原料,采用酸解、酶解或萃取等方法,通过各种分离方法进行精制,最后获得不同特性的人工甜味剂,如糖精钠、甜蜜素、安赛蜜、阿斯巴甜、三氯蔗糖等。另外,葡萄糖、果糖、蔗糖、麦芽糖、淀粉糖和乳糖等糖类物质,虽然也是天然甜味剂,但因长期被人食用,且是重要的营养素,通常视为食品原料,在我国不作为食品添加剂。甜味剂的种类越来越多,低糖、高甜度甜味剂已成为适应低热量、非糖型食品产品的发展趋向。

天然甜味剂对人体有重要的营养价值,食入后被消化吸收,转化为血糖,为人体提供重要的能量来源。除此之外,甜味剂在食品中的其他作用有:① 调节和增强食品风味。甜味剂的使用,可使产品获得好的风味,保留新鲜的味道。② 不良风味的掩蔽。许多食品和饮料中通过加入甜味剂,由于甜味与其他风味的相互补充作用,结合形成新的味道。③ 甜味剂的使用可改进食品的可口性和工艺特性。

第一节　化学合成甜味剂

化学合成甜味剂又称合成甜味剂,是人工合成的具有甜味的复杂有机化合物。其主要优点为:① 化学性质稳定,耐热、耐酸碱,使用范围比较广泛。② 不参与机体代谢,不提供能量,适合于糖尿病、肥胖症等特殊营养消费群体使用。③ 甜度高,一般是蔗糖甜度的50倍以上,价格便宜且不会引起牙齿龋变。主要缺点是甜味不够纯正,甜味特性与蔗糖存在一定差距,可能带有苦味或金属异味,另外因为其不是食品的天然成分,故对其安全性有所担忧。

一、糖精钠

糖精钠(sodium saccharin)又称可溶性糖精或水溶性糖精,分子式 $C_7H_4O_3NSNa \cdot 2H_2O$,相对分子质量241.21,结构式为

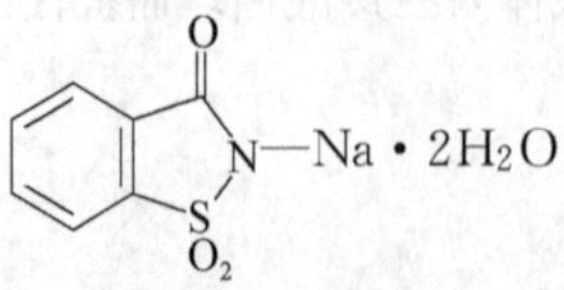

O
N—Na・2H₂O
S
O₂

性状与性能:糖精钠为无色至白色的结晶或结晶性粉末,无臭,微有芳香气。糖精钠易溶于水,微溶于乙醇。在水中的溶解度随温度升高而增大,常温下,糖精钠水溶液长时间保存甜味会降低。在食品加工过程中稳定,不提供热量,也无营养价值。

糖精钠分解出来的阴离子有强甜味,而在分子状态下没有甜味,反而感觉有苦味。糖精钠水溶液浓度高也会感到苦味。糖精钠溶解度大,解离度也大,因而甜味强,为蔗糖的200～700倍(一般为500倍),稀释1万倍的稀释水溶液也有甜味,阈值为0.004%。

毒性：小白鼠腹腔注射 LD_{50} 为 17 500mg/kg。大白鼠经口 MNL 为 500mg/kg。ADI 暂定为 0～2.5mg/kg。

使用：按照 GB 2760—2011《食品安全国家标准　食品添加剂使用标准》规定，糖精钠使用标准见表 9-1。

表 9-1　糖精钠的使用标准

食品名称	最大使用量/(g/kg)	备注
冷冻饮品(除外食用冰)，酱渍的蔬菜，盐渍的蔬菜，面包，糕点，饼干，复合调味料，饮料类(包装饮用水类除外)，配制酒	0.15	
果酱	2.0	
水果干类(芒果干、无花果干除外)，蜜饯凉果，熟制豆类(五香豆、炒豆)，脱壳烘焙/炒制坚果与籽类，新型豆制品(大豆蛋白膨化食品、大豆素肉等)	1.0	以糖精计(固体饮料按冲调倍数增加使用量)
带壳烘焙/炒制坚果与籽类	1.2	
水果干类(仅限芒果子、无花果子)，凉果类，话化类(甘草制品)，果丹(饼)类	5.0	

糖精钠与酸味并用，有爽快的甜味，适宜用于清凉饮料。糖精钠经煮沸会缓慢分解，因生成少量苯甲酸而产生苦味，与适当比例其他甜味剂合用，可达到接近砂糖甜味。由于糖精钠不被人体代谢吸收，不提供能量，可用于低热量食品生产，适用于糖尿病、心脏病、肥胖症等患者。糖精钠在食品生产中不会引起食品染色和发酵；但不得用于婴幼儿食品。我国农业行业标准规定在生产绿色食品时禁止使用糖精钠。

二、环己基氨基磺酸钠

环己基氨基磺酸钠(sodium cyclamate)又称甜蜜素(sodium cyclohexylsulfamate)，分子式 $C_6H_{12}NNaO_3S$，相对分子质量 201.23，结构式为

```
        H2   H2
        C——C
       /      \
   H2C          CHNHSO3Na
       \      /
        C——C
        H2   H2
```

性状与性能：甜蜜素通常是指环己基氨基磺酸的钠盐或钙盐。甜蜜素为无营养甜味剂，甜度为蔗糖的 40～50 倍。10%水溶液呈中性，对热、光、空气稳定，不易受微生物感染，无吸湿性，易溶于水，几乎不溶于乙醇、乙醚、苯、氯仿和乙醚等非极性溶剂。当水中亚硝酸盐、亚硫酸盐量高时，可产生石油或橡胶样气味。

毒性：小鼠经口 LD_{50} 为 18g/kg。ADI 为 0～11mg/kg。

使用：按照 GB 2760—2011《食品安全国家标准　食品添加剂使用标准》规定，甜蜜素的使用标准见表 9-2。

与蔗糖相比，甜蜜素的甜味刺激来得较慢，但持续时间较长。通常认为它的甜度是蔗糖的 30 倍。甜蜜素风味良好，不带异味，还能掩盖诸如糖精类人工甜味剂所带有的苦涩味。

表 9-2　甜蜜素的使用标准

食品名称/分类	最大使用量/(g/kg)	备　注
冷冻饮品(食用冰除外)，水果罐头，酱渍的蔬菜，盐渍的蔬菜，腐乳类，面包，糕点，饼干，复合调味料，饮料类(包装饮用水类除外)，配制酒，果冻	0.65	
蜜饯凉果，果酱	1.0	
脱壳烘焙/炒制/坚果与籽类	1.2	以环己基氨基磺酸计 固体饮料按冲调倍数增加使用量；果冻粉以冲调倍数增加使用量
烘焙/炒制坚果与籽类(仅限瓜子)	2.0	
带壳烘焙/炒制坚果与籽类	6.0	
凉果类，话化类(甘草制品)，果丹(饼)类	8.0	

三、乙酰磺氨酸钾

乙酰磺氨酸钾(acesulfame potassium)又称安赛蜜,安赛蜜分子式 $C_4H_4SKNO_4$,相对分子质量为137.25,结构式为

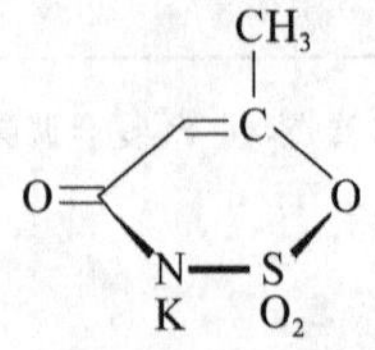

性状与性能:安赛蜜是白色结晶状粉末。通常人们认为安赛蜜的甜度大约是糖精钠的一半,比甜蜜素钠甜 4~5 倍。安赛蜜具有强烈甜味,味质较好,没有令人不愉的后味,味觉不延留,高浓度时有苦味。

单独使用安赛蜜作为食品甜味剂没有任何味觉问题,也可与其他甜味剂混合使用,诸如安赛蜜与甜味素(质量比 1∶5)、安赛蜜与甜蜜素铀(质量比 1∶5)的混合使用。安赛蜜与甜味素、甜蜜素共用时会发生明显的协同增效作用,但它与糖精的协同增效作用较小。安赛蜜与木糖醇或糖混合使用,能使口感特性增效,特别是与山梨糖醇混合使用,具有良好的果味和甜味,可用于生产适用于糖尿病患者的食品。

使用:按照 GB 2760—2011《食品安全国家标准 食品添加剂使用标准》规定,乙酰磺氨酸钾的使用标准见表 9-3。

表 9-3 乙酰磺氨酸钾的使用标准

食品名称	最大使用量/(g/kg)	备注
餐桌甜味料	0.04/(g/份)	
冷冻饮品(食用冰除外),水果罐头,果酱,蜜饯类,酱渍的蔬菜,盐渍的蔬菜,八宝粥罐头,面包,糕点,饮料类(包装饮用水类除外),配制酒,果冻,焙烤食品	0.3	
调味和果料发酵乳	0.35	固体饮料按冲调倍数增加使用量;果冻粉以冲调倍数增加使用量
调味品	0.5	
糖果(无糖胶基糖果除外)	2.0	
烘焙/炒制坚果与籽类	3.0	
无糖胶基糖果	4.0	

安赛蜜作甜味剂的食品使用范围很广,包括糖尿病患者的食品和低能量食品等。此外,还可作糖的替代品。

第二节 天然甜味剂

一、糖与糖醇类

糖类是最有代表性的物质,糖可以以单糖为基本单元进行聚合,但只有低聚糖有甜味,甜度随聚合度的增加而降低,以至消失。在糖类中一般能形成结晶的都具有甜味。果葡糖浆是一种淀粉糖品。在其制备过程中,异构酶的作用使一部分葡萄糖转变成果糖,所以又称异构糖,其成分主要是果糖和葡萄糖,是一种液体甜味剂。虽然乳糖对亚洲人有某些不适应性,但是可适当地应用于食品中。乳糖易溶、风味清爽、甜度较低,可用于糖果、巧克力中。已在亚洲各国的食品中使用,乳糖还可作为汤料的载体、天然色素的填充料等。由于乳糖既是天然甜味剂,又是食品原料,在这里就不再介绍。

糖醇是世界上广泛使用的甜味剂,主要采用以相应的糖为原料催化加氢还原的方法制成。这类甜味剂对酸、热有较高的稳定性,不易引起美拉德反应,同时对微生物的稳定性较好,不易引起龋齿,可调理肠胃。一般常以多种糖醇混用,代替部分或全部蔗糖,糖醇产品有 3 种形态:糖浆、结晶、溶液。

1. 木糖醇 木糖醇(xylitol)分子式 $C_6H_{12}O_5$,相对分子质量 152.15。

性状与性能:木糖醇是一种白色粉状晶体,有甜味,与葡萄糖的热量相同,木糖醇在水中溶度很大,每毫

升水可溶解 1.6 g 木糖醇，它易溶于乙醇和甲醇。木糖醇的热稳定性好，10%水溶液的 pH 为 5～7，不与可溶性氨基化合物发生美拉德反应。木糖醇易溶于水，并在溶解时会吸收一定的热量，因此，使用时会伴有清凉的口感。木糖醇是人体糖类代谢的中间体，无需胰岛素促进，而且还能促进胰脏分泌胰岛素，是最适合糖尿病患者食用的营养性的食糖代替品。

毒性：FAO/WHO(1983)对木糖醇 ADI 不作规定。

使用：按照 GB 2760—2011《食品安全国家标准　食品添加剂使用标准》规定，木糖醇属于可在各类食品中按生产需要适量使用的添加剂。木糖醇作为一种功能性甜味剂，主要用于防止龋齿性糖果（如口香糖、糖果、巧克力和软糖等）和糖尿病患者的专用食品，也用于医药品和洁齿品。此外，木糖醇可代替葡萄糖作浸渍溶液。木糖醇也可代替蔗糖用于焙烤食品。但是，木糖醇具有抑制酵母菌发酵的特性，不适用于通过酵母菌制作的食品。

2. 山梨糖醇　山梨糖醇(sorbitol)分子式 $C_6H_{14}O_6$，相对分子质量 182.17。

性状与性能：山梨糖醇为无色无味的针状晶体，易溶于水，微溶于甲醇、乙醇和乙酸等，吸湿性强，耐酸、耐热性能强，且不易与氨基酸、蛋白质等发生美拉德反应，对微生物的抵抗力也较强，浓度高于 60%就不易受微生物侵蚀。甜度是蔗糖的 60%～70%，具有爽快的甜味。山梨糖醇有持水性，可防止糖、盐等析出结晶，这是因为分子环状结构外围的羟基呈亲水性，而环状结构内部呈疏水性。

毒性：小鼠经口 LD_{50} 为 23.2～25.7 g/kg。FAO/WHO(1982)规定 ADI 值不作规定。

使用：按照 GB 2760—2011《食品安全国家标准　食品添加剂使用标准》规定，山梨糖醇（液）可用于炼乳及其调制产品，混合的和/或调味的脂肪乳化制品（植物油），冷冻饮品（食用冰除外），酱渍的蔬菜，盐渍的蔬菜，熟制坚果与籽类（仅限油炸坚果与籽类），巧克力和巧克力制品，除 05.01.01 以外的可可制品，糖果，面包，糕点，饼干，调味品，饮料类（包装饮用水类除外），油炸小食品以及豆制品工艺用、酿造工艺用、制糖工艺用，按生产需要适量使用；冷冻鱼糜制品（包括鱼丸等），最大使用量 0.5 g/kg，生湿面制品（如面条、饺子皮、馄饨皮等），最大使用量 30 g/kg。

山梨糖醇具有良好的吸湿性，可以保持食品具有一定水分以调整食品的干湿度。利用山梨糖醇的吸湿性和保湿性，应用于食品中可防止食品干燥、老化、延长产品货架期。如用于面包、蛋糕保水的使用量为 1%～3%，巧克力为 3%～5%，肉制品为 1%～3%。卷烟中添加山梨糖醇作加香保湿剂。

但山梨糖醇不适宜用于酥脆食品中，此外，山梨糖醇与其他糖醇类共存时会出现吸湿性增加的相乘现象。由于山梨糖醇具有良好的吸湿性能，可防止食品干燥并保持一定的水分含量，同时能有效防止糖、盐等结晶析出，从而维持甜、酸、苦味的强度平衡，有利于增强食品风味。山梨糖醇属于不挥发的多元醇，因此具有保持食品香气的功能。

除了作甜味剂外，山梨糖醇还可作为润湿剂、多价金属螯合剂、稳定剂与黏度调节剂等。此外，山梨糖醇还可用于生产供泡沫塑料用的聚醚及作为合成树脂的原料。

3. 麦芽糖醇　麦芽糖醇(maltitol)分子式 $C_{12}H_{23}O_{11}$，相对分子质量 344.31。

性状与性能：纯净的麦芽糖醇为无色透明的晶体，对热、酸都很稳定，甜味特性接近于蔗糖。麦芽糖醇水溶液的黏度较蔗糖或蔗糖-葡萄糖水溶液低，它将影响食品物料在加工过程中的流变学特性。例如，在硬糖制造过程中，需适当改变成型温度。麦芽糖醇的保湿性能比山梨糖醇好。在体内不被消化吸收，不产生热量，不使血糖升高，不增加胆固醇，不被微生物利用。为疗效食品的理想甜味剂。

毒性：FAO/WHO(1985)决定对麦芽糖醇的 ADI 值不作规定。

使用：按照 GB 2760—2011《食品安全国家标准　食品添加剂使用标准》规定，麦芽糖醇可用于调味乳，炼乳及其调制产品，稀奶油类似品，冷冻饮品（食用冰除外），酱渍的蔬菜，盐渍的蔬菜，熟制豆类，加工坚果与籽类，糖果，面包，糕点，饼干，焙烤食品馅料及表面用挂浆，液体复合调味料（不包括 12.03，12.04）饮料类（包装饮用水类除外），果冻以及豆制品工艺用、酿造工艺用、制糖工艺用，按生产需要适量使用；冷冻鱼鱼糜品（包括鱼丸等），最大使用量 0.5 g/kg。

作为功能性甜味剂，麦芽糖醇可在糖果、口香糖、巧克力、果酱、果冻和冰淇淋等食品中应用。用结晶麦芽糖醇生产巧克力时，只需对传统生产工艺略作改变。在粗磨、精磨、精炼及调温缸中的温度都不应超过

46℃，因为温度升高会迅速提高黏度而恶化产品质构。恶化程度还会随水分的增加而加重，因此要格外注意避免水分。用麦芽糖醇生产可可巧克力的调制温度不应超过31℃，制奶油巧克力时不应超过28℃。

结晶麦芽糖醇可用来生产硬糖，制出产品的玻璃质外观、甜度和口感等品质均很好。由于麦芽糖醇分子中无还原性基团，不会发生美拉德反应，因此在熬糖过程中色泽稳定。液体麦芽糖醇含较多的麦芽三糖醇及其他高级糖醇，所以制出的糖果吸湿性小，且抗结晶的能力大，但仍需用防水性好的包装材料包装以延长产品货架寿命。

用结晶或液体麦芽糖醇制出的太妃糖和棉花糖的品质都很好，不需另外添加强力甜味剂。在生产过程中，必须将熬糖温度提高至135～140℃，而使用蔗糖则为120～124℃，但是成型温度必须低些，一般为30～35℃。麦芽糖醇还可用于阿拉伯胶糖、明胶糖、口香糖和泡泡糖中。

麦芽糖醇对微生物的抵抗力强，用其制造的果酱、果冻产品的货架寿命长，品质好。此外，还可代替蔗糖用于冰淇淋和软饮料等。

其他的糖醇产品，甜度、风味与蔗糖相似，用法也一样，能使用蔗糖的食品中这类甜味剂都能使用。除上述的山梨糖醇、木糖醇、麦芽糖醇外，还有赤藓糖醇、甘露醇、乳糖醇、异麦芽糖醇等。

二、非糖天然甜味剂

非糖天然甜味剂是从一些植物的果实、叶、根等提取的物质，也是当前食品科学研究中正在极力开发的甜味剂。自然界中具有较高甜味的糖苷为数不多，可作为甜味剂资源加以开发的糖苷种类更少。这里介绍的糖苷化合物都具有较大的使用价值或应用前景。

1. 甜菊糖苷　甜菊糖苷(stevioside)又称甜菊苷、甜菊糖，它是从甜叶菊的叶子中提取出来的一种糖苷。

性状与性能：甜菊糖苷易溶于水，吸湿性大，其精制程度越高、在水中的溶解速度越慢，室温下为40%左右。甜菊糖苷带有轻微的苦涩味，原因在于每个甜菊糖苷类分子的苷元部味的疏水性和苦味。甜菊糖苷甜度约为蔗糖的150～200倍，是味感近似砂糖的天然甜味剂。与蔗糖、果糖、葡萄糖、麦芽糖等其他甜味料配合使用，不仅甜菊糖苷甜味更纯正，且甜度可起到协同增效效果。甜菊糖苷具有低热值特性，食用后不产生热能，因此是糖尿病、肥胖症患者良好的天然甜味剂。

毒性：急性毒性试验，小鼠经口LD_{50}＞15 000mg/kg(甜菊糖结晶)。

使用：按照GB 2760—2011《食品安全国家标准　食品添加剂使用标准》规定，甜菊糖苷可用于蜜饯凉果，烘焙/炒制坚果与籽类，熟制坚果与籽类，糖果，糕点，调味品，饮料类(包装饮用水类除外)，油炸小食品，膨化食品，按生产需要适量使用。

甜菊糖苷可作为下列产品的风味增强剂：甜菊糖苷和甜菊双糖苷A可用于冰淇淋和软饮料；甜菊糖苷用来增强氯化蔗糖、阿斯巴甜和甜蜜素的甜味；甜菊糖苷及其盐类可用于水果、蔬菜的催熟；甜菊糖苷添加于食品、饮料或医药品上作芳香风味增强剂；用于食品的无盐储藏。

甜菊糖苷与乳糖、麦芽糖浆、果糖、山梨糖醇、麦芽糖醇及乳酮糖等一起用于制造硬糖。甜菊糖苷可用于生产口香糖和泡泡糖，也可用来生产有各种风味糖果，如具有番木瓜、菠萝、番石榴、苹果、橘子、葡萄或草莓风味的软糖。甜菊糖苷还可与山梨糖醇、甘氨酸、丙氨酸等混用于生产蛋糕粉。因甜菊糖苷对热稳定，因此，特别适合于这方面的用途：各种软饮料，如低能量可乐饮料也可用甜菊苷和高果糖浆复配来增甜。甜菊糖苷还可用于固体饮料、健康饮料、甜酒和咖啡。

2. 甘草素　甘草素(glycyrrhizin)有甘草酸铵、甘草酸一钾及甘草酸三钾，它们是从甘草中提炼制成的甜味剂，又称甘草甜素。

性状与性能：甘草素为白色结晶粉末，与二氢查耳酮相似的是，其甜刺激与蔗糖来得较慢，去得也较慢，甜味持续时间较长。少量甘草素与蔗糖共用，可少用20%的蔗糖，而甜度保持不变。甘草素本身并不带香味物质，但有增香作用。甘草素的甜度为蔗糖的200～500倍，有特殊风味，不习惯者常有持续性不快的感觉，但与蔗糖、糖精配合效果较好，若添加适量的柠檬酸，则甜味更佳。又因它不是微生物的营养成分，所以不像糖类那样易引起发酵。在腌制品中用甘草素代替糖，可避免加糖出现的发酵、变色、硬化等现象。

毒性：甘草是我国传统的调味料与中药，自古以来作为解毒剂及调味品，未发现对人体有什么危害，正常使用量是安全的。

使用：按照 GB 2760—2011《食品安全国家标准 食品添加剂使用标准》规定，甘草素可用于蜜饯凉果、糖果、饼干、肉罐头类、调味品、饮料类(包装饮用水类除外)，按生产需要适量使用。

如罐头食品常使用甘草水浸液配制调味液，如香菜心罐头调味液中甘草水占 2.4%～4%；豆豉鲮鱼罐头用甘草煮制香料，甘草占香料配方中 18.4%。

其他糖苷有二氢查耳酮、罗汉果苷、苷茶甜素、甜叶悬钩子苷及白云参苷等。

第三节 其他甜味剂

一、天然物的衍生物甜味剂

天然物的衍生物甜味剂是从天然物中经过提炼合成，制成的高甜度的安全甜味剂。

1. 三氯蔗糖 三氯蔗糖(sucralose TGS)属于蔗糖衍生物。三氯蔗糖又称蔗糖素或 1′,6′-三氯半乳糖。三氯蔗糖是以蔗糖为原料经氯化作用而制得的，通常为白色粉末状产品。它的甜度大约是 5%蔗糖液的 600 倍，甜味纯正，甜味特性与蔗糖十分类似，没有任何苦味，是目前世界上公认的强力甜味剂。

由于三氯蔗糖的物化性质和甜味特性比较接近蔗糖，因此，在很多食品中代替蔗糖。

使用：按照 GB 2760—2011《食品安全国家标准 食品添加剂使用标准》规定，三氯蔗糖的使用标准见表 9－4。

表 9－4 三氯蔗糖的使用标准

食品名称	最大使用量/(g/kg)	备注
水果干类，煮熟或油炸的水果	0.15	固体饮料按冲调倍数增加使用量
冷冻饮品(食用冰除外)，水果罐头，酱渍的蔬菜，盐渍的蔬菜，焙烤食品，醋，酱油，酱及酱制品，复合调味料，饮料类(包装饮用水类除外)，配制酒	0.25	
调味乳，调味和果料发酵乳糖果	0.3	
香辛料酱(如芥末酱、青芥酱)调味品	0.4	
果酱，果冻	0.45	
发酵酒	0.65	
调制乳粉和调制奶油粉(包括调味乳粉和调味奶油粉)，即食谷物[包括碾轧燕麦(片)]	1.0	
蛋黄酱、沙拉酱，浓缩果汁(浆)，固体饮料类	1.25	
蜜饯凉果，糖果	1.5	

2. 肽衍生物 肽衍生物的甜度是蔗糖的几十倍至数百倍，但是二肽衍生物分子结构必须符合下列条件才具有甜味：① 分子中一定有天门冬氨酸，而且氨基与羧基部分必须是游离的；② 构成二肽的氨基应是 L-型的；③ 与天门冬氨酸相连的氨基酸是中性的；④ 肽基端要酯化，这类甜味剂中最具有代表性的是天门冬酰苯丙氨酸甲酯，其甜度为蔗糖的 200 倍，味质近于蔗糖。由于甜度较高，使用量低，所以是低热能甜味剂。但苯丙酮酸尿症患者不能食用，也不单独用于焙烤食品。

二肽衍生物甜味的强弱与酯基分子的相对分子质量有关，相对分子质量越大，则甜味越弱。酯基相对分子质量小的甜味强。这类甜味剂食用后在体内分解为相应的氨基酸，是一种营养性的非糖甜味剂，且无致龋性。这类甜味剂的热稳定性都差，不宜直接用于烘烤或高温烹制的食品，使用时有一定的 pH 范围，否则它们的甜味就会下降或消失。

(1) 天冬氨酸苯丙氨酸甲酯：又称甜味素，商品名阿斯巴甜(aspartame)。

性状与性能：甜味素为无味的白色结晶状粉末，有清凉感，无苦味或金属味，微溶于水，难溶于乙醇，不溶于油脂。

甜味素可作为甜味剂和风味增效剂应用于各种食品、饮料或医药品。由于它是一种二肽化合物，进入人体可被消化吸收，并提供 16.72 kJ/g 的能量，因此 FDA 将其列入营养型甜味剂中。尽管它的能量值较高，但因其甜度很高，在各种应用中的添加量很少，由它提供的能量值实际上很低或几乎为零。甜味素的甜度比蔗糖大 100～200 倍。热稳定性差，高温加热后，其甜味下降或消失。甜味素味质好，且几乎不增加热量，可作糖尿病、肥胖症等患者疗效食品的甜味剂，也可作防龋齿食品的甜味剂。

毒性：小鼠经口 LD_{50} >10 g/kg，属无毒级。ADI 为 0～40 mg/kg。

使用：按照 GB 2760—2011 规定，甜味素属于可在各类食品中按生产需要适量使用的添加剂。与填充型甜味剂不同的是，甜味素只给食品带来甜味，并不能同时赋予其他物化性质。如果食品需要甜味以外的物化性质，如应用在冰淇淋或巧克力中，则需配合使用填充剂（如葡聚糖）或填充型甜味剂（如糖醇）。

甜味素在食品或饮料中的主要作用表现在：提供甜味，口感类似蔗糖；能量可降低 95%左右；增强食品风味，延长味觉停留时间，对水果香型风味效果更佳；避免营养素的稀释，保持食品的营养价值；可与蔗糖及合成甜味剂一起配合使用。

(2) *天冬氨酰丙氨酰胺*：天冬氨酰丙氨酰胺又称阿力甜（alitame），是无异味、非吸湿性的结晶性粉末。它的甜度是蔗糖的 2000 倍。

阿力甜甜味品质很好，甜味特性类似于蔗糖，没有强力甜味剂通常所带有的苦后味或金属后味。阿力甜的甜味刺激来得快，与甜味素相似的是其甜味觉略有绵延。它与安赛蜜或甜蜜素混合时发生协同增效作用，与其他甜味剂（包括糖精）复配使用甜味特性也很好。它性质稳定，尤其是对热、酸的稳定性大。

使用：按照 GB 2760—2011《食品安全国家标准 食品添加剂使用标准》规定，阿力甜的使用标准见表 9-5。

表 9-5 阿力甜的使用标准

食品名称	最大使用量/(g/kg)	备注
餐桌甜味料	0.15	固体饮料按冲调倍数增加使用量；果冻粉以冲调倍数增加使用量
冷冻饮品（食用冰除外），饮料类（包装饮用水类除外），果冻	0.1	
话化类（甘草制品），胶基糖果	0.3	

阿力甜可广泛应用于各种食品，包括其他强力甜味剂至今尚未有成功的应用的领域，如焙烤食品和硬糖。但是，面包和乙醇饮料不宜使用阿力甜。

二、其他新型高甜度甜味剂

1. 蛋白质甜味剂 索马甜（thaumatin）又称非洲竹竿甜素，是从苏丹草本植物非洲竹竿果实中提取出的超甜物质。

性状与性能：索马甜为白色至奶油色无定形无臭粉末，甜味爽口，无异味，甜味极强，甜度为蔗糖的 2000～2500 倍。索马甜极易溶于水，不溶于丙酮，pH 为 1.8～10 时，其水溶液稳定，等电点 pH 约为 11。由于索马甜为蛋白质，因此，加热、遇单宁结合或在高浓度的食盐溶液中会使其失去或减低甜味。索马甜有特殊的矫味，掩盖苦味的作用与糖类甜味剂共用有协同效应和改善风味的作用。

毒性：根据 FAO/WHO 中 JECFA 评价，索马甜是一种可被迅速分解的蛋白质。食用索马甜后，只会稍微增加正常蛋白质的摄入量。ADI 不作特殊规定。

使用：索马甜的甜味来得慢，消失得也慢，因此应用时最好与其他甜味剂混合使用。可应用于饮料、冰淇淋及冰冻乳制品、口香糖等。

2. 二氢查耳酮衍生物 新橙皮苷二氢查耳酮（neohesperidosyldihydrochalcone）是利用发酵法从柑橘皮中提取的，用橙皮昔酶发酵，除去橙皮糖基上的鼠李糖基，在碱性条件下加氢，生成葡萄糖橙皮素二氢查耳酮，再用转移酶除去葡萄糖基，而接上新橙皮糖基即可获得。新橙皮苷二氢查耳酮为白色针状结晶性粉末，有很强的甜味，无吸湿性，稳定，不溶于乙醚，溶于水（25°C，1 g/L），溶于稀碱液。25℃时，饱和水溶液 pH 为 6.25。

各种柑橘所含的柚苷、橙皮苷等黄酮类糖苷，在碱性条件下还原得二氢查耳酮衍生物（DHC），具有很强的甜味，甜度比蔗糖大 1300 倍。因其甜度高、不吸潮、毒性小，是一类理想的甜味剂，但它们的甜味迟发，并有甘草样后味，所以一般用量为总甜味剂的 2.5%为宜。

3. 糖醇再加工甜味剂 该类甜味剂是指以蔗糖及天然糖醇为原料，经过化学变性，制成在结构和性能上不同于原料的新型甜味剂，如三氯代半乳蔗糖、帕拉金糖、次麦芽糖醇等。其中三氯代半乳蔗糖是一种高甜度的糖醇再加工甜味剂，甜度约为蔗糖的 400～800 倍，甜味的持续时间及后味等均接近于蔗糖，无吸湿性、但耐高温、耐酸碱，因此可应用于需高温灭菌、喷雾干燥、焙烤、挤压等加工工艺生产的食品。

第十章

食品增鲜

食品增味剂也称鲜味剂，是指补充或增强食品原有风味物质。一些食品中添加增味剂后，呈现鲜美滋味，可增加人们的食欲。

第一节　鲜 味 基 础

我国允许使用的增味剂主要有*L*-谷氨酸钠、5′-肌苷酸二钠、5′-鸟苷酸二钠、I+G、琥珀酸二钠、*L*-丙氨酸等。近年来人们也开发出许多复合鲜味料。利用天然的鲜味物质，如植物水解蛋白、动物水解蛋白、酵母菌抽提物等与谷氨酸钠、5′-肌苷酸二钠、5′-鸟苷酸二钠等进行复配，制作出适用于不同食品的复合鲜味剂，极大地丰富了食品的风味。

一、增味剂的种类

食品增味剂的种类很多，可按照不同的方式进行分类。若按照来源分，可分为动物性增味剂、植物性增味剂、微生物增味剂及化学合成增味剂等；若按化学成分分，可分为氨基酸类、核苷酸类、有机酸类、复合增味剂等。我国目前应用最广的增味剂是谷氨酸钠(味精)、5′-肌苷酸钠和5′-鸟苷酸钠。

1. 氨基酸类增味剂　氨基酸类增味剂中呈味基团是分子两端带负电的基团，如—COOH，—SO_3H，—SH，—C═O等，且分子中有亲水性辅助基团，如—NH，—OH等。以谷氨酸为代表，它属于第一代增味剂产品。除了谷氨酸钠外，此类增味剂还包括*L*-丙氨酸和甘氨酸，也具有一定的鲜味。

2. 核苷酸类增味剂　核苷酸类增味剂以肌苷酸和鸟苷酸为代表，它们均属芳香杂环化合物，结构类似，都是酸性离子型有机物，呈味基团是亲水的核糖-5-磷酸酯，辅助基团是芳香杂环上的疏水取代基。它们属于第二代增味剂产品。

3. 有机酸类增味剂　有机酸类增味剂以琥珀酸二钠为代表，它是目前我国唯一允许使用的有机酸类增味剂。琥珀酸即丁二酸，作为增味剂常用于酒类、清凉饮料及糖果食品中，其钠盐用于酿造品及肉制品。

4. 复合增味剂　复合增味剂是指含有两种或两种以上增味剂的一类产品。大多数由天然的动物、植物及微生物经过水解或发酵而制成，包括肉类抽提物、水产抽提物、水解动物蛋白等动物性增味剂，植物性抽提物及水解植物蛋白等植物性增味剂，酵母菌抽提物等。它们属于第三代增味剂产品。

值得注意的是，增味剂之间存在显著的协同增效效应。这种协同增效不是简单的叠加效应，而是相乘的增效。在食品加工过程中，往往不会单独使用一种类型的调味料，通常会与谷氨酸钠进行复配使用，增强其鲜味。例如，添加2% I+G于味精中，可使其鲜味提高4倍。

二、常用的增味剂

1. *L*-谷氨酸钠　*L*-谷氨酸钠(monosodium *L*-glutamate)俗称味精，简称MSG，分子式为$C_5H_8O_4NNa \cdot H_2O$，相对分子质量187.13。为无色至白色结晶或晶体粉末，无臭，微有甜味或咸味，有特有的鲜味，易溶于水(7.71g/100mL)，微溶于乙醇，不溶于乙醚和丙酮等有机溶剂，无吸湿性。味精以蛋白质组成成分或游离态广泛存在于植物组织。通常的食品加工和烹饪时不分解，但在高温条件下，会出现部分水解，如100℃下加热3h，分解率为0.3%，1200℃失去结晶水，在155～160℃或长时间受热，会发生失水生成焦谷酸钠，鲜味下降。

L-谷氨酸钠是第一代增味剂的主要成分，也是人类最早发现的增味剂成分。它还广泛用作复配其他增味剂的基础料。味精具有很强的肉类鲜味，特别在微酸性溶液中味道更佳。鲜味阈值为0.03%，一般使用时加入0.2～1.5g/kg即可。味精的呈味能力与其解离度有关，当pH为3.2时，呈味能力最低；pH为6～7时，味精几乎全部解离，其呈味能力最强，鲜味最高；pH大于7时，由于形成二钠盐，鲜味消失。因此，在酱油、醋及腌制品等酸性食品中使用时可适当增加味精的使用量。作为增味剂，味精还具有调整咸、酸、苦味的作用，并能引出食品所具有的自然风味。

安全性：小鼠经口LD_{50}为16.2g/kg，大鼠经口LD_{50}为19.9g/kg。ADI不作特殊规定。

应用：按照GB 2760—2011《食品安全国家标准 食品添加剂使用标准》规定，味精可在各类食品中按生产需要适量使用。在食品加工业、饮食业中，味精作为增味剂广泛用于汤、香肠、鱼糕、辣椒酱、罐头等生产中。味精可用于罐头、醋、汤类中，使用量为0.1%～0.3%；用于浓缩汤料，使用量为3%～10%；水产品、肉类0.5%～1.5%；酱油、酱菜、腌渍食品0.1%～0.5%；面包、饼干、酿造酒0.015%～0.06%；竹笋、蘑菇罐头0.05%～0.2%。味精与核苷酸类增味剂一起使用，可显著增强鲜味效果，因此可适当减少其使用量。添加味精时要注意避免高温和酸性条件，最好在加热后期或食用前添加。

2. 5′-肌苷酸二钠 5′-肌苷酸二钠(disodium 5′- inosinate)又称5′-肌苷酸钠、肌苷-5′-磷酸二钠，简称IMP，分子式为$C_{10}H_{11}N_4Na_2O_8P$，相对分子质量为392.17。5′-肌苷酸二钠为无色至白色结晶或晶体粉末，无臭，呈鲜鱼的鲜味，鲜味阈值为0.025%，易溶于水(13g/100mL，20℃)，微溶于乙醇，不溶于乙醚。稍有吸湿性，但不潮解。5′-肌苷酸二钠对热稳定，在一般食品的pH范围(4～6)内，100℃加热1h几乎不分解；但在pH 3以下的酸性条件下，长时间加压、加热时，则有一定分解。

安全性：大鼠经口LD_{50}为14.4g/kg。ADI不作特殊规定。

应用：按照GB 2760—2011《食品安全国家标准 食品添加剂使用标准》规定，5′-肌苷酸二钠可在各类食品中按生产需要适量使用。5′-肌苷酸二钠具有特殊的鲜味，一般可作为汤汁和烹调菜肴的调味用，较少单独使用，多与味精复配使用，可显著增加鲜味。呈味核苷酸二钠主要由5′-鸟苷酸二钠和5′-肌苷酸二钠组成，与味精复配可得到超鲜味精，称为第二代味精或复合味精。复合味精比单纯味精在鲜味、风味和生产成本等方面有独特的优点，有可能逐步取代味精在市场上所占的主导地位。5′-肌苷酸二钠可用于肉、禽、鱼等动物性食品和蔬菜等植物性食品中，可增强其天然鲜味，使用量为0.5～1g/10kg。

3. 5′-鸟苷酸二钠 5′-鸟苷酸二钠(disodium 5′- guanylate)又称5′-鸟苷酸钠、鸟苷-5′磷酸钠，简称GMP，分子式为$C_{10}H_{12}N_5Na_2O_8P$，相对分子质量为407.19。5′-鸟苷酸二钠为无色或白色结晶或粉末。无臭，具有类似香菇的鲜味，鲜味阈值为0.0125%。易溶于水，为溶于乙醇，几乎不溶于乙醚。吸湿性较强。在通常的食品加工条件下，对酸、碱、盐和热均稳定。5′-鸟苷酸二钠代表蔬菜和菌类食品的鲜味。5′-鸟苷酸二钠鲜味程度为5′-肌苷酸二钠的3倍以上。

安全性：小鼠经口LD_{50}为10g/kg。ADI不需特殊规定。

应用：按照GB 2760—2011《食品安全国家标准 食品添加剂使用标准》规定，5′-鸟苷酸二钠可在各类食品中按生产需要适量使用。5′-鸟苷酸二钠很少单独使用，一般与5′-肌苷酸二钠和味精复配使用。混合使用时，其使用量为味精总量的1%～5%。酱油、食醋、鱼制品、速溶汤粉等均可添加，使用量为0.01%。

4. 5′-呈味核苷酸二钠 5′-呈味核苷酸二钠(disodium 5′- ribonucleotide)的商品名为I+G，主要由5′-肌苷酸二钠(IMP)和5′-鸟苷酸二钠(GMP)按照1∶1比例复配而成。5′-呈味核苷酸二钠为白色至淡黄色结晶或粉末，无臭，味鲜，溶于水，微溶于乙醇和乙醚，对酸、碱、盐和热均较稳定。5′-肌苷酸二钠具有鲜鱼的鲜味，其鲜味是味精的40倍；5′-鸟苷酸二钠具有香菇的鲜味，其鲜味是味精的160倍。5′-呈味核苷酸二钠呈现出动植物鲜味融合一体的较为完全的增味剂，其鲜味是味精的100倍。

应用：按照GB 2760—2011《食品安全国家标准 食品添加剂使用标准》规定，5′-呈味核苷酸二钠可在各类食品中按生产需要适量使用。5′-呈味核苷酸二钠在食品加工中多应用于配制强力味精、特鲜酱油和汤料等。5′-呈味核苷酸二钠与谷氨酸钠合用具有显著的增效作用。5′-呈味核苷酸二钠以1%～5%的比例添加到味精中，即配成鲜味更强的强力味精，其鲜味更加丰厚、滋润。

5. 琥珀酸二钠 琥珀酸二钠(disodium succinate)又称丁二酸钠、干贝素，分子式为 $C_4H_4Na_2O_4$，相对分子质量为162.06。为无色或白色结晶或白色结晶粉末。有特异的贝类鲜味，味觉阈值为0.055%。

安全性：小鼠经口 LD_{50}大于10g/kg。猫经口1g/kg剂量的琥珀酸二钠未见异常。

应用：按照GB 2760—2011《食品安全国家标准 食品添加剂使用标准》规定，琥珀酸二钠可用于调味品，最大使用量为20g/kg。琥珀酸二钠通常与谷氨酸钠配合使用，一般使用量为谷氨酸钠的10%左右。常用于贝类加工品、酿造食品及其他食品生产。

6. L-丙氨酸 *L*-丙氨酸(L-alanine)又称*L*-2-氨基丙酸，分子式为 $C_3H_7NO_2$，相对分子质量为89.09。属于非必需氨基酸，为白色无臭结晶性粉末。有鲜味，略有甜味，相对密度1.401。易溶于水，微溶于乙醇，不溶于乙醚。5%水溶液的pH为5.5～7。*L*-丙氨酸在加热时可与糖类物质发生羰氨反应，改善食品风味。本品可提高核苷酸类增味剂的作用，在调味料中添加3～5倍核苷酸的量，可明显增强其作用。添加1%～5%的*L*-丙氨酸，可改善人工甜味剂和酸味剂等的味感。本品添加量和天然存在于食品中的量不应超过总蛋白质含量的6.1%。

安全性：小鼠经口 LD_{50}大于10g/kg。

应用：按照GB 2760—2011《食品安全国家标准 食品添加剂使用标准》规定，*L*-丙氨酸可作为增味剂用于调味品，可按生产需要适量使用。用于腌制品，按食盐量的5%～10%添加本品，可缩短腌制时间。用于油类或蛋黄酱，添加0.01%～1%，具有抗氧化作用。用于含醇饮料，添加0.1%～1.5%，可使酒味醇和，并可防止发泡酒老化，减少酵母菌臭。用于糟制食品、酱油浸渍食品，添加0.2%～0.3%，可改善风味。作为合成清酒的调料，使用量0.01%～0.03%。

7. 氨基乙酸 氨基乙酸(glycine)又称甘氨酸，分子式为 $C_2H_5NO_2$，相对分子质量为75.07。属于非必需氨基酸。白色结晶性粉末，味甜略带酸。易溶于水，微溶于甲醇和乙醇，不溶于乙醚。

应用：按照GB 2760—2011规定，氨基乙酸可作为增味剂应用于预制肉制品和熟肉制品中，最大使用量为3g/kg；用于调味品、果蔬汁(肉)饮料(包括发酵型产品等)及植物蛋白饮料，最大使用量为1g/kg。

除了以上的增味剂外，GB 2760—2011《食品安全国家标准 食品添加剂使用标准》规定辣椒油树脂可作为增味剂用于复合调味料中，最大使用量为10g/kg；糖精钠可作为增味剂用于复合调味料中，最大使用量为0.15g/kg(以糖精计)。

三、天然复合增味剂

天然复合增味剂主要包括天然鲜味抽提物和水解物，如各种肉类抽提物、酵母菌抽提物、动物蛋白水解物、植物蛋白水解物等，主要用于生产各种调味品。由于是直接从天然的动物、植物及微生物进行水解或萃取，所以风味浓郁，体现出天然饱满的鲜味。

目前，在天然复合增味剂中，产量最高的是动植物水解蛋白，其次是酵母菌抽提物。蔬菜提取物通常与肉类抽提物合用，具有协同增效作用。

1. 萃取类 萃取类复合增味剂的生产一般以水为萃取剂，通过加热水煮，将其中的鲜味物质溶解到液体中，再通过离心、过滤，浓缩等一系列操作制成液态、膏状或干燥成粉末。工业生产中常利用罐头生产的蒸煮液、干制品的预煮液、鱼糜制品的漂洗液、鱼粉生产的蒸煮液和压榨液等加工的副产物进行加工。

(1) *肉类抽提物*：肉类抽提物主要以牛肉、鸡肉和猪肉为原料，分别制成抽提物。实际生产中，一般很少直接用肌肉作为原料，主要利用其他加工预煮中的汤汁或由骨骼熬煮的汤汁，经过滤除渣，离心去脂肪，真空浓缩，得到固形物约45%，水分含量约15%的成品。肉类抽提物可广泛用于各种加工食品、烹饪和汤料，使用量一般在0.5%以内。

(2) *水产品抽提物*：水产品抽提物有粉末状、液态和膏状几种形式，其主要的呈味物质为氨基酸类、核苷酸类和各种原料所特有的某些鲜味物质。用于生产水产品抽提物的原料既可以是动物性原料，如蛤、牡蛎、虾、蟹和各种鱼类，也可以是植物性原料，如海带、裙带菜等藻类。动物性抽提物可采用生产罐头食品、鱼粉和各种煮干品过程中的汁液经浓缩、干燥而成，也可直接加工水产原料，经加热抽提，过滤、离心、脱色、脱臭后再浓缩、干燥等操作制备。藻类抽提物一般直接利用海带或裙带菜为原料，进行抽提，为了保证抽提效果，往往需要加入一定量的酶来破坏细胞壁，使抽提更完全，鲜味更浓。藻类抽提物中的鲜味成分主要为谷氨酸钠及一些游离的氨基酸。水产抽提物可用于配制各种汤料。

2. 水解类 水解类复合增味剂常采用酸法、酶法或利用动物体内的自溶酶对蛋白质进行水解后精制而成。

(1) 水解植物蛋白：水解植物蛋白 (hydrolyzed vegetable protein，HVP) 是指在酸或酶的作用下，水解含有蛋白质的植物原料(如大豆、小麦、花生等)所得到的多肽与氨基酸的混合溶液，再经加工后得到的产物。HVP不仅含有营养保健成分，而且可作为食品调味剂和风味增强剂。

HVP中游离氨基酸含量很高，可达20%～50%，是普通酱油的数倍以上，味道极其鲜美，不含苦味肽类。由于其氨基酸含量高，现已逐渐成为取代味精的新一代调味品。水解植物蛋白为淡黄色至黄褐色液体、糊状体、粉状体或颗粒。

酸水解植物蛋白中游离谷氨酸和天冬氨酸含量高于酶水解法。酸水解植物蛋白中由于酸的作用使谷氨酰胺和天冬酰胺脱氨基，从而产生较多的游离谷氨酸和天冬氨酸。另外，HVP中游离脯氨酸、甘氨酸、丙氨酸和丝氨酸含量也较高；酸水解植物蛋白中氨基酸几乎完全水解，游离氨基酸与总氨基酸的比值约为0.9，而一般酶水解法这一比值为0.2～0.6，差别较大，酸水解法水解程度较高。但酸法水解存在一定的安全隐患，过量的盐酸可与水解液中的油脂发生反应生成具有致癌性的1-氯丙二醇和1,3-二氯丙醇。因此目前常用酶法代替酸法进行水解，以保证水解物的安全性。采用酶法生产工艺得到的产品安全性高。若采用酸法，则需严格控制工艺条件参数，以减少氯丙醇的产生。

应用：

1) HVP可用作调味品，也可添加到酱油、蚝油、酱料、汤料中，起增鲜作用。

2) 可用于糖果、糕点中，如在巧克力、糖果生产中，加入HVP，可增加香气，提高产品中蛋白质含量；在糕点中添加HVP，可改善产品的口味品质。

3) 可用于膨化食品、饼干的调味，增加产品的风味和香气，使其结构疏松，改善口感。

4) 可用于饮料中，改善饮料风味，提高蛋白质含量。

(2) 水解动物蛋白：水解动物蛋白 (hydrolyzed animal protein，HAP) 是指在酸或酶的作用下，水解蛋白质含量高的动物组织得到的产物。HAP含有多种游离氨基酸，还含有人体必需的部分微量元素，营养价值高。HAP中大部分是氨基酸小分子肽类的混合物，其水溶性好，极易被人体吸收利用，是一种优质的蛋白质源。产品有浓缩汁、粉末状和微胶囊等多种形式。HAP一般总氮量为8%～9%，脂肪＜1%；粉末状HAP呈白色或淡黄色，黏度低，相对分子质量为2000～6000，是小分子肽类，具有动物蛋白的鲜香味。HAP具有较好的耐酸碱性和耐热性，不易发生褐变和变性。近年来，HAP在食品加工业中应用十分广泛。

应用：

1) 将HAP添加到火腿和香肠等肉制品中，可增强肉制品的风味，提高其营养价值，产品口感细腻，香味浓郁。

2) 用于果奶饮料中，可增强产品的乳化能力，提高产品稳定性，并能增加饮料的蛋白含量，易被人体吸收。

3) 用于面包、乳酸饮料等发酵食品中，促进酵母菌等微生物的生长，提高产品的营养。

4) 添加到营养品、保健食品中，可提供优质的蛋白质，易被机体吸收，促进机体生长发育和新陈代谢。

5) HAP还可作为味精的填充底料。

6) 可作为优质的蛋白源，添加到婴幼儿食品中。

(3) 酵母菌抽提物：酵母菌中含有丰富的蛋白质、碳水化合物、维生素以及矿物质等营养成分，是一种优质的蛋白质源。酵母菌抽提物(yeast extract)也称酵母菌精、酵母菌浸膏或酵母菌味素，是一种以食用酵母菌为生产原料，通过生物技术手段将酵母菌中的蛋白质、核苷酸类物质进行水解，经精制加工而得到的粉状、液体状或膏状的产品。酵母菌抽提物具有强烈的呈味功能，是一种新型的天然高级调味品。它的成分较复杂，其中含有小分子的肽类、氨基酸、核苷酸、维生素、微量元素等成分，呈肉香味，味道鲜美浓郁。

酵母菌抽提物产品呈深褐色或淡黄褐色，呈酵母菌所特有的鲜味和气味。粉末制品含水量5%～10%，具有很强的吸湿性。糊状制品一般含水量20%～30%。产品总氮含量要求大于9%，氨基氮含量大于

3.5%。

应用：酵母菌抽提物营养丰富、味道鲜美且香味醇厚，常被用来代替 MSG 和 HVP，添加到各类调味料中，用作增鲜调味剂。广泛应用到方便面调料、休闲食品调味料、鸡精、汤料、肉制品、素食制品等食品的生产，并可作为蚝油、酱油、酱料等传统调味料及餐饮行业的品质改良剂。

酵母菌抽提物在食品加工中应用的产品有四种类型。

1）基本调味作用的纯酵母菌抽提物，可替代 HVP 和 HAP，常作为复合调味料、汤料等调味料的基料使用。

2）特定咸味的酵母菌抽提物，可替代肉类抽提物。

3）高谷氨酸、核苷酸的酵母菌抽提物，可替代 MSG，此类产品中的 I+G 含量可达到 20%。

4）直接应用于餐饮烹饪的复合调味品，其中的主要成分为酵母菌抽提物。

使用过程中应注意的事项：① 酵母菌抽提物中含有丰富的氨基酸、核苷酸，因此在食品生产中若添加了酵母菌抽提物后，应减少及调整原配方中其他鲜味剂的用量。② 若在鱼糕、香肠、生肉、生鱼等食品中添加酵母菌抽提物，由于原料中含有转氨酶、脱氨酶、脱羧酶等酶类，可能会导致酵母菌抽提物中的呈味氨基酸和核苷酸的降解，因此添加之后不能放置过长时间，最好进行高温灭酶处理或冷冻处理。③ 酵母菌抽提物中食品中的适宜 pH 为 4～7。当食品的 pH 为 6～7 时，其鲜味最强。

四、人工复合增味剂

人工复合增味剂是指由氨基酸、味精、核苷酸、天然水解物或萃取物、有机酸、甜味剂、无机盐、香辛料、油脂等各种具有不同增味作用的原料经科学方法组合、调配制作而成的调味产品。这些调味料除了具有营养功能外，还具有特殊风味。其基本原料是肉禽类的抽提物、动植物水解蛋白、酵母菌抽提物等，再配以味精、核苷酸、食盐、填充料等就形成了新型复合调味料。复合调味料应用的品种越来越多，如火锅料、方便面干料包、酱料包、调料酒、炸鸡粉、鸡精等。

复合增味剂的特点：① 复配性好，可根据实际需要进行随意复配；② 鲜味饱满有层次，容易被人接受；③ 耐高温效果好；④ 鲜味持续时间较长；⑤ 增鲜效果回味好，不易发生口干现象；⑥ 应用广泛，增鲜效果明显。

第二节 增味剂应用实例

鸡精是一种具有鸡肉鲜味的复合调味料。它的味道鲜美，已逐渐替代了味精，在家庭烹饪中被广泛应用。

一、鸡精的概况

2004 年 7 月 1 日，由国家发展和改革委员会批准的《鸡精调味料行业标准》(SB/T 10371—2003)正式生效。这个行业标准由上海太太乐调味食品有限公司负责起草。它对“鸡精”的定义是：“鸡精调味料是以味精、食用盐、鸡肉/鸡骨的粉末或其浓缩抽提物、呈味核苷酸二钠及其他辅料为原料，添加或不添加香辛料等增香剂，经混合、干燥加工而成，具有鸡的鲜味和香味的复合调味料。”目前，鸡精还没有相应的国家标准，一般企业是参照行业标准来执行的。国家标准《鸡精调味料》审定稿已获通过，该标准对鸡精中的鲜味、鲜度指标进行定义，并对其做法定意义上的明确，但目前尚未正式出台。

鸡精有很多优点，如不会有味精食用后的那种口干感，口味协调性好，滋味鲜美醇厚。鸡精按形态可分为粉状、颗粒状、块状，但以颗粒状为主。鸡精的鲜味是由多种呈味物质共同作用的结果，它既有味精的鲜味，又有其他呈味物质的鲜味。鸡精是随着呈味核苷酸、水解动植物蛋白、酵母菌抽提物等产品出现后才产生的。鸡精中的鸡肉抽提物所占比例很有限，因此鸡精的鲜味主要还是依赖于味精和呈味核苷酸，由两者的鲜味“相乘”效应所引发的强烈鲜味作用。

鸡精是一种高级复合调味料，被广泛应用于以下两个方面：① 用于烹饪，广泛应用于家庭、饭店，如炒菜、煲汤、火锅等；② 用于食品加工领域，广泛应用于肉禽制品、水产制品、酱菜、腌菜、豆制品等食品的生产。

二、鸡精的行业标准及生产流程

鸡精的行业标准见表10-1。

表10-1 《鸡精调味料行业标准》(SB/T 10371—2003)

理化指标/%	卫生指标
谷氨酸钠≥35.0	砷(以As计)(mg/kg)≤0.5
呈味核苷酸二钠≥1.1	铅(以Pb计)(mg/kg)≤1
干燥失重≤3.0	菌落总数(个/kg)≤10 000
氯化物(以NaCl计)≤40.0	大肠菌群(MPN/100 g)≤90
总氮(以N计)≥3.0	致病菌(是指肠道病菌和其他致病性球菌)不得检出
其他氮(以N计)≥0.2	

鸡精的生产工艺如下：

鸡类抽提物
↓
颗粒原料→粉碎→搅拌混合→制粒→烘干→筛分→增香→检验→包装→成品
↑
鸡肉香精

鸡类抽提物是一种绿色天然的食品调味料，是鸡肉/鸡骨的粉末或其浓缩抽提物成分，保持了鸡的原汁原味原香原色，味道鲜美，口感醇厚，风味自然，真实感强。

三、鸡精的配方

常用的鸡精配方(表10-2、表10-3和表10-4)主要包括食盐、糖、鸡类抽提物、味精、I+G、HVP、抗结剂、麦芽糊精、鸡肉香精以及一些辛香料，其中味精所占比例较高(≥35%)，食盐的比例也较高(<40%)。

表10-2 鸡精配方1

项目	比例/%	项目	比例/%
食盐	40	HVP	1
白砂糖	10	胡椒粉	0.5
原味纯鸡粉	2～2.5	抗结剂	0.5
味精	40	麦芽糊精	2～5
I+G	1.5	鸡肉香精	0.5
精制纯鸡油	1～1.5		

表10-3 鸡精配方2

项目	比例/%	项目	比例/%
食盐	32	鸡肉香精	0.7
白砂糖	11	HVP	1
原味纯鸡粉	2.5	洋葱粉	0.6
味精	45	胡椒粉	0.5
I+G	1.8	生姜粉	0.4
麦芽糊精	3	淀粉	2
抗结剂	0.5		

表 10-4 鸡精配方 3

项目	比例/%	项目	比例/%
食盐	22	鸡肉香精	0.5
白砂糖	9	麦芽糊精	10
原味纯鸡粉	3	洋葱粉	0.5
味精	50	胡椒粉	0.3
I+G	2	生姜粉	0.2
精制纯鸡油	1～1.5	大蒜粉	0.1
抗结剂	0.5		

第十一章

食品调味

第一节 调味基础

“民以食为天，食以味为先”这句话说明了“味”在食品乃至人们日常生活中的重要地位。这里的味就是指食品的滋味或味道。孔子曾说“不得其酱不食”，可见在春秋战国时期，我国古代劳动人民已经懂得调味了；清代袁枚的《随园食单》中有“以味媚人”的说法，同样也强调了风味的重要性。尽管影响食品美味的因素很多，食品的滋味却是其中一个重要因素。随着人们生活水平的提高，在保证食品的营养、卫生和质量的前提下，人们更加注重食品的色、香、味、形。美味的食物在带给我们愉悦的精神享受的同时，还能增进食欲、促进消化、吸收。因此，在生产实践中，如何将各种味道进行调配，恰当组合，从而制定出理想的调味、增香配方是食品从业人员至关重要的任务。

一、味觉概念和分类

味觉是人们摄食后食物在口腔内引起的化学感觉。食品中可溶性成分溶于唾液或刺激舌头表面的味蕾可产生味道，再经过味觉神经将这种味道传入神经中枢，进入大脑皮层，进而产生我们熟知的味觉。味蕾是口腔内主要的味感受体，其次是自由神经末梢。各年龄段的味蕾数目不尽相同。婴儿约有1万个味蕾，而一般成年人只有数千个。这说明随着年龄的增长人的味蕾数目在减少，对各种味道的敏感性也随之降低。人的味蕾大部分分布在舌头表面的乳突中，小部分分布在软腭、咽喉、会咽等处，由数十个味细胞和支持细胞组成。味蕾在舌头上的分布是不均匀的，因而舌头的不同部位对味觉的分辨敏感性也有一定的差异。实验表明，不同的味感物质在味蕾上有不同的结合部位，尤其是甜味、苦味和鲜味物质，其分子结构有严格的空间专一性要求。这反映舌头上不同部位的味感受器，其敏感性不同。一般来讲，舌尖对甜味、舌根对苦味、舌靠腮的两边对酸味、舌的尖端到两边的中间对咸味最为敏感，但这也不是绝对的，会因人而异。

衡量味敏感性的大小通常用呈味阈值来表示，它是指感受到某种物质的最低浓度（表11-1）。物质的阈值越小，表示其敏感性越强。

表11-1 几种呈味物质的阈值

物质	蔗糖	食盐	柠酸	盐酸奎宁
味觉	甜	咸	酸	苦
质量分数/%	0.5	0.08	0.002 5	0.000 05

二、基本味

基本味可分成酸、咸、苦、甜四类。早在20世纪就有人提出了有名的四原味说（味的正四面体说），即把四种基本味放在正四面体的角上，某味若是两个基本味混合的，就在四面体的边上，若是三种味道混合则在面上，若是四种味道混合，则在四面体的内部，这种分类方法是在有关味觉的近代研究还没有开始时就固定下来了。但是人们后来发现还存在仅用四种基本味无法表现的味道，比如谷氨酸钠的鲜味就是其中一种，在对鲜味的研究过程中，发现了仅用四原味难以说明的味觉作用。因此四原味说成了古典学说。后来人们认为味本来是连续的，要把所有的味划分为基本味是不可能的。但是基本味这一概念在现实中仍是一个极为重要的概念。有人提出作为基本味应具备的条件是：明显与其他味不同；不是特殊物质的味，且呈这种味的物质存在于许多食品中；将其他基本味混合无法调出该味；与其他基本味的受体显著不同；存在传递该味道信息的单一味觉神经。

由于辣味是刺激口腔黏膜引起的痛觉；涩味是舌头黏膜蛋白质被作用而凝固引起的收敛作用，是触觉神经末梢受到刺激而产生的，因此有人认为这两种味都不是由味觉神经而产生的，不应属于基本味。

各国习惯不同，味觉分类也不尽相同，但在各国的基本味中都包含酸、甜、苦、咸。具体来说，我国的基本味包括酸、甜、苦、咸、鲜、辣、涩七味。日本分为酸、甜、苦、咸、鲜五味。欧美等国家分为酸、甜、苦、咸、辣、金属味六味。

在食品中，甜味一般是补充热量的反映，酸味一般是新陈代谢加速的反映，咸味一般是帮助、保护体液平衡的反映，苦味一般是有害物质的反映，鲜味一般是蛋白质营养源的反映。食品中各种风味都是一定物质的信号，依据这些味觉知识和人们的心理来合理地利用添加剂，可以使食品香甜可口、营养丰富，达到最佳目的。

科学家认为，人类具有味觉的一个重要作用是为了避免中毒。可食的植物一般是甜的，有毒的则味道比较苦。我们的味蕾可以辨别6种基本的味道：甜、酸、苦、咸、涩和鲜。但是和我们的嗅觉器官相比，味蕾辨别味道的方式非常有限。嗅觉器官能够识别上千种不同的化学气味。事实上，当人们将食物放进嘴里，感到的所谓"味道"主要是食物中的化学成分挥发出的气体被嗅觉器官辨别出来，因为食物的"味道"90%以上来源于其气味。

将各种呈味物质在一定条件下进行组合，使之产生新味，从而赋予食品良好风味的技术就是调味。能起到调味作用的食品添加剂主要有调味品和调味剂。

三、不同味觉的相互作用

在实际应用中，由于受到其他味的作用，呈味物质会改变其本身的强度从而影响到味觉，因此味觉存在以下一些有趣的现象。

1. 对比现象 先后或同时受到两种不同的味道刺激时，由于其中一个味的刺激而改变另一个味的刺激强度，这称为味的相互对比现象。例如，在蔗糖水溶液中加入少量食盐会使其甜度增强。

2. 消杀现象 两种味道存在时，一方或两方的味均受到减弱的现象称为消杀现象。例如，在橙汁中加入少量的柠檬酸则甜味减弱，若加入少量蔗糖则酸味减弱。

3. 相乘现象 将两种呈味成分混合，由于其相互作用，其味感强度超过单个呈味成分的强度之和，这称为味的相乘现象。生产中人们经常将味精与肌苷酸或鸟苷酸混合使用，其鲜味强度超过两者单独使用时的好几倍，此现象即属于味的相乘现象。

4. 变调现象 先食入的食物改变后食入食物的味感，此现象称作味的变调现象。例如，吃了苦的食物后，再喝清水也有甜的感觉。

四、调味的基本原理

由于地域、文化、传统、饮食习惯等方面的不同，各国人民在长期的实践过程中形成了相对独特的味觉爱好和调味方式。中国的饮食文化博大精深，中国人更讲究五味调和。即"酸、甜、苦、辣、咸"五味和谐，实际上绝大多数情况下人们尝到的都是一种复合味道。在实际应用中，味道的组合有规律可循。只有充分运用味的组合原则和规律，才能识得真滋味，调出人们喜爱的好味道。

调味是将各种呈味物质在一定条件下进行组合，使之产生新味，其过程应遵循以下几个原理。

1. 强化原理 强化原理，即一种味的加入会在一定程度上增强另一种味。这两种味可以是相同的，也可以是不同的，而且同味强化的结果有时会远远大于两种味感的叠加。如0.1%胞氨酸(CMP)水溶液并无明显鲜味，但加入等量1%谷氨酸钠(MSG)水溶液后，则鲜味明显突出，而且大幅度地超过1%MSG水溶液原有的鲜度。此现象类似于前面所讲的味的相乘现象。

2. 掩蔽原理 掩蔽原理，即一种味的加入，会使另一种味的强度减弱，乃至消失。如鲜味和甜味可以掩盖苦味，腥味可以被姜、葱等味掩盖。味掩盖有时是无害的，如香辛香料的应用，但掩盖不是相抵，在口味上虽然有相抵作用，但被“抵”物质并没有消失，仍然存在。

3. 派生原理 两种味的混合，会产生出第三种味道，此现象即为味的派生。如豆腥味与焦苦味结合，能够产生肉鲜味。

4. 干涉原理 干涉原理，即一种味加入之后，会使另一种味失真。如菠萝味或草莓味能使红茶变得苦涩。

5. 反应原理 反应原理，即食品的一些物理或化学状态会使人们的味感发生变化。例如，食品黏稠度、醇厚度能增强味感，细腻的食品可以美化口感等。这种反应有的是感受现象，原味的成分并未改变，例如，黏度大的食品由于延长了食品在口腔内的黏着时间，以至舌上的味蕾对滋味的感觉持续时间也被延长，这样，当前一口食品的呈味感受尚未消失时，后一口食品又触到味蕾，从而产生一个处于连续状态的美味感。醇厚是食品中的鲜味成分多，并含有肽类化合物及芳香类物质所形成的。

五、调味方法

不同种类的食品，往往需要进行各自独特的调味，同时用量和使用方法也各不相同。只有调理得当，调味的效果才能充分发挥。

首先应确定复合调味品的主体味道、风味特点，再根据原有作料的香味强度，考虑加工过程中影响香味产生的因素，在成本范围内确定出相应的方法和使用量。原料包括主料和辅料，其次是确定香辛料组分的香味平衡。一般来说，主体香味越淡，需加入的香辛料越少，并依据其香味强度、浓淡程度对主体香味进行修饰。比如设计一种烧烤汁，它的风味特点是酱香与姜、蒜等辛辣味相配，既不能掩盖肉的美味，同时还要将这种美味突出、升华，增加味的厚度，消除肉腥等。在此基础上，应根据肉的种类做出不同选择。另外，根据食用的时间，在原料上做出适当调整，如是烤前用，则应着重于加味及消除肉腥即可；如果是烤后用，则必须顾及味的整体效果。有了整体思路后，剩下的便是调味过程了。调味过程及味的整体效果与选用的原料有重要的关系，还与原料的搭配和加工工艺有关。

调味是一个非常复杂的过程，随着时间的延长，味还会有变化。尽管如此，调味还是有规律可循的，只要了解味的相加、相减、相乘、相除原理，并在调味时知道它们的关系，以及原料的性能，运用调味公式就会调出成千上万种的调味汁，最终再通过实验确定配方。

1. 味的增效作用 味的增效作用即人们常说的提味，是将两种以上不同味道的呈味物质，按比例混合使用，从而突出量大的呈味物质味道的调味方法。即由于使用了某种辅料，尽管用量极少，但能让味道变强或提高味道的表现力。如鸡汤内加入比例适当的少量的盐，鸡汤立即变得特别地鲜美。所以说控制好咸味，是调出好味道的关键。《白虎通·五行》有“五味得咸乃坚也”之说，任何味道加盐后，自身的特点更为突出。盐被认为是“百味之王”，由此可见盐在调味品中的作用；“好厨师一把盐”，进一步说明掌握用盐量是调味的关键。

调味公式为

主味(母味)＋子味 A＋子味 B＋子味 C＝主味(母味)的完美

2. 味的增幅效应

味的增幅效应也称两味的相乘。即两种以上同一味道物质混合使用使得这种味道进一步增强的调味方式。如桂皮与砂糖一同使用，能提高砂糖的甜度；姜有一种土腥气，同时又有芳香和清爽的刺激味，因此常被用于提高清凉饮料的清凉感；再比如谷氨酸和肌苷酸、鸟苷酸相互作用能起增幅效应从而产生更加强烈的鲜味。在烹调中，进行适度比例相乘方式的补味，可以提高调味效果。

调味公式为

主味(母味)×子味 A ×子味 B＝主味积的扩大

3. 味的抑制效应 味的抑制效应又称味的掩盖，是将两种以上味道明显不同的主味物质混合使用，导致各种物质的味均减弱的调味方式，即因某种原料的存在而明显地减弱了味的强度。例如，胡椒具有抑制效果，在较咸的汤里放少许黑胡椒，就能使汤味道变得圆润可口；在辣味重的菜肴里加入适量的糖、盐、味精、鸡精等调味料，不仅缓解了辣味，味道也会变得更加丰富。

调味公式为

主味＋子味 A＋主子味 A＝主味完善

4. 味的转化 味的转化又称味的转变，是将多种不同的呈味物质按一定比例混合使用，使各种呈味物质的本味均发生转变的调味方式。最常见的就是四川的怪味，就是将甜味、咸味、香味、酸味、辣味、鲜味等调味品，按相同比例融合，最后导致什么味也不像，称之为怪味。

调味公式为

子味 A＋子味 B＋子味 C＋子味 D＝无主味

总之，调味品的复合味较多，在实际应用中，要认真研究每一种调味品的特性，按照复合的要求，使之有机结合，科学配伍，准确调味，防止滥用调味料，导致调料的互相抵消，互相掩盖，互相压抑，造成味觉上的混乱。所以，在复合调味品的应用中，必须认真掌握，组合得当，勤于实践，灵活使用，以达到更好的整体效果。

六、调味品

调味品是指在制作食品和烹饪过程中调和食品口味的辅佐原料，具有酸、甜、苦、辣、咸等味和芳香味。我国调味品的应用及生产加工有悠久的历史，早在周代，民间就有酱油和醋等调味品的生产，生姜、葱、桂皮、花椒等在周代之前已普遍使用，多种谷物酿造的酒则在商代以前就有出现。对调味品的不断认识和应用，对我国烹饪技术的发展和地方菜风味特色的形成起了重要的作用。

1. 调味品的作用 调味品的种类很多，各自具有与众不同的特殊呈味物质。这些不同的呈味物质对调味品的作用如下：

1）除去烹饪食品的腥臊异味，调和并突出正常的口味。由于调味品在烹饪过程中发生的各种物理化学变化，使食品中的不良异味溶解或分化；另外，调味品的存在能改变食品的原有口味，增加了美味。如酒、姜、葱、蒜就可以起到这种作用。

2）改善食品的感官性状，增加菜肴的色泽光彩。如酱油、番茄酱等调味品在调味的同时，还能起到这种作用。

3）增加食品的营养成分，提高食品的营养价值。例如，食盐为人体提供氯化钠等矿物质，食糖、酱油、味精等含有丰富的氨基酸和糖类。

4）杀菌消毒，保护营养。食醋、葱、蒜等调味品含有能抑制或杀灭病菌的成分，正确地使用能起到杀菌消毒的作用。

5）诱人食欲，促进消化。正确使用调味品，食品菜肴进入人体后，能促进人体对食物的消化吸收。

6）确定菜品的味型。加入一定的调味品后，可以确定菜品的味型，如五香味、糖醋味、麻辣味等。

7）防止疾病，增强健康，食疗养生的作用。一大批调味品如葱、蒜、姜、辣椒、食醋、茴香、花椒、八角等，都具一定的疗效，经常食用可防止疾病，增进人体的健康。

8）影响口感。有些调味品可以影响食品和菜肴的黏稠度和脆嫩度等。

9）杀菌、抑菌、防腐。许多调味品中含有化学成分，具有杀菌、抑菌和防腐的作用。

2. 调味品的分类 调味品的分类方法很多，按照其生产方法可分为天然调味品、发酵调味品和配合型调味品。

（1）*天然调味品*：目前用于烹饪的可食性动植物原料都含有呈味化学物质。但是，在一些植物性原料中呈味物质也特别丰富，它们除了本身可食用外，已习惯地被用作调味品，如姜、大蒜、葱、香菜等；还有一些原料不能直接食用，但是，由于它们含有特殊的呈味物质，常被人们用作调味品，如茴香、八角、桂皮、丁香、陈皮和花椒等。

（2）*发酵调味品*：发酵调味品的生产在我国具有悠久的历史，很多独特的酿造工艺起源于我国。这一类调味品均采用发酵的方法，即通过微生物的作用，原料中的有关组分经过一系列生物、化学、物理变化，色、香、味达到俱佳状态，即成各种发酵调味品。用发酵法制成的各种风味的调味品具有中国调味工业的传统风格。我国的发酵调味品除了传统的各种酱油、酱、醋、黄酒、豆豉外，还有色露、香糟、红糟等香味剂，药酒等甜味剂。

(3) 复合型调味品：这是一种新型调味品，就是在天然的抽提物中，配加酵母菌提取物、风味调味料等，并添加蔬菜提取物和香辛料等配合而成。天然抽提物有肉类抽提物、水产抽提物、植物性抽提物和酵母菌抽提物。例如，日本的味之素公司开发的"埃基斯梅伊特"牛肉调味料就是以酵母菌提取物和牛肉提取物为主原料，加其他调味料配制而成的复合型调味品。

3. 甜、咸味调料

(1) 食盐：人们日常生活中必不可少的调味品，是咸味的主要来源。在烹调上把盐称为"百味之王"，人们常说的"淡而无味"、"走尽天下娘好，吃尽天下盐好"也都说明了没有盐就没有咸味，没有咸味，食品就失去了风味的道理。食盐按产地分，可分为海盐、湖盐、井盐和矿盐四种；按加工程度又分为大盐、加工盐和精盐(加碘)。另外，食盐还有其他的一些作用，具体如下：

1) 坚持用淡盐水漱口，不但可保持口腔清洁，而且能防止龋齿的发生。

2) 熬猪油时，加一定的盐，可提高熟猪油抗氧化能力，使保存期得以延长。

3) 菠萝去皮削成片后，宜放在淡盐水中浸泡几分钟，可去掉其涩味。

4) 从市场上买回的杨梅应在淡盐水中浸泡几分钟再食用，既可杀灭部分细菌，又可减轻其酸味。

5) 蒸馒头和面时放入适量的盐，可以改变面团的物理性质，增强其吸水的能力，使面团质地细腻，光泽洁白。

6) 苹果去皮后，如果不立即食用，外表会因氧化而变成棕色，如将它们泡在淡盐水中，既可以防止褐变，又可使之变得更清脆。

7) 在煮有裂缝的鸡蛋时，如在水中加一点盐，则可防止蛋白质外泄。

食用食盐应注意事项：

1) 选择食盐时要注意食盐有否加碘，因为长期服用不加碘食盐会引起一系列碘缺乏症，工业用盐不可食用；应选用加碘精盐作为食盐。

2) 每日的食盐摄入量应控制在10g以下，过多的盐摄入量会引起高血压病的发生。如果能将食盐的摄入量减少到每天5g以下，不仅可以使血压下降，甚至可以根除高血压症。

3) 烹调时，150mL水中加1g精盐，则咸度适中。所以，食盐的使用量应该控制在低于这个量度的水平。

4) 宴会上菜时应掌握咸味浓的菜先上，淡味菜后上的原则。

(2) 食糖：甜味是能在烹饪中独立存在的另一种味道，食糖则是最主要的甜味来源，它不仅是菜肴的调味品，而且也是糖果、糕点、饮料和蜜饯等甜食的主要原料。

食糖是由甘蔗、甜菜等含糖作物中提取出来的一种甜味物质。市场销售的食糖有许多品种，主要的有绵白糖、白砂糖、赤砂糖、红糖和冰糖、方糖。

1) 绵白糖　白色粉末状结晶，质地绵软、溶解快，但水分含量较高，不太耐储存。

2) 白砂糖　白色颗粒状结晶，纯度高，蔗糖含量在99%以上，质量较好，且水分、杂质和转化糖的含量很低，较易储存。

3) 赤砂糖　是未经洗蜜处理的蔗糖产品，晶粒表面附有较多的糖蜜，转化糖、色素和胶质等杂质含量也较高。色泽赤红，水分含量大，不易储存。

4) 红糖　结晶细面黏软，色泽深浅不一，有红、黄、紫、黑等颜色。糖蜜、杂质、水分等含量均较高，不易储存。但由于它含有丰富的无机盐和维生素，具有补血、破淤等效能，特别适合于产妇、儿童及贫血者食用。红糖大多是用土法生产的。

5) 冰糖　冰糖是采用特殊结晶方法制成的大块蔗糖结晶，呈半透明状。其杂质、转化糖和水分含量较少，质量较优，易于保存。

6) 方糖　白砂糖再结晶的产物，一般制成小方块，蔗糖含量最高，杂质含量最少。一般用于咖啡和牛奶的甜味剂。

从中医的观点来看糖有许多生理功能。

1) 白糖　味甘，性凉。有助脾润肺、生津的功效。可以治脾虚、肺燥、咳嗽、口干烦渴、伤口及疮疡久不愈合等。

2) 红糖　味甘，性温。有益气、缓中、散寒、祛瘀的功效。可以治脾虚胃弱、肝寒腹痛、血痢、风寒感冒、产后恶露不尽等。

3) 冰糖　味甘，性平。有补中益气、和胃润肺的功效。可以治肺燥咳嗽、咽痛口干、胃弱食少、高血压等。

4. 香味调料　香味调料是指用来增加菜肴香味的各种具有浓厚香味的物质。香味在烹饪和食品加工中的作用必须在咸味和甜味的基础上才能发挥出来。

(1) *芳香类调料*：芳香类调料的品种很多，茴香、八角、桂皮、丁香、陈皮、花椒是主要的品种，也是消费者喜欢的辛香味调味料。

茴香又称小茴香、谷香、香丝菜等，早在公元前20世纪，欧洲南部和西亚一带就将其作为香料和药用植物开始种植。

八角又称大料、大茴香等，主要分布在我国西南及两广地区，是我国特有的香料树种。八角具有强烈的芳香气味，其主要的呈味物质是茴香油，而茴香油中80%～90%是茴香醚。

桂皮是用肉桂、天竺桂、细叶湘桂、川桂等树皮干制而成的一种调味香料，主要产于福建、山东、广西、湖北、云南、江苏、浙江、四川等地。桂皮的主要呈味物质是精油，而精油的主要成分是桂皮醛，其含量可达桂皮精油的75%～90%。

丁香具有浓郁的香味，是我国传统常用的香料，主要产于广东、广西。丁香是用丁香树的花蕾经干燥而制成的，常用于卤、酱、蒸、烧、炸等烹饪菜肴中，起到增香压盖异味的作用。但丁香的使用量不能过多，否则会影响菜肴的正常风味。

陈皮是用柑、橘、懋等成熟果实的皮干制而成的。陈皮的呈味物质主要是柚皮苷和陈皮苷。它在烹饪中常用作烧、炖、炒、炸等菜肴的调味，起到除异味、增香、提味解腻等作用。

花椒又称大椒、南椒、川椒、点椒等，是花椒树的果实。花椒的主要呈味物质是川椒素和挥发油，它们是麻味的来源。花椒是川菜麻味的主要原料，不仅可用于原料的腌制，而且在川菜的炒、炝、烧、烩、卤、拌等烹调方法中都可使用。此外，花椒还有去异味及一定的杀菌和防腐作用。

(2) *蔬菜类调料*：蔬菜类调料主要有香菜和香椿。

香菜又称芫荽，公元前一世纪张骞从西域带回我国种植。目前我国各地均有栽种，四季均有上市。香菜味辛芳香，其呈味物质主要是芳香的挥发性芫荽油。芫荽以生食为多，可凉拌或作为冷盘的装饰料，也是作汤的好调料，做鱼烧虾时撒上香菜，味美清香别有风味。

香椿又称椿芽、香椿头，是香椿树的嫩芽。香椿含有独特芳香气味的挥发油，别具风味，营养和药用价值都很大，自古被当作时令佳肴。

(3) *花卉类调料*：花卉类调料的品种主要有菊花、桂花和玫瑰花等。

菊花具有特殊的清香味，自古就被人们用来作为芳香性花卉食品。菊花有良好的扩张血管、降低血压的作用，而且可以缓解心绞痛症。由于含有丰富的黄酮类物质，所以它具有很强的抗衰老作用。

桂花又称木樨，是我国广为栽培的名贵花木。桂花的品种有金桂、银桂、丹桂和四季桂等4类。桂花香味优雅、持久，香中带甜，是一种深受大众欢迎的花卉类调料。人们用它搭配蔬菜，制作糕点，加工甜点，制酱酿酒，以及烹饪薯芋类，是甜食的重要作料。

玫瑰花又称徘徊花、笔头花、刺玫瑰。它含有挥发性的玫瑰油，其香气十分浓郁，是制作高级香精的名贵原料。玫瑰油的主要呈香物质有香茅醇，含量占60%。玫瑰花可用于食品医药和化工。用玫瑰花加工的糕点、茶点，用玫瑰花浸泡的酒品、搭配的菜肴，香馨可口，沁人心脾。

(4) *辛辣味调料*：辛辣味调料的品种很多，其共同特点是都具有辛辣味，是消费者非常喜爱的调味品。在烹饪中占有非常重要的位置，一类辛辣味原料不仅可以作调料，本身也是人们所喜爱的蔬菜，如葱、蒜、葱头、辣椒；另一类则主要用作调料，如生姜、胡椒、咖喱粉、芥末等。

第二节 食品调味技术应用实例

一、调味和味型

调味是食品加工和烹调的重要举措之一。它对菜肴和食品的色、香、味、型的形成起着非常重要的作用。调味技术是建立在科学理论上的一项非常复杂的技术手段。要掌握良好的调味技术，必须了解和掌握味的基础理论和味觉的基础知识。

"味"是食的灵魂，食之美以味当先。调味能创造菜肴和食品的风味特色，能去除原料的腥臊膻臭等异味，展示美好的味感，能使淡而无味的原材料变得鲜美可口，更能为食品增香添色，美化外形。因此，随着调味技术的不断发展，运用调味料的化学性质进行巧妙的组合，把单一的味变成复杂的味，结合加热的手段，就能加工出美妙精微、非常适口的各种口味。

调味就是在加工或烹饪的过程中，按照菜肴和食品的质量要求和适合比例投放调味料，使菜肴和食品具有色、香、味、型俱佳的品质的全过程，是运用各种调味品和调味方法调配食品和菜肴口味的工艺，是决定菜品风味、食品质量优劣的关键工艺，也是衡量厨师水平和生产加工技术水准的重要标准。

为了更好地了解调味技术的真谛，除了要了解味觉的基础知识，还要对菜肴和食品的风味特点、调味料的性质和功能有所掌握，根据原材料的产地、类别、性质及不同地区人群的生活习惯、民族禁忌、气候特点、环境等因素合理调味。只有这样才能不断改进调味技术，使菜肴和食品的口味更合理、更科学、更符合人们的需要。

味型是指在添加调味料之后，使菜点和食品呈现独特味道的类型。一般情况下，菜品无单一味，都是以复合味的形式出现。所以味型也是以两种或两种以上的味道来描述。当然这种描述也很难完全反映菜肴和食品的真实口味。一般是用约定俗成的方法将两种口味合二为一，或者是以主要味感来命名味型(这其中不包括呈味的辅助味觉)。

1. 调味的方法和要求 调味的方法一般有三种：即原料加热前调味、原料加热中调味和原料加热后调味。这三种调味方法既可单独使用，又可交叉使用。

而调味的要求是：① 要严格按照加工工艺进行调味；② 要恰当、适时地选择调味品；③ 要根据地区、季节、人群的不同选择适当的调味品；④ 根据原料性质的不同选择合适的调味品；⑤ 选择的调味料要严格遵循国家和地方的有关法律法规等。

2. 常用基本类型 我国地域辽阔、物产丰富、民俗各异、风俗万千，因此形成了众多的菜系，味型丰富是其显著的特征之一。有关学者和研究人员将中式食品常见的味型归纳为24类。

(1) 咸鲜味型：特点是咸鲜清香，鲜味突出，咸味适中。以精盐、味精为主调味，根据不同菜肴食品的风味需要，酌加酱油、白糖、香油及姜、花椒粉等。调制时，须注意掌握咸味适度，突出鲜味，并努力保持蔬菜等加工原料本身具有的清鲜味；白糖只起增鲜作用，须控制用量，不能露出甜味；香油也仅是为增香，须控制用量，勿使用过头。常见的咸鲜味型主要应用于以动物肉类、家禽家畜内脏及蔬菜、豆制品、禽蛋等为原料的菜肴和食品，如开水白菜、鲜豆花、鸽蛋燕菜、白汁鱼肚卷、白汁鱼唇、鲜熘鸡丝、白油肝片、盐水鸭脯等。

(2) 咸甜味型：特点是咸甜并重，兼有鲜香，多用于热菜。主要用精盐、白糖、料酒调味，各地的风味不同，咸甜两味比重也有差异，可咸略重于甜，或甜略重于咸。也有的加姜、葱、花椒、冰糖、糖色、五香粉、醪糟汁、鸡油、胡椒等。常见的咸甜味食品主要应用于以猪肉、鸡肉、鱼肉、蔬菜等为原料的菜肴和食品，如冰糖肘子、樱桃肉、板栗烧鸡等。

(3) 咸辣味型：特点是咸、辣为主，鲜、香为辅，主要用精盐、辣椒、葱、姜、蒜、味精等调味，应用广泛，如咸辣花生、锅巴等。

(4) 香咸味型：香咸味型与咸香味型特点相似，以香味为主，辅以咸鲜。

(5) 五香味型：特点是芳香浓郁、口味咸鲜，广泛应用于冷、热菜和各种食品。主要用盐、料酒、酱油、葱、姜等配合八角、花椒、丁香、小茴香、甘草、豆蔻、肉桂、草果等二三十味香辛料(应根据不同食品进行选配)进行调味腌制,或加水制成卤水进行卤制。主要用于煮制荤原料和豆制品,如五香牛肉、五香扒鸡、五香口条、五香豆干等。

(6) 酱香味型:特点是酱香浓郁,咸鲜带甜,多用于热菜。以甜酱、精盐、酱油、味精、香油为主料,也可酌加白糖、葱、姜、胡椒面和辣椒。

(7) 麻酱味型:特点是咸鲜纯正,芝麻酱香突出,多用于冷菜。用芝麻酱、芝麻、味精、精盐或浓鸡汁调制,少数菜品也可酌加酱油和红油。芝麻酱的色泽为黄褐色,质地细腻,味美,具有芝麻固有的浓郁香气。一般用作拌面条、馒头、面包或凉拌菜等的调味品,也可用作馅心配料。

(8) 家常味型:特点是咸鲜微辣,以豆瓣酱、精盐、酱油、味精等调味,也可酌加辣椒、料酒、豆豉、甜酱等。

(9) 椒麻味型:特点是椒麻辛香,味咸而鲜,常用调料有精盐、味精、优质花椒、小葱叶、酱油、香油、冷鸡汤等。调制时花椒与盐、葱叶一起斩蓉,多用于凉拌菜。

(10) 椒盐味型:特点是香麻带咸,以精盐、花椒、味精配制而成,具体做法是将去梗、去籽的花椒炒至焦黄色,冷却后碾成细末。精盐在锅中炒至水分蒸发掉,能够粒粒分开。花椒末与盐末以 1∶4 的比例混匀,椒盐宜现制现用,不宜久放。

(11) 麻辣味型:特点是麻辣味厚,咸鲜而香,广泛应用于各种食品。主要用精盐、花椒、辣椒、味精调配,根据菜式的不同,还可酌加醪糟汁、豆豉、五香粉、香油等,辣椒和花椒的使用因菜而异,可用干辣椒、红油辣椒、辣椒面以及花椒末、花椒面等。要辣而不燥,显有香味。

(12) 鱼香味型:特点是咸甜酸辣各味俱全,姜、葱、蒜香浓郁。广泛用于冷热菜肴。主要以泡红辣椒、精盐、酱油、白糖、醋、姜、蒜、葱等调制而成。泡红辣椒一般在加工成酱后再用。鱼香味适应性广泛,家禽菜、家畜菜、素菜、禽蛋菜都可用,不仅适用于热菜,也适用于冷菜,只是烹制有所差异。常见菜品有鱼香肉丝、鱼香茄子、鱼香脆皮鱼等。

(13) 酸辣味型:特点是醇酸微辣,咸鲜味浓。一般以精盐、醋、胡椒粉、味精、料酒为主,根据具体菜肴风味的不同,选用其他调味品。要以咸味为基础,酸味为主体,辣味相辅。

(14) 烟香味型:特点是烟香浓郁,风味独特。用锅巴屑、茶叶、樟叶、糠壳、锯木屑、花生壳、白糖等熏制原料,使其不完全燃烧产生浓烟,熏制经腌制的原料使其产生特有的烟熏香味。

(15) 陈皮味型:特点是陈皮芳香,麻辣回甜。主要用陈皮、精盐、酱油、醋、花椒、干辣椒段、白糖、葱、姜、红油、醪糟汁、味精、香油等调味。陈皮的用量不宜过多,否则回味带甜。白糖、醪糟汁仅为增鲜,用量以略感回甜为宜。

(16) 糖醋味型:特点是甜酸味浓,回味咸鲜。以咸味为主料,辅以精盐、酱油、葱、姜、蒜等。以适量的咸味为基础,重用糖、醋突出酸甜味。

(17) 荔枝味型:特点是酸甜似荔枝,咸鲜在其中。主要用精盐、醋、糖、味精、酱油、料酒,配以葱、姜、蒜的辛香味而成。以足够的咸味为基础,突出酸味和甜味。糖醋的比例以糖略少于醋为宜。葱姜蒜仅取其辛香气,用量不宜过多。

(18) 芥末味型:特点是芥辣冲鼻,咸鲜酸香。以芥末酱为主,辅以精盐、醋、酱油(或不用)、香油等调料。多用于凉拌菜、谷类制品等,如芥末味薯片、锅巴。

(19) 蒜泥味型:特点是蒜香浓郁,咸鲜微辣。主要用蒜泥、精盐、香油、味精调味,有时也酌加醋。

(20) 怪味味型:特点是咸、甜、麻、辣、辛、鲜、香并重,主要用精盐、酱油、花椒面、红油、白糖、醋、芝麻酱、香油、味精等调配,有时也加姜米、蒜蓉、葱末。要求比例适当,各味互不压抑。

(21) 姜汁味型:特点是姜汁醇厚,咸鲜微辣,主要用姜汁、精盐、酱油、味精、醋、香油等调味。

(22) 红油味型:特点是咸鲜辣香,回味微甜。以红油、酱油、白糖、味精调味。根据需要可酌加醋、香油和蒜泥。辣味应比麻辣味型的轻。

(23) 香精味型:特点是精香醇厚,咸鲜而回甜,广泛应用于各种菜肴和食品。主要用香精汁(或醪精)、精盐、味精、香油和适量胡椒粉或花椒、冰糖、葱、姜等调味。

(24) 甜香味型:特点是滋味醇甜,香气特别,以白糖或冰糖为主料,佐以果汁、蜜饯、水果、干果仁和食用香精等调味。

值得提出的是，在使用调味品配制不同味型时，由于选用的种类和配比不同，其味感可能有较大的差异，以咸甜味为例，就可以分为甜进口、咸收口；咸主甜辅，微有甜味等多种。另外，调味品除了极个别外，大多数本身都是多味组合体。例如，酱油，主味是咸，但还包含有鲜、甜、苦等味。

二、食品的调味技术简介

食品的调味是食品生产的关键技术，不仅包括狭义上口味的调整和调配，还包括食品的调香、调色、调质等广义的概念。本节以肉制品的调味技术为例具体介绍食品调味技术的应用。

动物类食品含有丰富的高质量的蛋白质，特别是含有人体不能合成的多种氨基酸，一直以来都是人们重要的营养来源。肉制品是人们日常生活中必不可少的高蛋白供给源。而且，肉类食品中含有的脂肪是重要的能量来源，因此缺少动物类食品将会给人类的健康造成严重的影响。作为人类的重要食物，现代的人们更喜欢加热处理过后的产品，即通常所说的带有肉香的肉制品。纯粹的生肉的血腥气味并不能给人们带来美味的感受，因此在生食新鲜肉时调料的作用至关重要，所以调味对于肉制品是必不可少的。

无论是菜肴的烹调，还是食品的加工制造，肉类调味最常使用的调味料就是香辛料、肉类香精及烟熏液等。

1. 肉制品的调味

(1) *香辛料的使用及特点*：人们对于香辛料的使用已有很悠久的历史，早已经认可和接受香辛料与各种肉味的结合之后形成的风味，并且这种风味已经成为评价肉制品风味和质量优劣的标准。有时不用香辛料调味，将无法评判肉制品的质量优劣。香辛料的气味不仅可以抑制肉类本身不愉快的气味，还具有矫味、抑臭、赋香等作用(见表 11-2)，这种作用是其他调味料所不能替代的。鉴于香辛料种类繁多，特征香气各异，混合使用可以产生变幻无穷的香气和口感的特点，因此香辛料用于肉制品的调味可以最大限度的满足消费者的各种嗜好要求，从而生产出高质量的肉类制品。

要针对原料肉的特点，合适地选择香辛料。影响香辛料价格的因素有很多，其价格变化也很大、很快，要掌握同型香辛料的风味特点，必要时进行替换，以实现降低成本的目的。具体的生产、烹饪条件和风味要求不同，香辛料的使用方法也不同。烹调时，通常是直接将香辛料投入到主料中。而食品加工制造时，不同的产品，香辛料的使用方法各异。生产火腿使用的是粉状的香辛料，在腌制时就可以加入，也可以注射的方式注入香辛料液体。而生产香肠，则是在斩拌操作时和其他调味料一起与原料肉混合。生产中式熟肉制品，则是在煮制时原料肉与香辛料一起共煮。

表 11-2 香辛料的调味、矫味作用

香辛料	羊肉	大豆蛋白	香辛料	羊肉	大豆蛋白	香辛料	羊肉	大豆蛋白
胡椒	±	－	肉桂	＋	＋	月桂	＋＋	＋
肉豆蔻	＋	＋	大蒜	±	－	紫苏叶	＋＋	＋
洋葱	＋	－	小豆蔻	＋	＋	芫荽	＋	＋
丁香	＋＋	＋	生姜	＋	－	花椒	＋＋	
多香果	＋＋	＋	百里香	±	－	牛至	＋	

注：＋＋表示很有效；＋表示有效；±表示一般；－表示无效。

生产实践中，大豆蛋白是肉制品加工中的重要添加剂，但低档大豆蛋白的豆腥味，是导致肉制品异味的原因之一，而且极不易矫正和掩蔽。实践证明，一些香辛料对该问题的解决具有很好的效果。有此作用的香辛料有小豆蔻、肉豆蔻、月桂、芫荽、肉桂等。在使用时要根据不同的情况，试验确定香辛料的用量和配比。因过量使用淀粉，导致肉制品产生生淀粉味道时，也可以用香辛料进行矫味、掩蔽。

(2) *肉味香料和香精的使用*：随着肉制品加工原料的不断发展变化，单一的香辛料使用已经不能满足消费者日益发展变化的口感嗜好和风味要求，更不能适应现代食品加工制造技术的飞速发展。如在加工火腿、香肠等制品时，使用香辛料不仅可以抑制牛、羊肉的腥膻味，还能获得有限的增香效果。适当的使用肉类香料就能满足该要求。由于肉的种类繁多，对肉类香料的使用也越来越普遍，对其要求也越来越高。随着对肉制品各种香气成分的分析鉴定，人们已经掌握了大量的资料，结合现代精细合成技术，调香师已经能成功的模拟出各种肉香，使食品加工制造出的产品更逼真。

日常使用的肉味香料分为调味型和反应型。调味型香料的特点是香气强烈、逼真。单独使用时，产品的头香重，但体香弱，整体肉香单薄。反应型香精的特点是肉香非常逼真、香气浓郁、深厚，用于加工时头香略弱。在应用时应根据实际情况，选择适当的调味型肉味香精强化反应型肉味香精的头香，依靠反应型肉味香精的香体浓郁、深厚的特点，调配出满意的肉味香精。反应型肉味香精可以通过各种香辛料、风味强化剂、鲜味剂、色素、赋形剂等，调配出风格特点鲜明、使用方便的香精。

肉类香精也可以分为液体和固体等不同的形式。通常固体型香精有头香强、体香弱的特点，使用时要有针对性的应用。而液体型香精要比固体香精易于调味，产品的特征风味突出，在应用上具有不可比拟的优势，因此应用要广泛得多。

目前，为了调配出更丰富多彩的产品，提高肉制品的品质和档次，各种其他味的香精也被广泛用于肉制品的生产，如奶味香精、黄油味香精、坚果味香精、玉米味香精、咖啡味香精、咖喱味香精、酒味香精等。这些类型的香精不仅可以突出自身香气特点，而且可以协调其他的气味，掩蔽不愉快的气味等。如咖啡味、咖喱味的香料对"蒸馏臭"和羊肉的腥膻味都有很好的掩蔽作用，而且可以使整体香气圆润、温和、协调。此类香精多用于辅助香精。

选择使用肉味香精前，要充分考虑生产条件、产品目标特点、产品形式等。充分把握香精的特点，以调和肉味香精突出头香，以反应型香精突出体香。辅助香精的选择也要慎重，否则不仅起不到协调、圆润的作用，反而会破坏整体效果，进而使产品整体品质下降。各种香料的具体用量须经认真的试验确定，以既能实现调香的目的，而又辨别不出具体使用了哪种香料的具体用量为最理想。

烟熏液也是调配传统熏肉制品的调香剂，在肉制品中的使用方法主要有直接添入法、浸渍法、涂抹法、喷雾法、淋洒法等(表 11－3)。

除此以外，烟熏液在肉制品中的应用还有其他几种方式。调味料的制作是将烟熏液与其他调味料、香精、水解植物蛋白等混合制成烟熏调味料。将已经腌制的制品，再用烟熏液浸渍或喷雾，然后经烘烤或晾干即成香喷可口、油而不腻、久藏不变质的腌腊制品。

(3) 其他调味料的使用：国内外用于肉制品调味调香的特色调味料有很多。国内主要有面酱、干酱、豆瓣酱、腐乳、各种酒类和酒糟类。国外则有牛奶、奶酪、奶粉等乳制品。柠檬汁、苹果汁、菠萝、桃子、杏、橄榄、番茄和番茄酱、酸泡菜等果蔬；以及各种葡萄酒、果酒、雪梨酒、白兰地等酒类；这些调料的使用造就了丰富的、特色鲜明的肉制品，这仍将是肉制品风味特色发展的方向。

表 11－3　不同烟熏液的使用特点

使用方法	适用范围	方式与特点
直接添加	适用于肉糜类产品，如各式香肠、小肚、压缩火腿、圆火腿、午餐肉等	偏重于烟熏风味的形成，但不能促进烟熏色泽的形成；以注射、滚揉等方式直接添加到产品内部
浸渍法	一般用于块形产品，如熏肉、烤鸡、烤鸭、烤鹅等	将块形肉浸渍到烟熏液和其他香料配成的香料浸渍液中
涂抹法	用于块形肉	用刷子将烟熏液分次涂抹到产品表面
喷雾、淋洒	适用于小块肉制品，如烤肉片、小香肠等	将烟熏液制成喷雾淋洒于产品表面，边淋洒边翻动，有助于色泽的形成
注射法	多用于大型块形肉制品，如火腿、去骨火腿、里脊火腿、肩肉火腿、方火腿、熏肉、腊肉和培根等	用注射器将定量的烟熏液注射到大块肉中，且要注射均匀，边注射边揉搓，使烟熏液分布均匀

酒类在肉制品烹调、加工制造中发挥着重要的作用。酒类中乙醇能将各种成分有效地溶出，并能将其向原料肉中渗透，利于烹调时发挥出来；可以协调各种调味料的风味；通过乙醇促进三甲胺的溶出和挥发，达到去腥的目的；利用自身丰富的呈香物质，强化肉制品的香气，形成特殊风味。适时适当地使用酒类可以产生意想不

到的效果。在中式肉制品中，白酒的用量为0.5%～3%；黄酒的用量为2%～3%；啤酒还有嫩化肉质的作用，多采用腌渍的方法，用量一般为2.5%；各式酒糟可以直接与其他原料一起热处理，也可以在原料肉制品热处理后糟制。

另外，还有一些调味调香的物质的作用是不容忽视的。例如，油脂在肉制品加工、烹调中的作用非常重要，可以使肉制品的香气更加浓郁、可口。首先要根据操作要点和要求选择油脂，根据风味要求进行必要的香气调整和色泽处理，确定最佳的工艺。除了油脂外，还有骨素、酵母菌浸膏、蛋白质水解物等，在肉制品加工、制造中的作用也越来越重要。

2. 肉制品的调质

(1) 肉制品的质构与性能要求：西式火腿、灌肠类等肉制品都是以肉糜为主要原料，为使零碎的原料整合在一起，有一定的完整性状、硬度和弹性，不仅要切片不散，而且要有良好的嫩度、柔软性和弹性等口感特性，这就要求原料肉之间必须要有很好的粘连性。要实现这个目的，一是可以使用磷酸盐等品质改良剂，通过提取肌肉中的盐溶性蛋白质，增加肉块间的黏度；二是可添加有黏性的增稠剂来增加肉块及肉糜间的黏性；三是使用有连接蛋白质功能的酶制剂处理零碎的原料肉，使其相互连接成一体。

当使用的原料中脂肪含量较高时，加工过程中的热处理会使脂肪融化，这不仅使产品的外观和内部结构发生变化，而且会使口感发生劣变，甚至因脂肪融化影响出品率。为了避免脂肪融化，通常会采用具有吸油乳化功能的物质，以束缚在制作中脂肪的融化，缓解脂肪融化可能带来的不良影响，改善肉制品的外观和口感。

由于增稠剂都有很好的吸水功能，因此可以提高肉制品含水率。避免了原料肉因受热失水而造成的肉质硬化，从而使产品具有很好的嫩度、柔软性、弹性和适口性，同时也提高了出品率。所以目前增稠剂的使用也非常普遍。

(2) 肉制品常用的调质原料：在肉制品生产中，常用的调质原料有增稠剂和磷酸盐类。增稠剂能起到增加黏着性和保水的双重功能，使肠馅黏结性好、肠体结实，能保水保油，使产品结构紧密，富有弹性，切面平整美观，鲜嫩适口；同时还能改进制品的风味，提高成品率，降低成本，是非常重要的肉制品添加剂。在肉制品生产中，经常用到的增稠剂包括淀粉、植物蛋白、谷朊蛋白、植物胶等。由于使用单一的增稠剂效果并不十分理想，所以通常采用几种增稠剂配合使用。

3. 肉制品的调色

(1) 肉制品中常用的色素及特点：肉制品中常用的色素包括硝酸盐、焦糖色、辣椒红色素和中国传统的红曲等。

1) 红曲色素　红曲米的加工和利用在我国有悠久的历史，除药用外，主要用于食品的调色。红曲色素是红曲霉菌经培养繁殖后分解的次级代谢产物，在肉制品加工中主要用的是醇溶性的红斑素和红曲色素。该色素对酸碱稳定，耐热性好，几乎不受金属离子、氧化剂和还原剂的影响。对蛋白质含量较高的原料着色性更好。自古以来从未发生过因食用红曲色素调色的食物而中毒的事件，动物试验也表明，食用红曲色素制作的食物均未发生任何急性、慢性中毒现象。

另外，红曲霉菌在形成色素的同时，还合成谷氨酸等物质，使红曲在肉制品中具有增香的作用。红曲色素不会破坏传统肉制品特有的色、香、味等，而且会赋予产品与使用硝酸盐或亚硝酸盐时相似的良好色泽和可口风味，并有抑制不利微生物生长以延长保存期和防止食物中毒等功能。因此，红曲色素可有望代替或部分代替硝酸盐类添加剂，以生产出更安全卫生且具有营养保健功能的无硝肉制品。

2) 焦糖色　焦糖色又称酱色或糖色，是红褐色或黑褐色的液体，也有用干燥技术制成的块状或粉状产品，是我国传统使用的色素之一。不添加铵盐生产的焦糖色素没有毒性，可用于肉制品的生产中。焦糖的颜色不会因酸碱度的变化而发生变化，也不会因长期暴露在空气受氧气的影响而改变颜色。焦糖色在150～200℃的高温下颜色仍然保持稳定。焦糖色在肉制品加工中的应用主要是为了调色、补色，改善产品的外观，在使用时应注意其苦酸味对产品风味的影响。焦糖色比较容易保存，不易变质。

3) 辣椒红色素　辣椒红色素是从茄科类植物辣椒中提取出的天然植物色素，属于β-胡萝卜素，为胡萝卜素的一种，是红紫色至暗红色的结晶性粉末。弱碱时稳定，酸性下不稳定，对光和氧也不稳定。作为胡萝卜素的一个异构体，是天然食物中的正常成分，能在体内代谢的安全的天然色素，长期食用对人体健康无影响。使用时无剂量限制，在食品工业上被广泛地应用，并可以取代焦油类色素。在调配辣椒红色素时应注意不能用铁器盛装也不能用铁器搅拌，并注意将其放在遮光、阴凉处存放。

4. 调味技术应用举例　以烤肉用调味料配方为例(表 11 - 4)。

(1) 具体操作方法：先将海藻酸丙二醇酯和五倍于其质量的蔗糖以及佐料干混合，然后，边搅拌边慢慢将混匀的干粉加入水和醋的混合料液中，使其完全溶解。再加辣酱油、番茄酱、蜂蜜、食盐，最后加植物油。继续搅拌混合物，直到各配料都溶解达到完全彻底的分散状态。

表 11 - 4　烤肉调料配方

原料	用量(质量分数)/%	原料	用量(质量分数)/%
蔗糖	31	烤牛排佐料	1.5
水	23.6	植物油	1.46
番茄酱	21.9	辣酱油	1.14
食醋	15.2	糖蜜、稠酱油	0.7
食盐	3	海藻酸丙二醇酯	0.5

(2) 特性及应用：该配方可用于冷藏的烤牛肉或其他冷冻食品的调味料，在制作过程中可以不用加热，在配方中加入海藻酸丙二醇酯，可以使良好的香味完全释放出来，避免食品渗水，而且还可以使制作出来的成品具有坚实的形体。

实践探索创新(包括复习思考、实验、调查、课题研究等)

1. 什么是食品着色剂？食品着色剂分为哪几类？
2. 在肉制品常使用的食品着色剂有哪些？如何应用？
3. 简述发色剂的发色机制、特性及其在肉制品中的应用。
4. 简述漂白剂解决食品褐变、改善视觉指标的方法、机制及应用。
5. 以食用番茄香精为例，介绍香精调配需要哪几类成分？各成分有什么作用？
6. 酸度调节剂的作用是什么？使用时的注意事项是什么？
7. 食品甜味剂的作用是什么？有哪些分类？
8. 简述食品增味剂的分类及不同食品增味剂的协同效应。
9. 食品调味技术的定义是什么？食品调味包括哪些方面？有哪些注意事项？
10. 查阅相关资料了解常见食品的调味，包括粮谷类、蔬菜类、水产品类、乳制品等。
11. 分组对某一特定的食品进行调味配方的设计。

第三篇　食品质构改良

案例导入

案例一：为什么有的奶糖粘牙而有一些奶糖不粘牙；为什么自制面包隔夜后就会掉渣，而从超市购买来的在保质期内很少出现掉渣现象；为什么商品的肉制品爽滑可口，而自制肉制品却会出现粗糙的口感？为什么有的奶粉很容易结块，而有的奶粉却分散性很好？为什么饼干和蛋糕不经发酵就非常松软酥脆呢？为什么果粒可以悬浮在饮料中？……细心的消费者不难发现，作为商品的食品，无论在食用还是欣赏起来都是让人赏心悦目，感觉非常好。而食用过程中通过眼睛、口中的谿膜及肌肉所感觉到的食品的性质，包括粗细、滑爽、颗粒感等就是食品的质构，本篇将对在不同食品中可以进行品质改良的食品添加剂进行介绍。

案例二：改变“食品添加剂之神”信念的肉丸。被人称为“添加剂活辞典”、“食品添加剂之神”的安部司曾受食品加工厂委托，将从牛骨头上剔下来的黏糊糊、水分多、没有味道不能食用的肉，添加二三十种添加剂制成好吃的肉丸，这二三十种添加剂不仅有前三篇所涉及的色素和香精香料，而且有改变原料质构的乳化剂、增稠剂和水分保持剂，再加上为了延长货架期的抗氧化剂和防腐剂，该产品上市后，大受孩子和妈妈的欢迎，销售很好。安部司一度为此骄傲，而当他亲眼见到女儿也在吃这种肉丸的时候，他才意识到，自己的家人也是自己开发的食品的消费者。他陷入深深的自责，于是他毅然从食品添加剂公司辞职，开始做关于添加剂的演讲，他并非简单地“反添加剂”。他一再说明强调食品添加剂的危险毫无意义，它们带来了食品的便宜、快捷和方便，而且绝大多数都是遵照国家安全标准使用的，都是安全的。

本篇要解决的主要问题

品质改良剂是一类用于改善和稳定流体食品各组成的物理性质和组织结构的食品添加剂。其作用是赋予食品一定的形态和质构，满足食品加工工艺性能。品质改良剂包括乳化剂(emulsifier)、增稠剂(thickener)、膨松剂(bulking agent)等作为改变食品质构的食品添加剂，可以称之为舌尖上跳舞的成分，因此本篇要解决如下问题：

一、主要品种改良剂乳化剂、增稠剂、膨松剂、凝固剂和水分保持剂等的基本定义及其作用。

二、掌握品质改良的基本方法。

三、主要品质改良剂的简易测定方法。

四、了解品质改良剂的发展趋势。

第十二章

食品乳化剂

乳化剂是一类表面活性剂，分子内具有亲水基和亲油基。当它分散在分散质的表面时，形成薄膜或双电层，可使分散相带有电荷，这样就能阻止分散相的小液滴互相凝结，使形成的乳浊液比较稳定。它还能与食品中碳水化合物、蛋白质、脂类发生特殊的相互作用，起到乳化、保鲜、起泡等多种功能。

第一节 概　　述

乳化剂是能使两种互不相溶液体中的一种物质均匀地分散到另一种液体中的物质。它能使食品的多相体系相互结合，增加食品各组分间的结合力，降低界面张力，控制食品中油脂的结晶结构，改进食品口感质量。

一、乳化现象

两种原本互不相溶的液体（如油和水）经过大力搅拌可以暂时混合均匀，但是这种纯靠外力分散液是不稳定的，经过静置后还会重新分层。若其中加入少量合适的乳化剂，再经搅拌混合后，形成了均匀、稳定的乳化液体。许多类似的乳化液即使经长期存放或运输储藏时也不分层。乳状液在自然界也广泛存在，如牛奶、石油原液等。这种乳状液的稳定存在，乳化剂的作用功不可没。

二、乳化剂定义

乳化剂（emulsifier，emulsifying agent）是能改善（减小）乳化体系中各构成相（component phase）之间的表面张力，使其形成均匀分散体的物质，是一类具有亲水基和亲油基的表面活性剂。其亲水基是溶于水或能被水浸湿的基团，如羟基；其亲油基是与油脂结构中烷烃相似的碳氢化合物长链，故可与油脂互溶。乳化剂能分别吸附在水和油相互排斥的相面上，降低两相的界面张力，使原来互不相溶的液体混合均匀，形成均匀的分散体系，改变原有的物理状态，从而改变食品的内部结构，提高食品的感官和食用品质。

三、乳化剂的 HLB 值和相关性质

乳化剂的乳化能力与其亲水、亲油的能力有关，即与其分子中亲水基、亲油基的多少有关。若亲水的能力大于亲油的能力，则形成水包油（O/W）型的乳化体，即油分散于连续的水相中；而当亲油的能力大于亲水的能力，则形成油包水（W/O）型的乳化体系，即水分散于连续的油相中。乳化剂乳化能力的差别，一般用格尔芬（Griffin）于 1949 年提出的“亲水亲油平衡（hydrophilic and lipophilic balance，HLB）值”表示。它是乳化剂分子中亲水性和亲油性的相对强度“中和”后宏观表现出的特性。100％亲油性规定为 0（一般以石蜡为标准物），100％亲水的十二烷基硫酸钠为 40，其间分成 40 等份，以此来表示其亲水性、亲油性的情况和不同用途。绝大部分食品中的乳化剂是非离子型的，因此食品中乳化剂的 HLB 值为 0～20，亲水性 100％的物质为 20（一般以油酸钾为代表）。食品中乳化剂的 HLB 值与其相关性质见表 12－1。

从表 12－1 中看出随着乳化剂亲水性、亲油性的不同，乳化剂具有发泡、防黏、软化、保湿、增溶、脱模和消泡等作用。

表 12-1 乳化剂的 HLB 与其相关的性质

HLB值	所占比例/%		在水中性质	应用范围
	亲水基	亲油基		
0	0	100	不分散	—
2	10	90	1.5～3	消泡作用
4	20	80	3～6，略有分散	W/O 型乳化作用(最佳 3.5)
6	30	70	7～9	湿润作用
8	40	60	6～8，经剧烈搅打后呈乳浊状分散	8～18，O/W 型乳化作用(最佳 12)
10	50	50	8～10，稳定的乳状分散	
12	60	40	10～13，趋向透明	
14	70	30	13～15	清洗作用
16	80	20	13～20，溶解状透明胶体液	15～18，助溶作用
18	90	10		
20	100	0		—

每一种乳化剂的 HLB 值可以用实验方法测定，但是十分繁琐、费时。对于食品中常用的非离子型乳化剂可以按下面两个公式计算。

$$\mathrm{HLB} = 20 \times \left(1 - \frac{S}{A}\right) \tag{12-1}$$

式中，S 是酯的皂化值；A 是酸的酸值。

$$\mathrm{HLB} = 7 + 11.7 \times \lg \frac{M_W}{M_O} \tag{12-2}$$

式中，M_W 和 M_O 分别为亲水基和亲油基的质量。

对于食品中混合型的乳化剂(非离子型乳化剂)，其 HLB 值具有加和性。故两种或两种以上乳化剂混合使用时，该混合乳化剂的 HLB 可按其组成的各个乳化剂的质量分数求得。

$$\mathrm{HLB}_{总} = \mathrm{HLB}_1 \times g_1 + \mathrm{HLB}_2 \times g_2 + \cdots \tag{12-3}$$

式中，g_1，g_2，…分别为各组分的质量分数。

四、乳化剂的作用机制

乳化剂是食品乳状液的重要组成部分，也是稳定食品乳状液的主要成分。乳化剂除了具有典型的表面活性作用外，还能与蛋白质、脂类、碳水化合物发生相互作用(空间位阻、静电相互作用、范德华力、疏水作用、氢键等)，赋予乳状液良好的稳定性。其作用机制主要有以下两方面。

1. 稳定作用

(1) 界面吸附：由于乳化剂具有亲水和亲油的两性结构，加入食品体系后立即作用于油和水之间的界面，形成吸附层和界面膜，将水和油互相连接起来，降低了界面张力，防止了油和水的相斥力，提高了两相的乳化作用，并使形成的乳浊液稳定。

(2) 定向排列：由于乳化剂吸附在界面上时，总是极性端与水结合，非极性端与油结合，所以能定向排列在界面上。当使用足够的乳化剂时，在界面上的定向排列更紧密，形成的界面膜更牢固，乳浊液越稳定。当乳化剂使用量不足时，就不能造成界面上更紧密的定向排列，因而乳浊液就不能稳定。

(3) 形成胶团：由于乳化剂在油、水界面吸附，定向排列，当其超过临界胶束浓度后，逐渐形成了各种胶团。溶液内部生成的这些胶团，在食品加工中具有重要意义，它们可使一些不易溶于水的物质(如油)因进入胶团内而增加了其溶解度和分散性，有利于油和水的乳化。当乳化剂从单个分子状态溶于水时，它完全被水包围，亲油端被水排斥，亲水端被水吸引。乳化剂基本分为了两部分，其中一部分乳化剂分子作用于水油界面形成定向排列的单分子膜，降低了界面张力，增加水油的互溶性。另一部分乳化剂分子的亲油基或亲水基互相靠拢在一起，逐渐形成了胶团或反胶团。

2. 抗老化保鲜作用 谷物食品馒头、蛋糕、面包、米饭等贮藏后，都会发生由软变硬，出现组织松散、破碎、粗糙、弹性和风味变差，这就是所谓的淀粉老化现象。事实证明，延缓谷物制品老化的最有效办法就是添加乳化剂。由于乳化剂被吸附在淀粉粒表面，从而产生水不溶性物质，抑制了水分的移动和淀粉的膨胀，从而阻止了淀粉粒之间相互连接。在加工过程中，随着温度的升高，乳化剂由晶型转变为非晶型，然后与水一起进入直链淀粉的螺旋结构内形成强复合物，这样直链淀粉在淀粉中被固定下来，向淀粉周围自由水中溶出的直链淀粉减少，防止了淀粉之间的再结晶而发生老化。一般情况，乳化剂在面团搅拌阶段吸附在淀粉粒的表面，经烘焙阶段形成复合物后，一方面降低了淀粉的吸水溶胀能力，另一方面，提高了糊化温度，这样使更多的水分向面筋转移，增加了面包心的柔软度，延缓了面包老化。同时乳化剂能与面筋蛋白质相互作用形成复合物，即乳化剂的亲水基结合麦清蛋白质，亲油基结合麦谷蛋白质，使面筋蛋白质分子相互连接起来由小分子变成大分子，形成结构牢固细密的面筋网络，增强了面团的持气性，增大制品的体积。

第二节 乳化剂分类

一、食品乳化剂的基本要求

1）食品乳化剂应具有无毒、无异味以及本身无色或颜色较浅的特点，以利于应用于加工食品中。

2）食品乳化剂在使用时，可以通过机械搅拌、均质分散等混合手段和操作，实现和获得稳定的乳状液。

3）食品乳化剂在其亲水亲油之间必须具有适当的平衡，化学性质稳定。

4）食品乳化剂在相对较低的浓度下使用时，即可发挥有效的作用，以避免对食品的加工成本及其食物主体的影响。

二、乳化剂的分类

1. 按其是否带电荷分类

1）离子型乳化剂，作为食品中的乳化剂离子型乳化剂较少，常见的有硬脂酰乳酸盐类、磷脂和改性磷脂，以及一些离子型高分子化合物，如黄原胶、羧甲基纤维素等。

2）非离子型乳化剂，大多数食用乳化剂均属于该类乳化剂，如甘油酯类、木糖醇酯类、蔗糖酯类和丙二醇酯类等。

2. 按其相对分子质量大小分类

1）小分子乳化剂，此类乳化效力高，常用的乳化剂均属于此类，如各种脂肪酸酯类乳化剂。

2）高分子乳化剂，此类乳化剂的稳定效果好，主要是一些高分子化合物，如纤维素醚、海藻酸丙二醇酯、淀粉丙二醇酯等。

3. 按其亲油亲水性分类

1）亲油性乳化剂，一般指亲水亲油平衡值即 HLB 值为 3～6 的乳化剂，如脂肪酸甘油酯类乳化剂、山梨糖醇酯类乳化剂等，已形成油包水型乳浊液。

2）亲水性乳化剂，一般指 HLB 值为 9 以上的乳化剂，如低酯化度的蔗糖酯、吐温系列乳化剂、聚甘油酯类乳化剂，易形成水包油型乳浊液。

4. 按其来源分类 天然食品乳化剂和人工合成乳化剂。

三、乳化剂在食品体系中的作用

1. 稳定作用 乳化剂具有亲水亲油的特性，在水油界面定向吸附，从而模糊了水油界面，使原本不相容的不同体系变得相容，促进体系的稳定。

2. 充气和发泡作用 乳化剂实际上是表面活性剂，在气液界面定向吸附，可以降低气液界面的表面张力，使气泡容易形成。同时由于乳化剂在气液界面定向吸附，使形成的气泡更加稳定，从而使其具有充气发泡作用，增加制品的体积。

3. 破乳消泡作用 HLB值较小的乳化剂在气液界面会优先吸附，但其吸附层不稳定并且缺乏弹性，这样造成气泡易破裂，起到消泡作用。如豆腐、味精和蔗糖生产中的消泡剂经常用橄榄油等。

4. 抑制大结晶的形成 乳化剂具有定向吸附在晶体表面的特性，从而改变晶体表面张力来达到影响整体体系的结晶行为。一般情况下促进晶核的迅速大量产生，使晶粒细小，口感绵软。雪糕、糖果、巧克力等糖品晶粒大小的控制非常有效。

5. 与淀粉相互作用 食品乳化剂一般为脂肪酸酯，淀粉可以和脂肪酸的长链结构形成络合物，从而防止了淀粉的老化，达到延长淀粉食品保鲜期的目的。

6. 蛋白质络合作用 乳化剂的亲油亲水基团，可以与蛋白质发生亲水、疏水、氢键和静电作用等。

7. 抗菌保鲜作用 乳化剂可以渗透许多微生物细胞壁，使其繁殖活性下降，因此，很多乳化剂具有防腐杀菌作用(如蔗糖酯抑制细菌作用很强)。在果蔬进行被膜处理时，表面活性剂相可以吸附于果蔬表面形成一层连续的保护膜，控制果蔬的呼吸，从而起到保鲜作用。

8. 提高人体对营养物质的利用率 食品中的脂溶性成分经乳化后更容易被人体吸收利用。

四、乳化剂的选择原则

选用的食品乳化剂必须是经过国家有关部门批准使用的产品。乳化剂必须具有化学稳定性，对改善加工工艺和产品质量具有重要作用。由于乳化剂具有多种功能，所以它的选择必须考虑配方组成特性。

食品中组分多且复杂，水、油相成分的变化较多，而加工要求形成乳状液的类型有多样性和特殊性，在实际生产中不可能找到一种通用的“万能”乳化剂。因此，只有通过适当的方法选择相对最优良的乳化剂。

1. 乳化剂的选择原则

1) 两种液体越不相溶其界面张力越大，乳化剂选择首要原则是具有良好的表面活性和降低表面张力的能力。

2) 乳化剂或与其他添加物在界面上能形成紧密排列的凝聚膜，在这种膜中分子具有强烈的定向吸附性，有效的防止分相。

3) 乳化剂的分子结构决定了所形成乳状液的类型。HLB值越低的乳化剂越易得到W/O型乳状液，反之，越易得到O/W型乳状液。亲油性强的乳化剂和亲水性强的乳化剂混合使用时可以达到更佳的乳化效果。同理，油相极性越大，乳化剂的HLB值越大；反之则越小。

4) 黏度增大可以减小液滴的聚集，因此应适当的增加外相黏度。

液滴沉降速度如式(12-4)所示：

$$V=\frac{2r^2(\rho_1-\rho_2)g}{9\eta} \tag{12-4}$$

式中，V为液滴的沉降速度；r为分散相液滴的半径；ρ_1、ρ_2分别为分散相和分散介质的密度；η为分散介质(连续相)的黏度。

由式(12-4)可以看出，主体溶液的黏度越大，则分散相液滴运动的速度愈慢，越有利于乳液的稳定。在生产中乳化剂使用时往往加入增稠剂，来提高乳状液的稳定性。

2. 选择乳化剂常用的方法

乳化剂选择的方法主要有两种：HLB法(亲水亲油平衡法)和PIT法(相转变温度法)。HLB法适用于各种类型表面活性剂，PIT法是对HLB法的补充，主要是针对非离子表面活性剂。

(1) HLB法：表面活性剂是一种两亲分子，在制备乳状液时应根据欲得乳状液的类型选择乳化剂，并且油相不同对乳化剂的HLB的要求也不相同，乳化剂的HLB应与被乳化的油相所需一致。选择最佳的乳化剂最开始要确定该体系乳化所需的HLB，然后要找到效果最好的乳化剂混合物。在确定了最佳HLB后对乳化剂种类进行选择。

一种简单的确定食品中所需HLB的方法是利用透光率测定油滴在不同HLB乳化剂水溶液的透光率(l=540 nm)。当乳化剂HLB合适时，此时的透光率最低。目前，用HLB的方法来确定乳状液的配方是一个常用而且有效的方法。

(2) 相转变温度法(phase inversion temperature，PIT)：HLB方法有很大实用价值，容易掌握，但它仍有许多不足之处，其最主要的不足是HLB值并没有表示乳化剂的所需浓度与形成乳状液的稳定性的关系；且HLB值是固定不变的，但实际上，乳化剂的HLB值是与它的浓度、体系的油相成分和温度等有密切的关系。特别是温度对非离子乳化剂的亲水亲油性质有较大的影响。在低温时亲水，易形成O/W型乳状液；高温时则是亲油，易形成W/O型乳状液。此外，用HLB值2到17的不同乳化剂，皆可制得O/W型乳状液。因此，用HLB值的方法来确定乳状液的乳化剂就不太合适，需要其他方法来辅助，即PIT法。

相转变温度也称为亲水亲油平衡温度(PIT)，是指对于确定的油－水－乳化剂的三相乳状液体系中，当温度升高(或下降)至某一温度，乳状液将发生变型，由开始的O/W变为W/O，反之亦然。在此时，乳化剂的亲水亲油性质处于平衡状态。体系确定后，可用PIT来评价乳化剂的性质，进行乳化剂的选择。PIT与乳化剂的HLB值有着近似的线性关系，乳化剂的HLB值愈高，形成的乳状液的PIT值也愈高。当温度在PIT附近时，原来的油水相表面张力下降，即降低了乳化它所需要的功，因此，此时即使不进行强烈的搅拌，乳化微粒也可分散得很细，乳化很容易进行。利用这一特性，在制备O/W型乳状液时，就用相转变温度法。

PIT选择乳状液的乳状剂步骤如下：用3～5%的乳化剂乳化等体积的油相与水相进行加热至不同的温度并同时进行搅拌，不断进行电导法测量，来观察乳状液是否转相(W/O转变为O/W，电导突增；反之突减)从而确定乳状液的相转变温度。如果需要配制的是O/W型乳状液，通过该法得到的PIT比乳状液储存温度高20～60℃时，一般认为该乳化剂是合适的。若是需配置W/O型乳状液，则要选取乳化剂为使其PIT比乳状液储存温度还低10～40℃。实际上，选择乳化剂时，开始可以用HLB方法确定，然后用PIT方法进行检验。

五、应用配比设计举例

题目：豆奶中乳化剂配比的确定。

实验方法：取一定量市售大豆油加入水中，使其在水中的含量与豆奶中脂肪含量大体相等(2.2%)，用来进行模拟试验。用8000～10 000 r/min高速搅拌机乳化，静置12h，用分光光度计在540 nm吸光度下测定透光率。透光率越小，则乳化效果越好，乳化剂配比越好。结果表明，在HLB值为8.4时，透光率最小。把这一数据应用于豆奶实验，样品在3个月内乳浊液均匀、稳定，色泽乳白、发亮，未发现油水分离。进一步实验证明，HLB值为7.5～9的乳化剂配方均能得到满意的效果。

大豆脂肪中以不饱和脂肪酸为主，因此选用亲油基为不饱和脂肪酸的乳化剂。综合考虑乳化剂的成本及其对产品风味的影响等，乳化剂的配方为：单甘酯(HLB 3.8) 40%、司盘60(HLB 4.7) 20%、吐温80 (HLB 15) 40%。该复合乳化剂HLB值为8.46。其用量为大豆质量的0.5%～2%(取中间值1.25%)。当大豆使用量为8%时，乳化剂为0.1%。

制备稳定乳浊食品时，选择适合的乳化剂以达到最佳乳化效果是关键问题，不过乳化剂的选择，目前尚没有完善的理论。虽然，HLB值在选择乳化剂和确定复合乳化剂配比用量方面有很大使用价值，但是由于没有考虑其他因素对HLB值的影响，尤其是温度的影响，在非离子型乳化剂用量越来越大的情况下，其不足就越来越明显；此外，HLB值只能大致估计形成乳状液的类型，但不能给出最佳乳化效果时乳化剂浓度，也不能估计所得乳状液的稳定性。因此，应用HLB值选择乳化剂在实际应用中需要结合其他方法参照进行。

第三节 乳化剂应用实例

一、各类食品中乳化剂的主要作用

各种乳化剂在食品加工中的主要作用从表12-2可以看出，各种乳化剂的适用性不尽相同，所产生的效果也各不同。而在使用乳化剂的同时，各种食品的配料(面粉、鸡蛋、起酥油、糖等)的质量，对乳化剂的作用也有相当大的影响，此外还有价格等因素，因此要确定什么食品选用什么乳化剂，只有通过具体比较才能取得最满意的结果。

表 12-2 各类食品中乳化剂的主要作用

食品名称	主要作用	推荐乳化剂									
		1	2	3	4	5	6	7	8	9	10
面包甜点	延迟芯硬化,缩短打粉时间,提高吸水性和发泡性	*		*		*	*				
无醇固体饮料	发泡剂									*	
饼干类	保证质量,抗结晶作用	*					*				
蛋糕	保证容积,组织结构,提高储气性	*	*					*		*	
乳脂糖、太妃糖	保证嚼性,防黏	*	*	*		*				*	
咖啡增白剂	分散和乳化	*	*	*		*	*	*	*		*
巧克力	保证质量,降低黏度,防止花白		*	*		*					*
胶姆糖	保证质量,防黏	*	*	*				*	*		
巧克力乳	产生光泽和推迟光泽消失		*								
糖果涂层	降低包糖衣时间,改善蔗糖结晶										*
面条	保鲜、保证挤压和质量	*	*			*	*			*	
脱水马铃薯	提高复水能力,保证可口性	*					*				
通心面	保证质量	*									
海鲜酱制品	爽滑剂	*	*	*		*					*
鱼香肠	保证质量	*		*							*
速溶食品	保证质量	*	*	*		*					*
豆腐	消泡和保证质量	*		*							
唐纳子-蛋糕型	保证容积、组织保存期	*	*			*	*		*		*
膳食营养补充剂	乳化稳定									*	*
香精	保证分散性或溶解性	*	*			*				*	*
冰淇淋	凝聚剂,保证干燥和膨胀率	*		*					*		*
起酥油	乳化和保鲜	*			*	*		*	*	*	*
人造奶油	乳化稳定和可口性	*	*	*	*	*		*	*		*
调味品	O/W 乳化剂			*						*	*
宠畜食物	延迟硬化,挤压助剂,防止碎裂和黏结	*									
醋制品	香味分散					*				*	*
加工食品消泡剂	消泡	*									*
花生白脱	防止脂肪析出	*									
食盐	控制结晶大小										*
无乳或低乳冰淇淋	提高发泡能力,口感光滑,保证质量									*	*
淀粉软糖	阻滞淀粉结盟	*									
糖浆	提高稳定性										*
酵母菌	复水剂,保证保存期,消泡		*								
馒头	可口,保证质量	*		*		*		*			
各类制品	络合淀粉,降低黏度和结块	*									
婴儿配方食品	乳化,保证骨架				*						
涂抹食品	保证乳化的稳定性和持水能力	*									

注:1. 单双甘油酯;2. 山梨糖醇酯类;3. 蔗糖酯;4. 单硬脂酸甘油和丙二醇混合酯;5. 卵磷脂;6. 硬脂酰乳酸钠或硬脂酰乳酸钙;7. 乙酸、乳酸和酒石酸的脂肪酸单甘油酯类;8. 二乙酰酒石酸单、双甘油酯;9. 聚甘油酯;10. 聚山梨酸酯类。

二、常用乳化剂

食品乳化剂绝大多数是非离子表面活性剂,少数属于阴离子表面活性剂。国外批准使用的有 60 多种,我国批准使用的仅有 30 多种,最常用的只有约 5 种。下面介绍几种最常用的牛乳饮品乳化剂及其基本性质。

1. 甘油酯及其衍生物 硬脂酸和过量的甘油在催化剂存在下加热酯化而制得甘油酯(glycerin monostearate)。酯化生成物有单酯、双酯和三酯。三酯就是油脂,完全没有乳化能力。双酯降低表面张力能力仅为单酯的 1%不到,因此其乳化性质比较较差。工业产品按照所含单酯量可分为:单双混合酯(MDG),单酯含量 40%~50%;一次蒸馏单甘脂,单酯含量 60%~70%;分子蒸馏单甘酯,经过两次蒸馏,其中单酯含量大于 90%。

单甘酯是乳化剂中用量最大和使用范围最广的。其乳化能力优良，且耐高温，非常适合食品加工。添加在含油脂或蛋白质的饮料中提高溶解度和稳定性。为了改善甘油酯的性能，甘油酯可与其他有机酸反应生成甘油的衍生物聚甘油酯、乳酸甘油酯、二乙酰酒石酸甘油酯等，到目前为止13种衍生物被批准使用。这些衍生物改善了甘油酯的亲水性，提高了与淀粉的复合性能和乳化性能，在蛋白饮料加工中有独特的用途。如冰淇淋生产中多用分子蒸馏单甘酯，一般HLB值控制在3.8左右，形成油包水体系。由于单甘酯本身的乳化性很强，也可作为水包油(O/W)型乳化剂。单甘酯是一种优质高效的乳化剂，具有乳化、分散、稳定、起泡、抗淀粉老化等作用。

2. 蔗糖脂肪酸酯　蔗糖脂肪酸酯(sucrose fatty acid ester)简称蔗糖酯(SE)。蔗糖分子中的8个羟基，有3个羟基化学性质与伯醇类似，因此，这三个羟基是蔗糖酯化的主要发生点，而通过控制酯化程度可以得到单酯含量不同的产品，其HLB值在3～16之间，高亲油性和高亲水性的蔗糖酯产品都有。主要特点是亲水亲油平衡值范围宽，适用性广，乳化性能优良。高亲水性产品能使水包油乳状液非常稳定，用于冰淇淋可提高搅打起泡性和乳化稳定性。对淀粉有特殊作用，使淀粉的糊化温度明显上升防止淀粉的老化作用。进入人体后经过消化转变为脂肪酸和蔗糖，对人体无害。产品无味、无臭，使用安全。与甘油酯及山梨糖醇酯乳化剂相比，其亲水性最大，适于O/W型饮料的乳化稳定。

3. 山梨醇酐脂肪酸酯　又称司盘(span)。它是由硬脂酸与山梨醇酯反应而得到。其分类是以脂肪酸构成划分的，如月桂酸酯 (span20)、棕榈酸酯 (span40)、硬脂酸酯 (span60)、油酸酯 (span80)等。蛋白饮料中最常用的 span60 (HLB4.7)和 span80 (HLB 4.3)。司盘为白色至黄棕色的液体、粉末、薄片、颗粒或蜡块状，HLB值1.8～8.6。常用于乳化蛋白饮料的司盘类H LB值为4～8。司盘不溶于冷水，能分散于热水，其乳化能力优于其他乳化剂，但有特殊气味，风味较差，因此，很少单独使用。

4. 聚山梨酸酯　聚山梨酸酯即吐温(tween)，由山梨糖醇与各种脂肪酸部分酯化而得，与其他乳化剂有很好的协同增效，再与氧化乙烯进行缩合而成。蛋白饮料中使用的有 tween60 (HLB14.9)和 tween80 (HLB15.0)。有特殊臭味，略带苦味。极易溶于水，形成无臭及几乎无色的溶液。不溶于矿物油和植物油。通常与低HLB值的单甘酯、司盘、蔗糖酯复配使用，以适应各类食品的需要。span和tween系列产品是非离子表面活性剂，具有优良的乳化、分散、发泡、润湿、软化等优良特性。

5. 酪蛋白酸钠　酪蛋白酸钠(sodium caseinate)称为酪朊酸钠，是由牛乳中的酪蛋白加氢氧化钠反应而制得。一般情况下酪蛋白酸钠含蛋白质(干基)大于90%，为白色到淡黄色黏状、粉末或片状。无臭、无味、稍有特异香气。易溶于水。pH中性，加酸产生酪蛋白沉淀。优质乳化剂、稳定剂和营养强化剂，能增进脂肪和水分的亲和性，使各成分均匀混合分散。有增稠、发泡、持泡等作用，在蛋白饮料中常作乳化剂、增稠剂和蛋白质强化剂。在冰淇淋中添加0.2%～0.3%，使产品中气泡稳定，防止返砂及收缩。

6. 大豆磷脂　大豆磷脂又称卵磷脂、磷脂，其主要成分包括磷酸胆碱、磷脂酸、磷酸胆胺和磷酸肌醇。浅黄色至棕色透明黏稠状液态，或者白色至浅棕色粉末或颗粒。略带坚果类气味。纯品不稳定，遇空气、光线则颜色加深至不透明。部分溶于水，易形成水合物而成胶体乳状液。大豆磷脂是两性离子表面活性剂，乳化能力较强，热水中或pH大于8时乳化作用更强。卵磷脂作为面包组织软化剂有保鲜作用，并能节省起酥油。面包制作中卵磷脂与甘油单、二酸酯复配具有协同作用。使用这种混合乳化剂可以抵消原料的质量波动，改进生产工艺过程，节省起酥油，并能明显改善成品的总体质量。

三、使用乳化剂的注意事项

乳化剂使用正确与是否，直接影响到其作用效果，在使用时应注意以下几点。

1. 乳浊液的类型　在食品的生产过程，经常碰到两种乳浊液，即W/O型和O/W型。乳化剂是一种两性化合物，使用时需要与其亲水亲油平衡值(HLB值)相适应，在通常情况下，HLB<10的用于W/O型；HLB>10的用于O/W型。

2. 添加乳化剂的目的　乳化剂一般都具有多功能性，但都具有一种主要作用。如果添加乳化剂的目的是增强面筋，增大制品体积，就要先用与面筋蛋白复合率高的乳化剂，如SSL、CSL和DATEM等。

如果其添加目的主要是防止食品老化，就要选择与直链淀粉复合率高的乳化剂，如各种饱和的蒸馏单酸甘油酯等。

3. 乳化剂的添加量 乳化剂在面包、糕点、饼干中的添加量一般不超过面粉的1%，通常为0.3%～0.5%，如果添加目的主要是乳化，则应以配方中的油总量为添加基准，一般为油脂的2%～4%。

4. 乳化剂的复合使用 将几种不同的乳化剂混合后加入食品中，制的的乳浊液比较稳定。因为在复合乳化剂中，有水溶性与油溶性两类乳化剂，这两类乳化剂在界面上吸附形成复合物，分子定向排列紧密，具有较高强度。乳化剂复合使用更有利于降低界面张力，甚至降为零。由于界面张力越低，越有利于乳化。因此，复合乳化剂要比单一的乳化剂具有更好的乳化效果。使用复合乳化剂是提高乳化效果、增强乳浊液稳定性的有效方法。

5. 乳化剂α-化处理 乳化剂使用前必须进行α-化处理。方法有两种，以单甘酯为例。

(1) 油α-化处理：将单甘酯与油脂按1∶5的比例混合，在常温下缓慢加热到其熔点，注意最高不超过熔点5℃，使单甘酯均匀溶解在油脂中。然后自然冷却到室温，形成凝胶后，即可使用，此法主要用于重油类食品或乳化油中。

(2) 水α-化处理：将单甘酯与水按3∶16的比例混合，在常温下缓慢加热到其熔点68～70℃，不断搅拌使之形成均匀透明的分散体系，自然冷却至室温形成凝胶后，即可使用。一般食品均用该法使用乳化剂。

无论用油或水处理，加热快要达到熔点时，发现单甘酯呈现均匀溶解或分散状态时要立即移离火源。如果温度升高，单甘酯的耐热性较差，热灵敏度高，很快变成不溶性的大块凝胶，功能变性凝固而失去活性。

此外，乳化剂还可与少量水混合成水溶液后添加到食品中，但作用效果比凝胶差。细粉状的乳化剂可以直接添加，但作用效果也不如上述两种添加方法。颗粒状乳化剂不能直接添加使用，必须进行α-化处理。

6. 乳状液的制备方法 乳化剂不能以粉末加入食品，需先用水或油对其充分分散或溶解，制成浆状或乳状液。乳状液的制备方法一般有以下三种。

1) 用水溶解乳化剂，在剧烈搅拌下加入油，先生成O/W型乳状液，若欲得W/O型乳状液，则继续加油至发生相变。此法用于HLB值较大的乳化剂。

2) 乳化剂溶于加热的油中，加入水，开始得到W/O型乳状液，再继续加水可得O/W型乳状液。此法用于HLB值较小的乳化剂。

3) 轮流加液法。每次取少量油和水，轮流加入乳化剂。

四、乳化剂的进展

世界上消费量最大的乳化剂有5类。其中最多的是脂肪酸甘油酯，约占总量的53%。其余为脂肪酸蔗糖酯和脂肪酸山梨糖醇酯(约占10%)、脂肪酸丙二醇酯约占6%、磷脂(约占20%)。

近年来，以甘油酯为主体的系列产品得到不断发展。如亲水性很强的乙氧基甘酯专用于面包、面团的调节。单甘酯的二乙酰基酒石酸酯具有很大的亲水性。柠檬酸单甘酯在人造奶油中有良好的亲水性。各种聚甘油酯具有宽范围的HLB值，其耐酸、耐热、乳化稳定性均优于脂肪酸蔗糖酯，可广泛用于各种酸乳、酸奶油、酸性饮料、蛋黄酱等中，具有乳化、增溶、分散、稳定、增稠、消泡等不同用途。美国年生产约7000t，日本约600t。

脂肪酸蔗糖酯亲水性强，适用于O/W型乳浊体，广泛适用于含脂量低于10%、面粉量高于60%的面食制品，可延长老化时间，增加持水能力，提高成型性，提高面包的弹性或饼干的松脆度及蛋糕的多孔松软感和奶油状口感，但工艺复杂，成本较高。

缩聚磷酸盐是一种聚合电解质，能吸附在胶体粒表面，阳离子与脂肪酸皂化，阴离子与酪蛋白结合，使每个脂肪球包覆一层蛋白质膜，防止脂肪球的聚集，同时具有乳化性能。如乳、肉中的蛋白质可被焦磷酸盐所溶解，生成外圈由磷酸盐保护的脂肪小球，提高脂肪的乳化能力。同样，牛奶的蛋白质可以被其稳定，防止发生胶凝分层。

第十三章

食品增稠

第一节　概　　述

食品增稠剂是一种能改善食品的物理特性，增加食品的黏稠度或形成凝胶，使食品口感黏润、适宜，并且具有提高乳化状和悬浊状稳定性作用的物质。增稠剂是属于具有胶体特性的一类物质。该类物质的分子中具有许多的亲水性基团，易产生水化作用，形成相对稳定的均匀分散的体系，又称食品胶。它被用于充当增稠剂、胶凝剂、持水剂、成膜剂、乳化剂、黏着剂、悬浮剂、泡沫稳定剂、润滑剂和晶体阻碍剂等，在食品工业中有广泛应用，是一类重要的食品添加剂。

一、食品胶分类

食品增稠剂在食品中添加的量通常是千分之几，却能有效又经济地改善食品体系的稳定性。化学成分大多是天然多糖及其衍生物，广泛分布于自然界。到目前食品工业增稠剂已有40多种，根据其来源，可分为以下四类。

(1) 植物胶：植物胶是植物渗出液、果皮、种子和茎等制取的食品胶。温水浸泡植物或植物的种子提取其中的黏液加工后便获得该胶体。其主要成分是半乳甘露聚糖，分子质量因来源不同而异。

(2) 动物胶：由动物原料皮、骨、筋、乳等提取的食品胶。其主要成分是蛋白质，品种有酪蛋白、明胶等。

(3) 微生物胶：微生物代谢生成的食品胶，细菌或真菌作用于淀粉类物质而产生，如黄原胶、结冷胶等。

(4) 海藻胶：海藻胶是从海藻中提取的一类食品胶，由于地球上海域盐含量及水温变化不同，海洋中藻类多达15 000多种，分为红藻、蓝藻、绿藻和褐藻四大类。商品海藻胶主要来自褐藻。不同的海藻品种所含的亲水胶体其成分、结构各不相同，因此功能、性质及用途也不尽相同。

(5) 化学改性胶：通常是选用价格低廉的大分子原料，经过适当的化学反应而获得的食品胶。纤维素和淀粉由于其来源广泛、成本低，成为化学改性胶的原料首选。以纤维素为原料的化学改性胶中，羧甲基纤维素(CMC)、羟丙基甲基纤维素(HPMC)应用广泛。CMC最常见，根据其特性可分为耐酸型和高黏型。以淀粉为原料的改性食品胶有一个更通俗的名字——变性淀粉，因得益于淀粉本身就是可食用的，在食用安全性和限量方面更有优势。

各食品胶的主要品种见表13-1。

表13-1　食品胶分类表

种类		主要品种
植物胶	植物种子	瓜尔胶、槐豆胶、罗望子胶、沙蒿胶、亚麻籽胶、田菁胶、葫芦巴胶、皂荚豆胶
	植物皮	阿拉伯胶、黄蓍胶、印度树胶、刺梧桐胶、桃胶
	其他	果胶、魔芋胶、印度芦荟提取胶、菊糖、仙草多糖
动物胶		明胶、干酪素、酪蛋白酸钠、甲壳糖、壳聚糖、乳清分离蛋白、乳清浓缩蛋白、鱼胶
微生物胶		黄原胶、结冷胶、茁霉多糖、威兰胶、酵母菌多糖
海藻胶		卡拉胶、海藻胶、琼脂、海藻酸丙二醇酯、海藻酸(盐)、红藻胶、褐藻胶、岩藻聚糖
化学改性胶		羧甲基纤维素、羟乙基纤维素、微晶纤维素、甲基纤维素、变性淀粉、聚丙烯酸钠、聚乙烯吡咯烷酮

二、食品增稠剂的特性比较

食品有成千上万种，为了不同的目的而需要使用增稠剂，以改善或赋予食品在口味、形状、外观、贮存等方面的特性。在使用增稠剂时，首先必须对使用目的(或增稠剂的哪一种特性)有清楚的了解，根据不同增稠剂的特性进行选择。如用于凝胶时，可选用凝胶强度最高的琼脂；用于增稠时，首选瓜尔胶、黄原胶；用于乳化稳定时，可选用阿拉伯胶。海藻酸(盐)类作为黏结、增稠剂时，用中、高黏度胶为宜，而做为胶凝剂、分散稳定剂时，选用低黏度胶。

在选用增稠剂时，同时还必须考虑图 13-1 的因素。

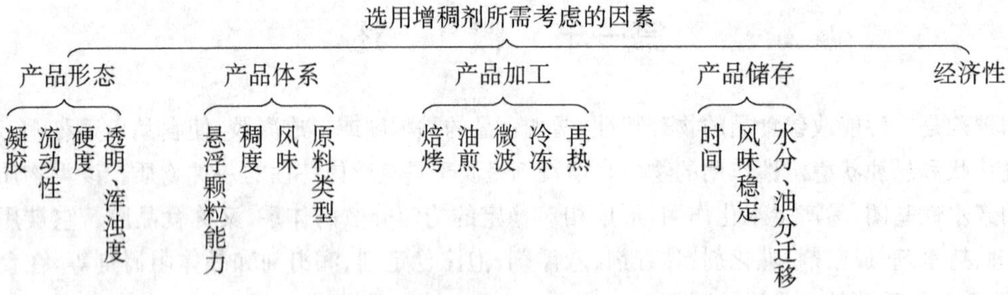

选用增稠剂所需考虑的因素

- 产品形态：凝胶、流动性、硬度、透明、浑浊度
- 产品体系：悬浮颗粒能力、稠度、风味、原料类型
- 产品加工：焙烤、油煎、微波、冷冻、再热
- 产品储存：时间、风味稳定、水分、油分迁移
- 经济性

图 13-1 增稠剂选择过程中考虑因素

为此，将各类增稠剂的特性顺序作简要归类比较，以便根据所需考虑因素，选择具有相应特征的增稠剂。

抗酸性：海藻酸丙二醇酯、抗酸 CMC、果胶、黄原胶、海藻酸盐、卡拉胶、琼脂、淀粉。

增稠性：瓜尔胶、黄原胶、槐豆胶、魔芋胶、果胶、海藻酸盐、卡拉胶、CMC、琼脂、明胶、阿拉伯胶。

溶液假塑性：黄原胶、槐豆胶、卡拉胶、瓜尔胶、海藻酸盐、海藻酸丙二醇酯。

吸水性：瓜尔胶、黄原胶。

凝胶强度：琼脂、海藻酸盐、明胶、卡拉胶、果胶。

凝胶透明度：卡拉胶、明胶、海藻酸盐。

凝胶热可逆性：卡拉胶、琼脂、明胶、低脂果胶。

冷水中溶解度：黄原胶、阿拉伯胶、瓜尔胶、海藻酸盐。

快速凝胶性：琼脂、果胶。

乳化托附性：阿拉伯胶、黄原胶。

口味：果胶、明胶、卡拉胶。

乳化稳定性：卡拉胶、黄原胶、槐豆胶、阿拉伯胶。

三、食品增稠剂的结构和流变性

食品增稠剂对保持食品(冻胶食品、流态食品)的色、香、味、结构和食品的相对稳定性起着重要的作用，这种作用的大小取决于增稠剂分子本身的结构和它的流变性。研究食品增稠剂的结构和流变性的关系可为食品增稠剂的应用提供有力的理论依据。

1. 食品增稠剂的黏度和浓度的关系 多数食品增稠剂在极化浓度或较低浓度时，符合牛顿液体的流变学特性，而在较高浓度时呈假塑性。随着食品增稠剂浓度逐渐增加，溶液的黏度也增加。其中，最特殊的食品增稠剂为阿拉伯胶，它在水中可以配成浓度高达 50%的溶液。

2. 增稠剂的协同效应 黄原胶和槐豆胶、卡拉胶和槐豆胶、黄蓍胶和海藻酸钠、黄蓍胶和黄原胶都有相互增效的协同作用。增效效应的共同点是：混合溶液经过一定的时间后，形成凝胶之后成为高强度的凝胶，即体系黏度大于体系中各组分黏度总和。利用增稠剂之间的协同效应，复合配制可以产生无数种复合胶，以满足食品生产的需要，并可以达到最低用量水平。例如，黄原胶与魔芋胶复配后其在水中的浓度为万分之二时，仍能形成胶冻。增稠剂的协同增效还表现为叠加减效的，如阿拉伯胶可以降低黄蓍胶的黏度，将 80%黄蓍胶和 20%阿拉伯胶混合，其所配制的胶体溶液黏度比其中任一组分的黏度都低。用此混合物制备的乳液具有均匀流畅的特点，其原因是由于阿拉伯胶的结构和黄蓍胶中的阿拉伯胶半乳糖(黄蓍胶糖)的结构相似，阿拉伯胶结合更多的水，制约了水中黄蓍胶的溶胀，其结果是降低了黄蓍胶溶液的黏度。这种复合胶在制备低糖度的稳定乳液方面具有良好的前景。

3. 切变力对增稠剂溶液黏度的影响　增稠剂在浓度较高时一般具有假塑性，此时的体系黏度分为两部分，即增稠剂溶液的表观黏度为牛顿黏度和结构黏度的和。

$$\eta_a = \eta_N + \eta_S \tag{13-1}$$

式中，η_a为表观黏度；η_N为牛顿黏度；η_S为结构黏度。

增稠剂一般分子质量较高并且具有刚性，因而在较低浓度时具有较高的黏度。剪切力降低分散相颗粒间的相互作用力，在一定条件下，作用力愈大，结构黏度降低也愈多。假塑性的液体饮料或食品调料，在挤压、搅拌等剪切力的作用下发生的稀化现象，有利于这些产品的管道运输和分散包装。

4. 增稠剂的胶凝作用　高相对分子质量增稠剂大分子聚集体的存在，大分子链间的交链与螯合，大分子链的强烈溶剂化，都有利于体系三维网络结构的形成，有利于形成凝胶。

琼脂的浓度即使低于1%也能形成凝胶，是典型的胶凝剂，卡拉胶、果胶在K^+或Ca^{2+}存在下也能形成凝胶。

5. 增稠剂凝胶的触变　在增稠剂凝胶中，增稠剂的大分子间的键合只形成松弛的三维网络结构。在交链剂存在下，大分子与大分子之间的螯合，或者螺旋形分子由于氢键和分子间力的作用，可形成的双螺旋结构易于形成松弛的三维结构。在K^+或Ca^{2+}存在下，卡拉胶的凝胶就具有这种特点。

在切变力的作用下，凝胶的切变稀化、摇匀或者触变现象，都证明了凝胶松弛三维网络结构的存在。这种现象特别有利于食用涂抹酱。这是因为切变力可以破坏松弛的三维网络结构，使酱变稀，但是只要外力一停止，经过一段时间，已经摇匀或者变稀的凝胶又可以冻结成凝胶。

由海藻酸盐制成的热不可逆凝胶，是制造人造果冻的良好原料。

6. 有机溶剂对增稠剂的增效效应　将增稠剂加入极性有机溶剂中或有机溶剂与水的混合液中，所形成的胶体溶液的黏度高于体系在水中的黏度，这是因为体系中的氢键和分子间力的作用形成一定的结构黏度，使体系的黏度高于体系中任何一组分的黏度。这种有机溶剂，可以选作增稠剂薄膜的增塑剂。例如，甘油是CMC薄膜良好的增塑剂。

第二节　增稠剂的功能及其应用

一、增稠剂的功能及应用

食品增稠剂的种类越来越多，其应用的范围也随之而扩大。增稠剂的功能性及其应用主要有以下几方面。

(1) 提供食品所需的流变特性：增稠剂对流态食品、胶冻食品的色香味、质构和稳定性等的改善起着极其重要的作用，能保持液体食品和浆状食品具有特定的形态，使其产品更加稳定、均匀，且具有黏滑适口的感觉，如冰淇淋的口感很大程度上取决于其内部冰晶形成的状态。一般冰晶粒越大，其组织越粗糙，产品的口感将越差。当在体系中添加增稠剂后，就可以有效地防止冰晶的长大，并包入大量微小的气泡，从而使产品的组织更细腻、均匀，口感更光滑，外观更整洁。

(2) 提供食品所需的稠度和胶凝性：在许多食品中，如果酱、颗粒状食品、罐头食品、软饮料、人造奶油及其他涂抹食品，需要具有很好的稠度。当增稠剂加入后，就能使产品达到非常好的效果。在果冻和软糖以及仿生食品等中，添加增稠剂后能使产品具有很好的胶凝性、弹性、透明性，使产品有更好的质构和风味。

(3) 改善面团的质构：在许多焙烤食品和方便食品中，添加增稠剂能促使食品中的成分趋于均匀，增加其持水性，从而能有效地改善面团的品质，保持产品的风味，延长产品的货架寿命。

(4) 改善糖果的凝胶性和防止起霜：使用增稠剂能使糖果的柔软性和光滑，在巧克力的生产中，增稠剂的添加能增加表面的光滑性和光泽，防止巧克力表面起霜。

(5) 提高起泡性及其稳定性：在食品加工中添加增稠剂，可以提高产品的发泡性，在食品的内部形成许多网状结构。在溶液搅打时能形成许多小气泡，且较稳定。这对蛋糕、面包、啤酒、冰淇淋等生产起着极其重要的作用。

(6) 提高黏合作用：在香肠等一类产品中，添加槐豆胶、卡拉胶等增稠剂，经均质后，使产品的组织结构更稳定、均匀、润滑，并且有强的持水能力。在粉末状、颗粒状及片状产品中，阿拉伯胶类的增稠剂具有很好的黏合能力。

(7) 成膜作用：在食品中添加明胶、琼脂、海藻酸、醇溶性蛋白质等增稠剂，能在食品的表面形成一层非常光滑均匀的薄膜，从而有效地防止冷冻食品、粉末状食品表面吸湿影响食品质量的现象产生。对水果、蔬菜类食品具有保鲜作用，且使水果、蔬菜类产品表面更有光泽。

(8) 持水作用：一般食品增稠剂都有很强的亲水能力，在肉制品、面粉制品中能起到改良产品的品质质构的作用。例如，在调制面团的过程中，添加增稠剂有利于缩短调粉的过程，改善面团的吸水性，增加产品的质量。

(9) 用于保健、低热值食品的生产：增稠剂通常为大分子化合物，其中许多来自天然的胶质，这些胶质一般在人体内不易被消化，直接随排泄而排出体外。故利用这些增稠剂来代替一部分含热值大的糖浆和蛋白质溶液等，以降低食品的热值。该方法在诸如果冻、果酱、点心、饼干、布丁等中得到很好的应用。

(10) 掩蔽食品中异味的作用：在有些食品中，可以利用添加增稠剂来掩蔽食品中一些令人不愉快的异味，如添加环状糊精有较好的功效。增稠剂除有上述功能外，还有许多其他的功能及其应用，如在酒类中可作为澄清剂，而在果汁及饮料中起悬浮剂的作用。

随着食品工业的不断发展，原有的食品增稠剂品种新的应用和新的增稠剂的开发将会得到很大的发展。

二、食品胶的复配

各种单体食品胶在使用过程中往往存在一定的缺陷，难以解决生产过程中的技术问题，尤其在食品市场竞争日益激烈的今天，这些缺陷造成该产品在市场竞争中处于劣势。而复配食品增稠剂具有明显的优势，通过复配发挥各种增稠剂的互补作用，从而扩大增稠剂的使用范围、提高使用功能。通过复配，可以产生无数种复配胶，以满足食品生产的不同需要。在很多情况下，单一的胶体不可能达到某种特定的性能，只能通过多种胶体的复配来达到。

复配食品胶与单一食品胶相比，具有明显的优势：通过复配，利用各种食品胶之间产生协同增效作用，使食品胶的性能得以改善，从而可以满足各方面加工工艺的性能，能在更广泛的区间内使用；通过复配，降低用量和成本，从而更加经济，也减轻了副作用，使产品安全性得以提高；通过复配，使食品胶的风味互相掩蔽，优化和改善味感。

增稠剂的协同效应，既可以功能互补、协同增效，也可以功能相克、相互抑制的效应，见表 13－2。食品工业中具有应用价值是协同增效效应，要避免功能相克、相互抑制的现象。例如，k 型卡拉胶与槐豆胶(LBG)、魔芋胶之间有明显的协同增效作用，而与黄原胶、琼脂、瓜尔胶、果胶、海藻酸钠、羧甲基纤维素之间没有协同增效作用。琼脂与槐豆胶、卡拉胶、黄原胶等有良好的凝胶协同效应。从表中的统计可以看出，黄原胶具有良好的配伍性，与其他胶复配可以得到令人满意的凝胶和 1＋1＞2 的协同增效作用。琼脂与槐豆胶、卡拉胶、黄原胶、明胶之间有明显的协同增效作用，但是与瓜尔豆胶、CMC、海藻酸钠、淀粉、果胶产生拮抗作用，后者使琼脂的凝胶强度下降，它们的结构阻碍琼脂三维网状结构的形成。

三、实验分析方法

对于大多数食品胶而言，最重要的功能特性是其增稠性其次是胶凝特性。在实际应用时，需要考虑的是凝胶强度、成胶温度和胶特性、黏度及流体特性、与蛋白质作用活性和冷冻脱水收缩等。这些是进行配方设计的关键因素。效果测试就是用数据来指导设计工作，测试过程中宜用同行成功的产品作为参照。

表 13-2　一些常见食品胶的相互作用

名称	槐豆胶	魔芋胶	琼脂	黄原胶	瓜尔胶	CMC	海藻酸钠	卡拉胶	淀粉	明胶	果胶
卡拉胶	+	+	×	×	×	×	×				×
槐豆胶			+	+				+			
阿拉伯胶						+		+			
瓜尔胶		+	+	+			+	+			
黄原胶	+	+	+		+	×	+	+		+	+
PGA				+		+				+	
琼脂	+			+	××	××	××	+	××	+	××
结冷胶	+			+	+	+					
明胶							+	+			
亚麻子胶		+		+	+	+		+			
CMC				+	+		+	+	+	+	
魔芋胶				+				+			

注："+"表示相互之间有协调作用；"×"表示相互之间没有协调作用；"××"表示相互之间具有相克(拮抗)作用。

1. 黏度　黏度指液体的黏稠程度，它是液体在外力作用下发生流动时，分子间所产生的内摩擦力。增稠剂一般都能溶解或分散在水中，发生水化产生增稠或提高流体黏度的效应，因此几乎所有的增稠剂都具有增稠效果。但对于不同的增稠剂，增稠效果不一样。大多数增稠剂在很低浓度(1%)时就能获得高黏度的流体，但有一些胶体即使在很高的浓度下却具有较低黏度。黏度的大小是判断液态食品品质的一项重要物理常数。黏度的大小随温度的变化而变化。温度愈高，黏度愈低。主要增稠剂有黄原胶、瓜尔胶、羧甲基纤维素钠、卡拉胶、刺槐豆胶等，用于食品增稠时首先考虑使用瓜尔胶、黄原胶。

测试仪器：旋转黏度计或毛细管黏度计、滑球黏度计。

测试作用：研究浓度、温度、剪切速率等对常用胶体溶液的影响；研究复配增稠剂的黏度性能，研究其在不同配比、不同混合增稠剂浓度时的协同增效作用。测定液体黏度可以了解样品的稳定性，也可揭示干物质的量与其相应的浓度。黏度的数值有助于解释生产、科研的结果。

2. 悬浮稳定性　用作悬浮剂的增稠剂主要有：琼脂、卡拉胶、黄原胶、羧甲基纤维素钠、海藻酸钠等。

测试仪器：离心机。

设备选择：离心机利用离心沉降原理，对溶液中密度不同的粒子进行分离、浓缩或提纯。应该选择转速连续可调的、实验室用型，通过转速的调整，观察悬浮液浓度的相对变化，从而判断悬浮液中颗粒的沉降情况。

测试方法：在增稠剂浓度为 0.5%、测定粒度为 100～125 mm 石英砂沉淀率，来表示其悬浮性。或在 50 mL滴定管中装满样品溶液，然后将直径 0.3 cm 的硅胶球落入滴定管中，记录硅胶球下落 50 mL 高度所需时间(s)，作为稳定剂的悬浮性。下落时间越长，悬浮性越好；反之，悬浮性越差。

测试作用：研究食品胶浓度、糖等对悬浮稳定性的影响，研究不同配比、不同混合胶浓度时协同增效作用所产生的悬浮稳定作用。

3. 凝胶强度　胶凝现象实际上是亲水胶体的长链分子相互交联，形成能将液体缠绕固定在内的三维连续式网络，并由此获得坚固严密的结构，以抵制外界压力而最终能阻止体系流动。几乎所有的食品胶都有黏度特性，但只有其中一部分食品胶具有胶凝特性，且其成胶特性也往往各不相同。

主要的胶凝剂包括：琼脂、卡拉胶、海藻酸钠、结冷胶、明胶和果胶等，其中琼脂的凝胶强度较高，结冷胶、卡拉胶的凝胶透明度较好。

测试仪器：凝胶强度测定仪、食品流变仪。

测试作用：研究浓度、糖、酸、冷冻对凝胶的影响；研究食品胶的复配性能，研究其在不同配比、不同混合胶浓度时的协同增效作用；测定胶体类食品凝胶后的强度，如果冻。

4. 持水性　测定凝胶强度后的凝胶，质量为 m_1；用纱布轻轻挤压除去水分后称量，质量为 m_2；持水率可由公式：持水率$=100\%\times(m_1-m_2)/m_1$ 计算求得，一般测两次取平均值。

测试作用：测试、比较食品胶及复配后的持水能力。

四、增稠剂应用举例——果冻配方设计

果冻又称啫喱，为大众食品，因外观晶莹，色泽鲜艳，口感软滑，清甜滋润而深受妇女儿童的喜爱。果冻不但外观可爱，而且是一种低热能高膳食纤维的健康食品。果冻是以水、食糖和食品胶等为原料，经溶胶、调配、灌装、杀菌、冷却等工序加工而成的胶冻食品。根据果冻的形态，分为凝胶果冻和可吸果冻。凝胶果冻呈凝胶状，脱离包装容器后，能基本保持原有的形态，组织柔软适中；可吸果冻呈半流体凝胶状，能够用吸管或吸嘴直接吸食，脱离包装容器后，呈不定形状。

果冻主要采用食品胶的胶凝作用，通过分子链的交联作用，形成三维网络结构，从而使水从流体变成能脱模的"固体"。凝胶中包含的水分可高达99%。果冻的国家标准GB 19883—2005规定，可溶性固形物（以折光计）含量15%。也就是说，除此之外，绝大部分是食品胶所束缚住的水分。因此，果冻是增稠剂应用的最直接产品。

1. 果冻的生产的一般工艺 果冻实质就是将食品胶、白砂糖、色素、柠檬酸等原料在水中加热溶解、灌装、杀菌的过程。生产工艺流程为：

配料→化糖→溶胶→过滤→调配→灌装→封口→杀菌→冷却→风干→成品

2. 果冻配方设计中增稠剂 在果冻配方设计中，增稠剂的用量是决定果冻品质的重要因素。一般果冻配方主要采用卡拉胶、魔芋胶、槐豆胶等进行复配。配方中含有多种胶体，协调增效，从而形成完美的产品配方。卡拉胶与槐豆胶、魔芋胶之间存在明显的协同增效作用，它们在果冻生产中的应用十分广泛。单独使用卡拉胶只能获得脆性果冻，槐豆胶与卡拉胶复配后形成弹性果冻，魔芋胶可使析水量明显减少，凝胶强度增强。卡拉胶仅在钾离子存在时，才能形成凝胶，因此钾盐通常跟随卡拉胶同时出现。在果冻生产中，复配增稠剂的用量为0.4%～0.8%，不宜超过1%，用量越大越不经济，需要重新进行设计。

第三节 常用的食品增稠剂

一、食用明胶

1. 性状 食用明胶（edible gelatin）为白色或淡黄色透明至半透明具有光泽的脆性薄片、颗粒、粉末。无臭，无味。可溶于热水、甘油、乙酸、水杨酸、苯二甲酸、尿素、硫脲、硫氰酸盐、溴化钾等溶液，不溶于冷水、乙醇、乙醚、氯仿。可吸收5～10倍的冷水而膨胀软化。加热至40℃成溶胶，冷却后成凝胶。明胶凝固点为20～25℃，当温度达30℃时则融化。浓度在5%以下不产生凝胶现象，浓度在10%～15%才形成凝胶。明胶的色泽与其所含的金属离子的种类和含量有关。明胶的胶凝能力与酸碱度有关系。明胶受潮易分解，易霉变。另外，当明胶溶液中有氯化物存在时，其凝固点、透明度、吸湿性、黏稠度和胶凝力等均会产生一定的变化。

2. 功能性 食用明胶的凝固性能较琼脂弱，其凝胶化时的温度与盐的浓度、盐的种类、溶液的pH等有关。明胶在溶液中能产生水解，使其相对分子质量、黏稠度和胶凝能力变小。当相对分子质量在10 000～15 000时，其胶凝能力也随之消失。当溶液的pH在5～10范围内时，明胶的溶解能力较小，其胶凝性能变化极小。当pH小于3时，其胶凝能力变小。明胶在长时间煮沸或强酸或强碱的条件下加热，其水解速率及水解程度将加大，从而导致胶凝能力显著下降，甚至不产生凝胶。当在明胶溶液中加入无机盐时，则可使明胶从溶液中析出，且析出的明胶凝结后将失去原有的功能特性。

明胶的柔软性较好，用其加工的产品口感好，且富有弹性。明胶具有很好的起泡性和稳泡作用。

另外，明胶本身为一种亲水性的胶体物质，具有很好的保护胶体的性质，通常可用作疏水性胶体的稳定剂、乳化剂。

3. 毒理学依据 食用明胶为蛋白质，本身无毒性，在人体内能进行正常的代谢作用，故ADI不作限制性的规定（FAO/WHO，1994）

4. 使用 按照GB 2760—2011《食品安全国家标准 食品添加剂使用标准》规定，食用明胶可按生产需要适量用于各类食品中。

通常，食用明胶在冰淇淋中的使用量为0.5%；在罐头肉制品中，午餐肉为3%～5%，火腿为5～10g/罐(454g)；在明胶甜食、软糖、奶糖、蛋白糖、巧克力等中为1.0%～3.5%，最高使用量为12%。在糕点中可作为搅打剂，通常1kg明胶可代替6kg的鸡蛋。

二、琼脂

1. 性状 琼脂(agar)又称琼胶、洋菜、冻粉。琼脂是一种聚半乳糖，相对分子质量为11 000～3 000 000，其基本结构如下：

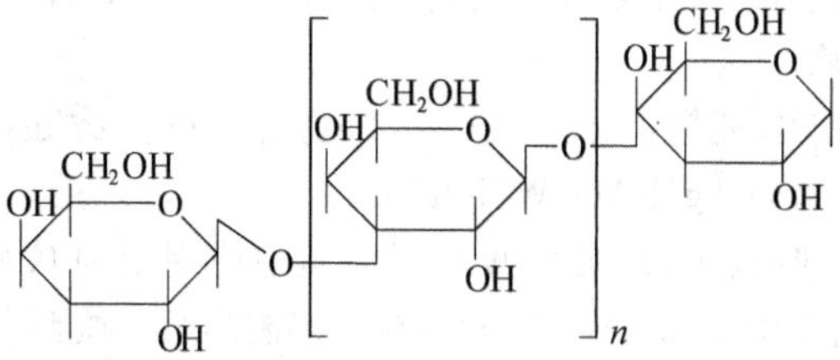

琼脂为无色透明或类白色至淡黄色半透明细长薄片，或鳞片状无色或淡黄色粉末，无臭，味淡，口感黏滑。不溶于冷水中，能吸水20倍而膨胀软化。能溶于沸水，含水时柔软而带韧性，不易拆断，干燥后易碎。

当琼脂的浓度为0.1%时，冷却后成为黏稠液；当浓度为0.5%时，冷却后成为坚实的凝胶；当浓度为1%于32～42℃时，可凝固成具有弹性的凝胶，其熔点为80～96℃。当pH为4～10时，其凝胶强度的变化不大。琼脂的耐热性较强，但长时间的加热或强酸条件下，则导致凝胶能力的消失。

2. 功能性 琼脂的凝胶的质构较硬，当琼脂应用于食品加工中时，可使产品具有很好的形状，但产品的组织结构较粗糙，产品的表皮易收缩而起皱纹，产品易发脆。如果将琼脂与卡拉胶进行适当的复配后使用，则可以克服其单独使用时所存在的不足和缺陷，使产品更具有柔软性和弹性。如果将琼脂与糊精、蔗糖等复配后使用，则凝胶的强度升高；将琼脂与淀粉、海藻酸钠复配后使用，则其凝胶强度反而会下降；将琼脂与明胶复配后使用，则可适当降低其凝胶的破裂强度。

琼脂是一种耐热性较好的增稠剂，但长时间加热，尤其在酸性条件下加热，琼脂很容易失去其胶凝能力。琼脂的耐酸性要高于淀粉和明胶，但要低于海藻酸丙二醇酯和果胶。

3. 毒理学依据 小鼠经口LD_{50}为16g/kg；大鼠经口LD_{50}为11g/kg。FAQ/WHO(1994)规定，对ADI不作限制性规定。

有研究报道，对大鼠进行试验，将其分成4组，每组6只，分别以含琼脂5%、10%、20%和30%的饲料进行10周的喂养，其结果表明，10%组的体重增长比对照组快约20%，其他组的体重增长与对照组相同。20%组和30%组的体重增长1g所需的饲料量和饮水量明显高于对照组。

4. 使用 按照GB 2760—2011《食品安全国家标准 食品添加剂使用标准》规定，琼脂可按生产需要适量用于各类食品中。

一般在琼脂软糖的生产中，其使用量为1.5%；在柑橘果酱中使用量为0.6%(以全部的橘肉和橘汁计)；菠萝酱中添加量为0.8%(以其碎果肉计)；冰淇淋中使用量为0.3%左右；在制作小豆馅为主的甜食，如羊羹、栗子羹等中可添加小豆馅量1%的琼脂；在果冻中可使用0.3%～0.8%的琼脂。

按照FAQ/WHO(1994)规定，干酪使用量为0.8%；沙丁鱼及其制品和鲭鱼罐头使用量为2%；稀奶油、增香酸奶及其制品使用量为0.5%；冷饮使用量为1%。

三、海藻酸钠

1. 性状 海藻酸钠(sodium alginate)又称藻阮酸钠、褐藻酸钠。为白色或淡黄色粉末。几乎无臭，无味，能溶于水形成黏稠的液体，不溶于乙醇、乙醚和氯仿，不溶于pH小于3的稀酸，其溶液pH为6～8(1%水溶液)。当pH为6～9时，其黏度稳定。加热至80℃以上，其黏度下降，有吸湿性。

本品的水溶液与钙离子接触时，能形成海藻酸钙的凝胶。因此，可以通过调节钙离子和胶的含量来控制凝胶强度。与镁、汞离子接触则不会凝固。8%以上的氯化钠溶液会引起海藻酸钠盐析而失去其黏性。

2. 功能性　海藻酸钠是一种具有低热值、无毒性、易膨化、高柔韧度等特性的食品添加剂，在食品中具有凝固、增稠、乳化、悬浮、稳定和防止食品干燥等功能，其中主要的特性为胶凝化。在面制食品中添加海藻酸钠，可明显地增加食品的黏稠性、防脆性，减少断头率，耐煮、耐泡、不粘条、筋力强、韧性好，口感细腻、滑润，嚼劲好。加入冰淇淋、蛋糕等中，能使产品保形性好、细腻口感好、膨胀率大、松软、富有弹性。在牛奶制品和饮料中，能改善产品的口感，改善酸奶的凝乳形状。在糖果、冷食、点心及食品芯、馅中，具有良好的胶凝性，能改善口感。

另外，海藻酸钠是一种膳食纤维，它能降低人体血清和肝脏中的胆固醇，抑制总胆固醇和脂肪酸浓度的上升，改善消化和吸收，还能阻止有害元素锡等金属离子的吸收。因此，海藻酸钠可有助于防治高血压、冠心病、肥胖症、糖尿病及其肠道疾病。

3. 毒理学依据　静脉注射致死量：兔子为0.1g/kg；大鼠为0.2g/kg；猪为0.12～0.45g/kg。大鼠经口LD_{50}为6g/kg。ADI为0～25mg/kg(FAO/WHO,1994)。

4. 使用　在食品中，如挂面、鱼面、快餐面及筒子面中使用量为0.2%～0.5%；在面包、糕点中为0.1%～1%；在冰淇淋、棒冰、雪糕中为0.1%～0.5%；在牛奶制品及其饮料中为0.25%～0.2%。

四、果胶

1. 性状　果胶主要由半乳糖醛酸与其甲基酯的聚合物组成。

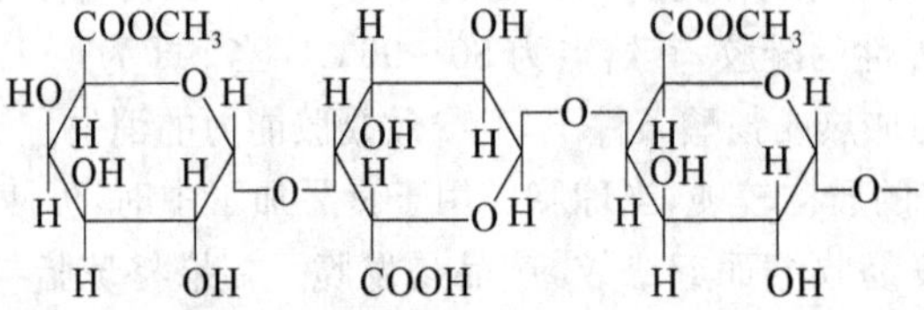

23 000~71 000

本品为白色至淡黄褐色的粉末，略有特异臭，味微甜带酸，口感黏滑，无固定的熔点和溶解度。其相对密度为0.7，能溶于20倍的水中成黏稠状液体，对石蕊试纸呈酸性，不溶于乙醇及其他有机溶剂，能用乙醇、甘油、蔗糖浆润湿。与3倍或3倍以上的砂糖混合后，更易溶于水，对酸性溶液较对碱性溶液稳定，其等电点的pH为3.5。

2. 功能性　在果胶的多聚半乳糖醛酸的长链结构中，部分羧基通常是被甲酯化的，如果全部被甲酯化，则甲氧基含量约为相对分子质量的16.3%。故根据甲酯化的程度可将果胶分成高酯果胶（甲氧基含量＞7%）和低酯果胶（甲氧基含量＜7%）。高酯果胶即为普通果胶，一般其甲氧基含量越高，则果胶的胶凝能力越强。但高酯化果胶必须在可溶物含量达50%以上时，才能形成胶冻。而低酯果胶只需多价离子（如钙、镁等）存在，即使可溶物含量低于1%时，仍能因其架桥反应而形成胶冻。

3. 毒理学依据　果胶的ADI为0～0.25g/kg。果胶属于天然食品添加剂，对人体无毒害性，安全性比较高，人体摄入果胶能排出体内的重金属。

4. 使用　由于果胶为天然提取物，安全性较高，故对其限定较少。我国规定，一般按正常生产需要的量，可将果胶添加到罐头、果酱、糖果、果汁、冰淇淋、巧克力等中。

按照GB 2760—2011《食品安全国家标准　食品添加剂使用标准》规定，果胶可根据生产需要用于各类食品中。一般果胶在果酱中的使用量为0.2%；在果胶软糖中为3%；在浓缩果汁中为0.1%～0.2%；在果汁饮料和果汁汽水中为0.05%～0.1%；在发酵酸牛奶中为0.05%～0.6%。FAO/WHO (1994)规定，果胶在干酪中的使用量为0.8%；在蘑菇、芦笋、青豆等罐头、水果基质的婴儿罐头食品、冷饮等中的使用量为1%（单用或与其他增稠剂合用的总量）；在沙丁鱼和鲭鱼罐头中为2%；在稀奶油、乳脂干酪中为2.5%；一般在汤、羹等食品中则按正常需要添加。

五、阿拉伯胶

1. 性状　阿拉伯胶(Arabic gum)又称阿拉伯树胶、金合欢胶、亚克西胶、塞内加尔胶、桃胶。阿拉伯胶产主要由D-半乳糖(36.8%)、L-阿拉伯糖(30.3%)、L-鼠李糖(11.4%)、D-葡萄糖醛酸(13.8%)组成,相对分子质量为220 000~300 000。

本品为黄色至淡黄褐色半透明块状体,或者为白色至淡黄色颗粒状或粉末,无臭,无味。其相对密度为1.35~1.49,极易溶于水(50%),成清晰的黏稠液,其溶液呈酸性,不溶于乙醇及大多数有机溶剂。

2. 功能性 阿拉伯胶溶液的黏稠性与其浓度和pH的大小有关。25℃时其50%浓度的溶液的黏稠度最高。而在20℃时,30%浓度溶液的黏度为200mPa·s。在pH为6~7时,则会出现稠度最高值。阿拉伯胶的黏稠性还与有无其他物质存在及时间等因素有密切的关系。

阿拉伯胶能与大多数的水溶性胶、蛋白质、糖和淀粉等进行互配,与明胶、乳清蛋白形成稳定的凝聚层,与三价金属离子作用则产生沉淀。在酸性醇介质中也能产生沉淀,得到游离的阿拉伯酸。它还可以用于香精的生产中,与其他胶进行复配,可使产品具有可口的柔和感。在粉末香精中可作为助香剂和赋形剂,在颗粒香精的表面形成一层保护膜,以防止其氧化、蒸发和吸湿。

3. 毒理学依据 兔经口为80 000mg/kg。FAO/WHO(1994)对阿拉伯胶的ADI不作规定。FAO(1984)将其列为一般公认安全物质。在美国,曾有食用以阿拉伯胶作增稠剂的食品而引起皮肤潮红和哮喘等过敏性反应的报道。

4. 使用 按照GB 2760—2011《食品安全国家标准 食品添加剂使用标准》规定,阿拉伯胶在饮料、巧克力、冰淇淋、果酱中最大的使用量为0.5~5.0g/kg。按照FAO/WHO(1994)规定,阿拉伯胶在青刀豆、黄刀豆、甜玉米、蘑菇、芦笋、青豌豆等罐头食品中的使用量为1%(单用或合用量,以下相同);干酪中为0.8%;胡萝卜罐头中为1%;稀奶油中为0.5%;冷饮中为1%;酸黄瓜中为0.05%;在胶糖的胶基中为20%~25%;蛋黄酱为0.1%。FDA规定(1989):饮料和饮料的基料为2%;口香糖为5.6%;糖果和糖霜为12.4%;硬糖和咳嗽糖浆为4.5%;软糖为85%;代乳品为1.4%;油脂为1.5%;明胶布丁和馅为2.5%;花生制品为8.3%。

六、卡拉胶

1. 性状 卡拉胶(carrageenan)又称角叉胶、爱尔兰苔浸膏、鹿角菜胶,主要是由D-吡喃半乳糖及3,6-脱水半乳糖组成的大相对分子质量多糖类硫酸酯的钙、镁、钾、钠、铁盐所组成的。根据卡拉胶分子中硫酸酯结合的形状不同,可分为:κ-型(Kappa-)、τ-型(lota-)、λ-型(Lambda-)、ν-型(Upsilon-)、γ-型(Nu-)、ψ-型(Phi-)和ζ-型(Xi-)7种,其中食品工业中常用的品种是前3种。相对分子质量一般在100 000以上。

本品为白色至淡黄褐色颗粒状或粉末,无臭或略带臭,无味,口感黏滑。能溶于60℃以上的热水中,形成黏稠性透明或轻微乳白色的易流动状的液体。如果用乙醇、甘油或饱和蔗糖水溶液浸湿后,则更易溶于水。在卡拉胶中加入30倍的水,煮沸10min,冷却后则成胶体。能与蛋白质反应起稳定化作用,使乳化液更稳定。其pH为7.0(1%水溶液)。

2. 功能性 卡拉胶的水溶液黏稠性大,但盐的存在和温度的升高均能降低其黏稠性。若加热是在pH为9时进行的,随温度的下降,则其黏度又上升,该变化是可逆的。

卡拉胶的凝胶性受切变力的作用产生破坏形成不可逆无触变性。而在牛奶中加入低浓度的卡拉胶,受切变力的作用其凝胶性被破坏,当切变力消去后,则又形成凝胶,具有触变性。

卡拉胶只有在钾离子(κ-型、τ-型)或钙离子(τ-型)存在时,才能形成具有热可逆性的凝胶。卡拉胶的凝固性受钾、钙、铁等阳离子的影响。当在卡拉胶的溶液中加入一种或几种阳离子,能显著地提高其凝固性,其中钾离子对卡拉胶的影响比钙离子大,故称卡拉胶为钾敏性卡拉胶。而钙对τ-卡拉胶的影响比钾大,故称τ-卡拉胶为钙敏性卡拉胶。纯卡拉胶具有良好的弹性、黏稠性和透明度,但混入钙离子则变脆;τ-卡拉胶与钙离子能形成完全不脱水收缩的、富有弹性的和非常黏稠的凝胶。它是唯一的冷冻-融化稳定型卡拉胶。而卡拉胶中混入钠离子,则会影响其凝胶性,会使凝胶变脆,易碎。

卡拉胶凝胶的表面易产生胶液收缩,这主要是由于其含过多的阳离子而产生的。当将卡拉胶与τ-卡拉胶混合使用时,则可以提高凝胶的弹性,防止因脱水而产生收缩,溶于热牛奶的卡拉胶,冷却时成凝胶。但卡拉胶牛奶的凝胶脆性大,易脱液收缩。当加入磷酸盐、碳酸盐或柠檬酸盐时,能改善其性质。而τ-卡拉胶的牛奶凝胶中加入焦磷酸四钠,则可以改善其收缩性。

卡拉胶在食品体系中起增稠剂、胶凝剂、稳定剂、乳化剂和成膜剂的作用，改善食品的品质和外观。

卡拉胶可使冰淇淋的质地细腻、滑润、可口，保形性好；在可可麦乳精、可可牛奶和可可糖浆中起稳定化作用；在面包中起增加持水能力，延缓变硬的时间，具有保鲜的作用；在果酱和鱼肉等罐头食品中起凝结剂作用。

由于卡拉胶受酸碱性影响的范围比较宽，故其应用的范围更广。在脱脂牛奶和含植物油的脱脂牛奶中起稳定体系和改善口感的作用；在酸奶酪中起稳定剂作用；在水果冻中起凝固剂作用；在裱花蛋糕用的奶油中，可使花的成型更好看，且不易变形或压塌。

3. 毒理学依据 大鼠经口（其钙盐和钠盐混入25%的玉米油）LD_{50}为5.1～6.2 g/kg。ADI不作规定FAO/WHO(1994)。

4. 使用 按照GB 2760—2011《食品安全国家标准 食品添加剂使用标准》规定，卡拉胶可按生产需要适量用于各类食品中。一般卡拉胶在乳制品、调味品、酱、汤料、罐头制品、麦乳精、冰淇淋中的最大使用量为0.05～6 g/kg；啤酒为0.002 g/kg；面包为0.03%～0.5%；牛奶凝胶为0.2%～0.3%；脱脂牛奶和含有植物油的脱脂牛奶为0.02%～0.4%；酸奶酪为0.25%；水果冻为0.5%～1.0%。按照FAO/WHO(1984)规定，在青刀豆、黄刀豆、甜玉米、蘑菇、芦笋、青豆等罐头为10 g/kg（单用或合用量，以下相同）；干酪为8 g/kg；以牛奶和大豆为原料的婴儿食品为0.3 g/kg；沙丁鱼及其制品、鲭鱼等罐头制品为2 g/kg；酸黄瓜为0.5 g/kg；胡萝卜罐头为10 g/kg；肉汤、羹为5 g/kg；低倍浓缩奶为0.15 g/kg；稀奶油为5 g/kg；增香型酸奶及其制品为5 g/kg；冷饮为10 g/kg；面包、果酱、巧克力牛奶、饮料、冰淇淋、牛奶布丁、香肠等食品中为0.003～0.05 g/kg。

七、黄原胶

1. 性状 黄原胶(xanthan gum)又称汉生胶、黄杆菌胶、黄单胞杆菌胞多糖、黄单胞多糖、甘蓝黑腐病黄单菌胶，主要由2.8份D-葡萄糖、3份D-甘露糖、2份D-葡萄糖醛酸组成，还含乙酸和丙酮酸的钾、钠、钙盐。相对分子质量一般在1 000 000以上。

本品为乳白色、淡黄至浅褐色颗粒或粉末，略有臭味，易溶于水，其pH为中性，呈半透明状，浓度低时的溶液黏稠度也很大。黄原胶在水溶液中，其主链被侧链紧紧缠绕着，故黄原胶溶液有很强的耐碱、耐酸、抗酶解和耐热的性能。另外，黄原胶分子的侧链带有负电荷，从而可以很好地结合阳离子，使阳离子不能作用于主链，其溶液中不受盐的影响。能直接溶于5%的硫酸、5%的硝酸、5%的乙酸、10%的盐酸和25%的磷酸，这些溶液在5℃时非常稳定。但能被强的氧化剂降解。

2. 功能性 黄原胶是一种乳化稳定剂和增稠剂，其水溶液黏度几乎不受酸碱度、温度和盐类的影响。其溶胶分子能形成超结合带状的螺旋共聚体，构成类似胶的、脆弱的网状结构，能支持固体液滴、颗粒和气泡的形态，从而显示出很强的高悬乳化能力。

黄原胶具有与其他胶很好的相互复配的功能，如与海藻酸钠、淀粉等很好地互溶，且与其他一些胶有很好的协同效应，如卡拉胶、瓜尔豆胶、槐豆胶等，使之具有很好的弹性和黏稠性。

另外，黄原胶还能使面包、糕点等延长老化和货架寿命；在馅料中不易因脱水而收缩；在冰淇淋和乳制品中，使其高稳定；能使饮料更爽口，使不溶物能更好地悬浮而稳定；能改善肉制品的质量；在乳化香精中，促使乳化香精稳定，延长储存期；在果酱中改善口感和持水性。

3. 毒理学依据 小鼠经口LD_{50}大于10 g/kg。ADI为0～10 mg/kg(FAO/WHO，1985)。FAO/WHO(1999)食品添加剂专家联合委员会决议，ADI不作任何特殊规定。

对家兔、狗试验表明，长期口服黄原胶，无不良影响产生。

4. 使用 按照GB 2760—2011《食品安全国家标准 食品添加剂使用标准》规定，在饮料中最大使用量为0.1 g/kg；面包、乳制品、肉制品、果酱、果冻为2.0 g/kg；面条、糕点、饼干、起酥油、速溶咖啡、鱼制品、雪糕、冰棍、冰淇淋为10 g/kg。

食品工业中，一般对黄原胶的使用量定为：面包、糕点中使用量为0.5%～1%；冰淇淋和乳制品中使用量为0.1%～0.25%；果汁饮料为0.025%～0.17%；肉制品为0.5%～1%；果酱为0.5%左右；奶油、花生酱为0.11%。按FAO/WHO(1994)规定，黄原胶在沙丁鱼及其制品的罐头中的使用量为10 g/kg；鲭鱼的罐头为 20 g/kg(按罐头中的汤汁计，单用或合用量)；酸黄瓜为 5 g/kg；肉汤、羹的使用量为 3 g/kg；稀奶油、乳脂干酪为 5 g/kg；发酵后经热处理的增香型酸奶为 5 g/kg；冷饮为 10 g/kg。

八、β-环状糊精

1. 性状　β-环状糊精(β- cyclodextrine)又称环麦芽七糖、环七糊精、环七淀粉，为白色结晶或结晶性粉末，无臭，味甜，其熔点为 300～305℃(分解点)。能溶于水(1.85 g/100 mL)，难溶于甲醇、乙醇和丙酮。与碘呈黄色。比旋光度$[\alpha]_D^{25}$ +162.5。0.5% β-环状糊精水溶液的甜度与同浓度的蔗糖相当。

2. 功能性　β-环状糊精分子为圆筒状立体结构，其空穴深度为 0.7～0.8 nm，空穴直径为 0.8 nm。空穴内部由疏水性的C—H 和环氧结构组成，呈疏水性。而葡萄糖 2，3 位上的羟基和 6 位上的羟基分别位于空筒两端的开口部位，故 β-环状糊精具有极强的包结大小和与其相似的各种物体的能力，其包结晶与 β-环状糊精分子数的比值为 1∶1。正是由于 β-环状糊精分子空穴具有疏水性，所以能与许多有机化合物分子形成包合物，起到稳定、抗氧化、抗光解和缓慢释放等作用。而其外层分子又具有亲水性，增强了与其他物质的相溶性。另外，β-环状糊精还带有结晶水，平均每个分子带 1 个水分子，从而起到食品防潮、保湿、保鲜等作用。β-环状糊精还具有吸附除去食品中异味等功能性作用。

3. 毒理学依据　大小鼠经口 LD_{50} 均大于 20 g/kg。ADI 暂定为 0～6 mg/kg(FAO/WHO，1994)。Ames 试验、微核试验及小鼠睾丸染色体畸变试验，未见有致突变作用。

β-环状糊精在体内，经肠道内细菌的作用能完全被代谢，故无毒性。有研究者曾用国产的 β-环状糊精进行急性毒性试验，结果表明安全无毒。

4. 使用　按照 GB 2760—2011《食品安全国家标准　食品添加剂使用标准》规定，β-环状糊精在焙烤食品中的最大使用量为 2.5 g/kg；汤料为100 g/kg。

一般在食品工业中的实际使用量如下：在包埋易挥发的香精中，香精与 β-环糊精的浓度比为 1∶1；在乳化油性食品的乳化剂配料中，可用 10 份 β-环糊精，4～10 份增稠剂和 0.02～200 份水溶性蛋白质；用于制作固体酒和果汁粉中，可将含乙醇 43%的威士忌 100 mL、水 186 mL、β-环糊精糖浆 143 mL，混合，喷雾干燥成固体酒；在橘子罐头中添加糖浆量的 0.2%～0.4%，以防止产生白色浑浊；添加 0.01%～0.2%可防止竹笋罐头中产生白色沉淀；冷冻蛋白粉末中添加 0.25%；在 200 mL 洋葱汁的乙醇液中，添加 75 g β-环状糊精可包埋葱汁的结晶；在 100 g β-环状糊精中加入 85～90 mL 芝麻油，可进行芝麻油的包埋。

九、羧甲基纤维素钠

1. 性状　羧甲基纤维素钠(sodium carboxymethyl cellulose，CMC)又称纤维素胶，为白色或淡黄色纤维状或颗粒状粉末，无臭，无味，易分散于水中成溶胶，pH 为 6.5～8.0(1%水溶液)。具有吸湿性。不溶于乙醇、乙醚、丙酮、氯仿等有机溶剂。加热至 226～228℃时颜色变褐色，至 252～258℃时炭化。羧甲基纤维素钠的性质与其葡萄糖 *O*- 6 位羟基的氢原子被 CH_2COONa 取代的程度有密切的关系，取代度大于 0.3，则可溶于碱性水溶液；取代度为 0.7，则可溶于热的甘油中；取代度为 0.8 时，其溶液呈酸性，且不产生沉淀。

另外，羧甲基纤维素钠所产生的黏稠度的大小，还与其聚合度、溶液的 pH、溶液中是否存在盐、加热时间的长短等有密切的关系。一般其黏稠度随其聚合度的增加而增大。当 pH 小于 3 时，会产生沉淀。当 pH 大于 3 而小于 5 时，其黏稠度会随 pH 的增大而减小。当 pH 为 5～9 时，其黏稠度的变化很小。而盐的存在及加热时间过长，均能使其黏稠度下降。

2. 功能性　羧甲基纤维素钠具有黏稠性、稳定性、保护胶体性、薄膜成形性等功能，是一种良好的增稠剂。但其功能性易受各种条件因素的影响，故应根据不同的食品对象选择不同规格的产品。在冰淇淋中使用，可以改善冰淇淋的持水性和组织结构，防止冰淇淋中晶体析出现象的产生。可改善果酱、奶油、奶酪、花生奶油、巧克力奶酪的涂抹性。在面包、蛋糕等中增加其持水性。在速食食品中，促使制品的均匀性，改善产品的品质结构，控制水分，利于加工操作。在果蔬涂层溶液中，可以起保鲜、防霉和保持风味的作用。

3. 毒理学依据　大鼠经口 LD_{50} 为 27 g/kg。ADI 为 0～0.025 g/kg(FAO/WHO，1994)。研究表明，用含 0.1%和 1%羧甲基纤维素钠的饲料喂养大鼠 2 年，其死亡率、肿瘤病率与对照组无显著的差异。小鼠经口10g/kg也未发现毒性。

4. 使用 按照GB 2760—2011《食品安全国家标准 食品添加剂使用标准》规定，在饮料中使用量为1.2g/kg(不包括固体饮料)；方便面为5.0g/kg；雪糕、冰棍、饼干、果冻和膨化食品则根据生产需要适量使用。

一般在冰淇淋中的使用量为0.3%～1%；果酱、奶油奶酪、花生奶油、巧克力奶酪等中为0.5%～1%；在加工面包、蛋糕的小麦粉中为0.1%；在速食面中为0.5%；酸性饮料中为0.3%；在果蔬的保鲜涂层溶液中为2%～3%。FAO/WHO(1994)规定，在沙丁鱼、鲭鱼罐头中按甲基纤维素钠的使用量为2%(单用或合用量)；即食肉汤、羹中为0.8%；增香型蛋黄酱中为0.5%；融化干酪为0.8%；酪浓干酪、掼打用稀奶油为0.5%。

十、结冷胶

1. 化学结构 结冷胶(gellan gum)又称凯可胶，为高分子多聚糖胶体，其主链由4个糖分子组成的基本单元重复聚合组成，每一基本单元包括一分子鼠李糖和葡萄糖醛酸以及两分子葡萄糖，其中葡萄糖醛酸少量使钾、钙、钠、镁中和形成混合盐，并含有*O*-配糖醚酰的酞基。相对分子质量约500 000。

2. 性状 本品为米黄色的干粉状物，无特殊的臭味和滋味。在150℃左右时不经熔化而分解。具有耐热、耐酸的性能，对酶的稳定性高。不溶于非极性有机溶剂，但能溶于热水和去离子水，其水溶液呈中性。在离子存在时经加热和冷却后，能形成凝胶。

3. 毒理学依据 大鼠经口LD_{50}为5000mg/kg；ADI无须规定(FAO/WHO,1994)。

4. 使用 结冷胶主要用作增稠剂和稳定剂。该产品使用方便，它虽不溶于冷水，但只需稍加搅拌即可分散于水中，经加热后就能溶解成透明溶液，冷却后成透明状且坚实的凝胶。其使用量只有琼脂和卡拉胶使用量的1/2～1/3，通常使用量为0.05%时即能形成凝胶，一般使用量为0.1%～0.3%。按照GB 2760—2011规定，结冷胶可在各类食品中按正常需要使用。

另外，结冷胶耐热、耐酸性能良好，对酶的稳定性亦高。由其制成的产品即使在高压蒸煮和焙烤的条件下都很稳定。由于其耐酸性，故在酸性产品中也很稳定，尤其在pH为4.0～7.5的条件下最稳定。产品的质构不受储藏的时间和温度等的变化影响。

第十四章 食品膨松

第一节 概 述

在糕点、饼干、面包、馒头等以小麦粉为主的焙烤食品的加工中，为了改善食品质量，常加入膨松剂。膨松剂(bulking agent)是指在食品加工过程中加入的，能使产品起发并形成致密多孔组织，从而使产品具有膨松、柔软或酥脆的食品添加剂，又称膨胀剂、疏松剂或发粉。面包、蛋糕口感柔软，饼干口感酥脆，是由于这类食品具有海绵状多孔组织。

膨松剂受热时会分解，产生气体。将膨松剂加入到面粉中，和好的面团在熟制(烘焙、蒸制、油炸等)过程中就会体积膨胀，原因就是膨松剂在加热过程中产生的气体使面团内部形成无数个小孔，使面制品松软、酥脆。具体来讲，膨松剂有以下作用：

1) 增加食品体积　面包、饼干等食品之所以具有海绵状致密多孔组织，是因为在制作过程中面团里含有足量的气体，气体受热膨胀使产品起发。这些气体的获得，除少量来自制作过程中混入的空气和物料中所含水分在烘焙时受热所产生的水蒸气外，绝大多数则是由膨松剂提供的。膨松剂可使面包增大2～3倍。

2) 产生多孔结构　使食品具有松软酥脆的质感，提高了产品的咀嚼感和可口性。

3) 帮助消化　加入膨松剂后，面制品内部的海绵状多孔结构可以使消化液(如唾液、肠液等)快速进入食品内部，促进消化。

膨松剂主要用于面包、蛋糕、饼干及发面食品。只要食品加工中有水，膨松剂就产生作用，一般是温度越高，反应越快。用酵母菌发酵时也有上述特点，但酵母菌在我国并不作为食品添加剂管理。

第二节 膨松剂分类

膨松剂可分为碱性膨松剂、酸性膨松剂、生物膨松剂和复合膨松剂四大类。

一、碱性膨松剂

碱性膨松剂主要有碳酸氢钠(钾)和碳酸氢铵两大类。碱性膨松剂反应速度较快，产气量较大，在制品中可产生较大孔洞，产气过程只能通过控制面团的温度来进行调整，有时无法适应食品工艺的要求。因此，碳酸氢钠(钾)和碳酸氢铵应尽可能减少单独使用，两者合用能减少一些缺陷。

二、酸性膨松剂

酸性膨松剂包括酒石酸氢钾、硫酸铝钾、硫酸铝铵、磷酸氢钙等，主要用作复合膨松剂的酸性成分，不能单独作为膨松剂使用。用于中和碱性膨松剂以产生气体，并调节产气速度，同时可避免食品产生不良气味和避免因碱性增大而导致食品质量下降。

硫酸铝钾、硫酸铝铵用量过多，一方面可使食品发涩，甚至引起呕吐、腹泻；另一方面，铝对人体健康十分不利，可致老年痴呆症，造成脑、心、肝、肾和免疫功能的损害，因此人们正在研究减少它们在食品中的应用，研发了一些无铝膨松剂。另外，有的无铝膨松剂是以磷酸盐代替了配方中的明矾，但是目前磷酸盐的使用安全性也逐渐受到质疑，磷酸盐在食品中的最大使用量为15g/kg。膳食中的磷酸盐食用量过多时，能在肠道中与钙结合成难溶于水的正磷酸钙，从而降低钙的吸收，长期大量摄入磷酸盐可导致甲状腺肿大、钙化性肾机能不全等。因此，人们正在研究无铝、无磷的复合膨松剂。

三、生物膨松剂

目前使用的生物疏松剂主要指鲜酵母菌、活性干酵母菌、即发活性干酵母菌等。酵母菌本身富含多种营养物质，尤其是蛋白质和B族维生素，还含有一些活性物质。因此在食品制作中使用酵母菌，可提高食品本身的营养价值。用酵母菌发酵面团时，酵母菌利用面团中的营养物质进行生长繁殖，使碳水化合物分解并生成二氧化碳，而使面坯起发，经焙烤和蒸制后食品体积膨胀，并具有一定的弹性。同时在食品中还产生醛类、酮类和酸类等特殊风味物质，形成面制品的独特风味(化学疏松剂无此作用)。

常用的酵母菌种类及其使用方法如下。

1) 液体酵母菌　是酵母菌经扩大培养和繁殖后得到的未经浓缩的酵母菌液，未经高倍浓缩的酵母菌液，直接使用。这种酵母菌价格低，使用方便，新鲜，发酵力充足，但不宜运输和储藏，一般是自制自用，没有特殊要求和方便条件的食品厂家不便使用。

2) 鲜酵母菌　又称浓缩酵母菌、压榨酵母菌，鲜酵母菌是将优良酵母菌种经培养、繁殖后，将酵母菌液进行离心分离、压榨除去大部分水后(水分75%以下)，加入辅助原料压榨而成。这种酵母菌产品较液体酵母菌便于运输，在0～4℃条件下可保存2～3个月，使用时需要活化，其发酵力要求在600mL/100g以上。

3) 干酵母菌　又称活性干酵母菌，由鲜酵母菌制成小颗粒，低温干燥而成。使用前需要活化处理：加入30～40℃、4～5倍于干酵母菌的温水，溶解15～30min至表面起泡。但运输中、使用前不需要冷藏。干酵母菌是高技术生物制品，它最大的特点是常温下储存期可达2年，品质稳定，使用方便，在面包中使用量一般为面粉使用量的0.8%。

4) 速效干酵母菌　又称即发干酵母菌，是20世纪80年代的新产品。它的特点是溶解和发酵速度快，一般不需要活化，可直接加入原料中，使用较以上三种酵母菌都方便。

四、复合膨松剂

单一膨松剂虽然价格便宜，容易保存，使用方便，但反应速率不容易控制，因此日常更多使用的是复合膨松剂。复合膨松剂又称发酵粉、泡打粉，是目前应用最多的膨松剂，一般由碳酸盐类、酸性物质和助剂等几部分组成。

1) 碳酸盐类　包括碳酸盐、碳酸氢盐，最常用的是碳酸氢钠(小苏打)，比例占20%～40%。

2) 酸性物质　包括酸性盐或有机酸，一般由多种酸性盐组成，主要是硫酸铝钾、酒石酸氢钾等，使用量占35%～50%，作用是与碳酸盐发生反应产生CO_2气体，控制反应速率，调整食品酸碱度，降低制品的碱性。主要反应式如下：

$$NaHCO_3 + \text{酸性盐} \longrightarrow CO_2\uparrow + \text{中性盐} + H_2O$$

这些酸性物质可以和碳酸盐类发生反应，产生气体。酸性物质和碳酸盐类的反应速度决定着复合膨松剂的产气速度，一般可通过控制酸性物质的种类和数量来控制复合膨松剂的产气过程。

3) 辅助材料　也称为助剂，主要使用淀粉或脂肪酸等，比例占10%～40%，主要作用是避免复合膨松剂吸潮、结块，甚至失效，提高复合膨松剂的贮存性。另外，辅助材料的加入量和种类也可调节复合膨松剂的产气速度，使产生气体均匀。

复合膨松剂一旦遇水就开始释放CO_2气体，如果加热会释放出更多的CO_2气体，使产品达到膨胀和松软的效果。因此，在冷面团中气体的生成速度较慢，加热时才能产生大量气泡。另外，如果要保证产品品质，就需要在面制品的整个加工过程中控制膨松作用，使膨松剂的产气速度与面团的物理变化相适应才能使制品内部形成海绵状多孔组织，制品膨胀，否则最终产品达不到预期效果。如果焙烤前膨胀作用过快，这时面团的气孔强度不够，还未定型，所产生的气体就会跑掉，最终使气孔消失；如果焙烤时膨松剂反应太慢，在面团已经被烘烤固化后才产生大量气体，则可能使产品出现龟裂。

在食品制作和生产中，可以根据具体情况进行复合膨松剂的配制，为保证复合膨松剂的使用效果和贮存性，配制时需要充分干燥各种原辅料，充分粉碎以达到要求，还要过筛使颗粒均匀。为避免产品残留酸味，碳酸盐类与酸性物质的混合比例要适宜，一般碳酸盐类的使用量要高于理论值。储存时最好密闭于低温干燥的场所，以防分解失效；也可把酸性物质单独包装，使用时再将其与其他物质混合。

传统复合膨松剂一般以淀粉为填充剂隔离小苏打和酸性物质，以防止这两种物质过早接触反应而影响效果。但是淀粉的隔离效果并不十分显著，而且产气也不稳定。近年来，很多研究者利用微胶囊技术将小苏打和酸性物质微胶囊化，使其在一定温度下释放出来发生反应，这极大地改善了膨松剂的作用效果，在保证产品质量的前提下，为减少膨松剂的使用量提供了可能。

根据产气速度复合膨松剂可分为三类：① 速效复合膨松剂：这种膨松剂在较低温度下就可以产气，所以在食品熟制前就已经开始起作用，反而在熟制时常常会出现后劲不足，出现产品塌陷等问题。这类复合膨松剂可采用酒石酸、延胡索酸等酸性物质。② 缓效复合膨松剂：一般在较低温度下反应迟缓，在高温熟制时产气，这类膨松剂的缺点是产品的膨胀效果较差。③ 长效复合膨松剂：由速效和缓效复合膨松剂混合制成，可以扬长避短，使产品在熟制前后都能产气，满足生产要求。

也可将复合膨松剂按照原料性质分为单一剂式复合膨松剂（碳酸氢钠与酸性盐作用）、二剂式复合膨松剂（还有其他会产生 CO_2 气体的原料）、双气式复合膨松剂（还会产生 NH_3）。

五、常用膨松剂

1. 碳酸氢钠（sodium hydrogen carbonate，CNS 号：06.001，INS 号：500ii）

（1）理化性质：碳酸氢钠分子式 $NaHCO_3$，又称小苏打、重碳酸钠、酸式碳酸钠，相对分子质量为 84.01。白色晶体粉末，无臭，味咸，相对密度 2.159，易溶于水，水溶液呈碱性，不溶于乙醇。碳酸氢钠在干燥空气中稳定，加热时，自 50℃开始放出 CO_2，至 270℃失去全部 CO_2。碳酸氢钠遇酸即强烈分解而产生 CO_2。

（2）安全性：大鼠经口 LD_{50} 为 4.3g/kg；ADI 不作特殊规定（FAO/WHO，1994）；GRAS（FDA－21CFR：184.1736）。碳酸氢钠作为膨松剂可分解产生 CO_2、H_2O 和 Na_2CO_3，其中钠离子是食品中的正常元素，因此在正常情况下碳酸氢钠进入人体后对机体没有危害。但是，一次性大量摄入碳酸氢钠，在人体消化道内会产生大量二氧化碳，有引起胃破裂的危险。另外，过量摄入碳酸氢钠也有碱中毒的危险，并对肝脏造成损害。

（3）应用：碳酸氢钠分解后产生碳酸钠，使食品的碱性增加，不但影响口味，还会破坏某些维生素，或与食品中的油脂发生皂化反应，使制品口味不纯、破坏组织结构，甚至导致食品发黄或夹杂有黄斑，使食品质量降低。如单独使用，碳酸氢钠主要用于饼干等低含水量食品。在和面时应注意使碳酸氢钠均匀分散在面粉或面糊中，防止因局部过量而产生黄斑。

按照 GB 2760—2011《食品安全国家标准　食品添加剂使用标准》规定，碳酸氢钠可在各类食品中按生产需要适量使用。

2. 碳酸氢铵（ammonium hydrogen carbonate，CNS 号：06.002，INS 号：503ii）

（1）理化性质：碳酸氢铵分子式 NH_4HCO_3，又称重碳酸铵、酸式碳酸铵，俗称臭粉，白色粉状结晶，相对分子质量为 79.06，相对密度 1.573，熔点 107.5℃，有氨臭味，在空气中易风化，有吸湿性，潮解后分解加快。碳酸氢铵易溶于水，其水溶液呈弱碱性，不溶于乙醇，对热不稳定，固体在 58℃，水溶液在 70℃则分解。

（2）安全性：小鼠静脉注射 LD_{50} 为 245mg/kg；其 ADI 不作特殊规定（FAO/WHO，1994）；GARS（FDA－21CFR：184.1135）。二氧化碳和氨均为人体正常代谢产物，少量摄入对健康无害。

（3）应用：碳酸氢铵分解产生 CO_2、H_2O、NH_3，由于 CO_2 和 NH_3 的挥发，使食品产生海绵状疏松结构体。氨气若溶于食品中的水则会生成氢氧化铵，使食品的碱性增加，还会影响食品的风味，即有氨臭味；pH

升高，对维生素有很大的破坏作用。此外，由于碳酸氢铵产生的气体量较大，启发面团效力强，容易造成制品过松，使制品内部出现较大的空洞，通常只用于制品中水分含量较少的产品，如饼干。

按照GB 2760—2011《食品安全国家标准　食品添加剂使用标准》规定，碳酸氢铵可在各类食品中按生产需要适量使用。

碳酸氢钠和碳酸氢铵都各有优缺点，在实际应用中常将两者混合使用，见表14-1，这样可以减小各自的缺点，获得满意的效果。

表14-1　碳酸氢钠和碳酸氢铵混合使用时的常用配比

面团类型	碳酸氢钠含量/%	碳酸氢铵含量/%
韧性面团	0.5～1.0	0.3～0.6
酥性面团	0.4～0.8	0.2～0.5
高油脂酥性面团	0.2～0.3	0.1～0.2
苏打面团	0.2～0.3	0.1～0.3

3. 碳酸钙[包括轻质和重质碳酸钙，calcium carbonate(light and heavy)，CNS号：13.006，INS号：170i]

(1) 理化性质：碳酸钙分子式$CaCO_3$，白色细微粉状，无定形结晶，无臭，无味，碳酸钙的相对密度2.5～2.7，相对分子质量为100.09，在825～896.6℃时分解。碳酸钙难溶于水和乙醇，稍有吸湿性，在干燥空气中稳定，遇稀硫酸、稀盐酸等易迅速发生反应。轻质碳酸钙是指用化学沉淀法制得的碳酸钙产品，而重质碳酸钙是指用优质的方解石或石灰石为原料经机械粉碎制得的碳酸钙产品。

(2) 安全性：大鼠经口LD_{50}为6450 mg/kg；其ADI不作特殊规定(FAO/WHO，1994)；GRAS(FDA-21CFR：181.29；182.5191；184.1191；184.1409)。

(3) 应用：按照GB 2760—2011《食品安全国家标准　食品添加剂使用标准》规定，碳酸钙可在各类食品中按生产需要适量使用。碳酸钙除了可用作膨松剂外，还可用作面粉处理剂。

4. 硫酸铝钾、硫酸铝铵(aluminium potassium sulfate，aluminium ammonium sulfate，CNS号：06.004，06.005，INS号：522，523)

(1) 理化性质：硫酸铝钾分子式$KAl(SO_4)_2 \cdot 12H_2O$，又称钾明矾、明矾、钾矾或铝钾矾。为无色透明坚硬的大块结晶，结晶性碎块或结晶性粉末。无臭，味微甜，有酸涩味。可溶于水，在水中分解成氢氧化铝胶状沉淀，受热时失去结晶而成白色粉末状的烧明矾。

硫酸铝铵分子式为$NH_4Al(SO_4)_2 \cdot 12H_2O$，又称铵明矾，为无色透明状结晶或结晶性粉末，无臭，味涩，具有强烈收敛性，相对密度约1.645，熔点94.5℃。硫酸铝铵不溶于乙醇，能溶于甘油和水，其水溶液呈酸性。硫酸铝铵加热至120℃失去10个结晶水，250℃时失去全部结晶水，280℃以上则分解。

(2) 安全性：硫酸铝钾：猫经口LD_{50}为5～10 g/kg；其ADI不作特殊规定(FAO/WHO，1994)；GRAS(FDA-21CFR：184.111 29)。硫酸铝铵：猫经口LD_{50}为8～10 g/kg；其ADI为0～0.6 g/kg(对铝盐类，以铝计，FAO/WHO，1994)；GRAS(FDA-21CFR：182.1127)。如使用量过多，可引起呕吐、腹泻；铝对人体有危害，应控制使用。

(3) 应用：作为膨松剂和稳定剂，硫酸铝铵可代替硫酸铝钾。按照GB 2760—2011《食品安全国家标准　食品添加剂使用标准》规定，硫酸铝钾和硫酸铝铵可用于豆类制品、小麦粉及其制品、虾味片、焙烤食品、水产品及其制品(包括鱼类、甲壳类、贝类、软件类、棘皮类等水产品及其加工制品)、膨化食品，按生产需要适量使用，但铝的残留量≤100 mg/kg(干样品，以Al计)。

硫酸铝钾(铵)为酸性盐，常与碱性膨松剂一起作为复合膨松剂使用，产生二氧化碳和中性盐，可避免食品产生不良气味，又可避免因碱性增强而导致的食品质量下降，还能控制膨松剂产生的快慢。如使用量过多，可使食品发涩。如用于油条制作，使用量为10～30 g/kg，在虾片中使用量为6 g/kg，在果蔬加工中可作为保脆剂使用，使用量为1 g/kg。

在《中华人民共和国农业行业标准　绿色食品　食品添加剂使用准则》(NY/T 392—2000)中规定，在生产绿色食品时不得使用硫酸铝钾(钾明矾)和硫酸铝铵(铵明矾)。

5. 磷酸氢钙[calcium hydrogen phosphate (dicalcium orthophosphate),CNS 号: 06.006,INS 号: 341ii]

(1) 理化性质: 磷酸氢钙分子式 $CaHPO_4 \cdot 2H_2O$,无水物或含两分子水的水合物,相对分子质量为 172.09(含水)、136.06(无水)。白色结晶或结晶性粉末,无臭,无味,相对密度 2.306。磷酸氢钙易溶于稀盐酸、硝酸和乙酸,微溶于水,不溶于乙醇。磷酸氢钙在空气中稳定,加热至 75℃开始失去结晶水,高温则变为焦磷酸盐。

(2) 安全性: ADI: MTDI(每日最大耐受摄入量)为 70mg/kg(以各种来源的总磷计,FAO/WHO,1994)。GRAS(FDA-21CFR: 181.29;182.1217;182.5212;182.8217)。

(3) 应用: 按照 GB 2760—2011《食品安全国家标准 食品添加剂使用标准》规定,磷酸氢钙可用于以下食品: 其他固体复合调味料(仅限方便湿面调味料包),最大使用量 80.0g/kg[可单独或混合使用,最大使用量以磷酸根(PO_4^{3-})计];其他油脂或油脂制品(仅限植脂末)、复合调味料,最大使用量 20.0g/kg[可单独或混合使用,最大使用量以磷酸根(PO_4^{3-})计];焙烤食品,最大使用量 15.0g/kg[可单独或混合使用,最大使用量以磷酸根(PO_4^{3-})计];乳粉和奶油粉、调味糖浆,最大使用量 10.0g/kg[可单独或混合使用,最大使用量以磷酸根(PO_4^{3-})计];乳及乳制品(01.01.01.01.01.02.13.0 涉及品种除外)、水油状脂肪乳化制品、02.02 类以外的脂肪乳化制品,包括混合的和(或)调味的脂肪乳化制品、冷冻饮品(03.01 冰淇淋、雪糕类、03.04 食用冰除外)、蔬菜罐头、可可制品、巧克力和巧克力制品(包括代可可脂巧克力及制品)以及糖果、小麦粉及其制品、小麦粉、生湿面制品(如面条、饺子皮、馄饨皮等)、杂粮粉、食用淀粉、即食谷物[包括碾轧燕麦(片)]、方便米面制品、冷冻米面制品、预制肉制品、熟肉制品、冷冻鱼糜制品(包括鱼丸等)、饮料类(14.01 包装饮用水类除外)、果冻,最大使用量 5.0g/kg[可单独或混合使用,最大使用量以磷酸根(PO_4^{3-})计];熟制坚果与籽类(仅限油炸坚果与籽类)、膨化食品,最大使用量 2.0g/kg[可单独或混合使用,最大使用量以磷酸根(PO_4^{3-})计];焙烤食品最大使用量 15.0g/kg[可单独或混合使用,最大使用量以磷酸根(PO_4^{3-})计];其他杂粮制品(仅限冷冻薯条、冷冻薯饼、杂粮甜品罐头),最大使用量 1.5g/kg[可单独或混合使用,最大使用量以磷酸根(PO_4^{3-})计];米粉(包括汤圆粉)、八宝粥罐头、谷类和淀粉类甜品(如米布丁、木薯布丁)(仅限谷类甜品罐头)、预制水产品(半成品)、水产品罐头、婴幼儿配方食品、婴幼儿辅助食品,最大使用量 1.0g/kg[可单独或混合使用,最大使用量以磷酸根(PO_4^{3-})计]。

磷酸氢钙分解缓慢,产气较慢,有迟效性,能使食品组织稍不规则,但口味与光泽均好。用作膨松剂时,主要作为复合膨松剂中的酸性盐配合使用。

6. 酒石酸氢钾(potassium bitartrate,CNS 号: 06.007,INS 号: 336)

(1) 理化性质: 又称酸式酒石酸钾、酒石,酒石酸氢钾分子式 $C_4H_5KO_6$,相对分子质量为 188.18,白色结晶或结晶性粉末,无臭,有愉快的清凉酸味,能溶于热水,其饱和水溶液的 pH 为 3.66(17℃),难溶于冷水和乙醇。

(2) 安全性: 小鼠经口 LD_{50} 为 6.81g/kg;GRAS(FDA-21CFR: 184.1077)

(3) 应用: 按照 GB 2760—2011《食品安全国家标准 食品添加剂使用标准》规定,酒石酸氢钾作为膨松剂可用于小麦粉及其制品、焙烤食品,按生产需要适量使用。

7. 磷酸氢二铵(diammonium hydrogen phosphate,CNS 号: 06.008,INS 号: 342ii)

(1) 理化性质: 磷酸氢二铵分子式为 $(NH_4)_2HPO_4$,相对分子质量为 132.0,为白色粒状晶体或粉末,无味。相对密度 1.619,熔点 155℃,易溶于水,不溶于醇,1%水溶液 pH 为 8.0,在空气中逐渐失去氨生成磷酸二氢铵。

(2) 安全性: ADI 为 0~70mg/kg(以磷计的总磷酸盐量,FAO/WHO,2001)。GRAS(FDA-21CFR: 184.1141b,2000)。

(3) 应用: 使用方法同磷酸氢钙。

8. 酸性磷酸铝钠(sodium aluminium phosphate-acidic,CNS 号: 06.009,INS 号: 541i)

(1) 理化性质: 酸性磷酸铝钠分子式为 $NaAl_3H_{14}(PO_4)_8 \cdot 4H_2O$ 或者 $Na_3Al_2H_{15}(PO_4)_8$,相对分子质量为 949.88 或者 897.82,为白色无臭粉末,不溶于水,易溶于盐酸。

(2) 安全性: 酸性磷酸铝钠属于 GRAS 添加剂(FDA,2000),暂定 ADI 为 0~0.6mg/kg(暂定为所有铝盐之和，以铝计；FAO/WHO，2001）。

(3) 应用：按照 GB 2760—2011《食品安全国家标准　食品添加剂使用标准》规定，酸性磷酸铝钠作为膨松剂可用于面糊（如用于鱼和禽肉的拖面糊）、裹粉、煎炸粉，油炸面制品，焙烤食品，按生产需要适量使用，但是干品中铝的残留量≤100 mg/kg。

另外，按照 GB 2760—2011 规定《食品安全国家标准　食品添加剂使用标准》，D-甘露醇、聚葡萄糖、麦芽糖醇和麦芽糖醇液、乳酸钠、山梨糖醇和山梨糖醇液、碳酸镁、羟丙基淀粉也可以作为膨松剂使用。

第三节　膨松剂应用实例

一、产品配方举例

1. 面包的生产

(1) 面包加工工艺：

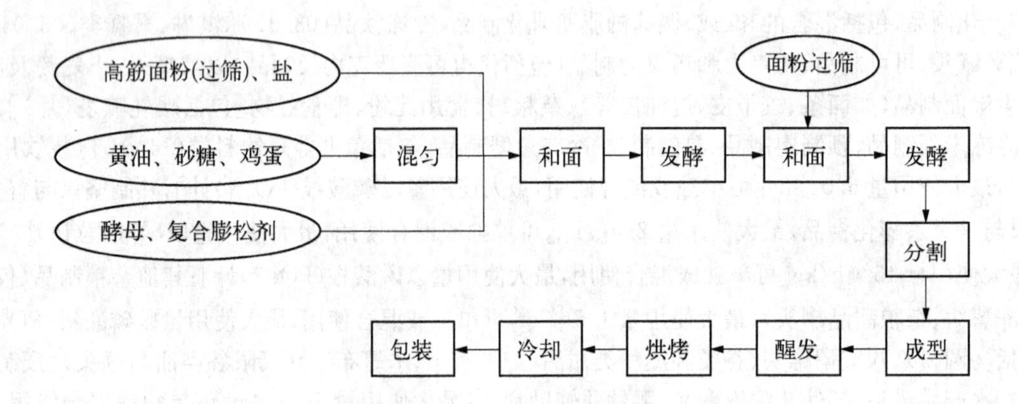

(2) 面包的基本配方：面包的基本配方见表 14-2。

表 14-2　面包的基本配方

种类	高筋粉	白砂糖	黄奶油	鸡蛋	盐	复合膨松剂	活性干酵母菌	丙酸钙	水
使用量/g	1000	200	100	100	6	6	6	2	500

2. 蛋糕制作

(1) 原料：鸡蛋 500 g、白糖 500 g、低筋粉 500 g、复合膨松剂 10.5 g

(2) 制法

1) 预热烤箱至 180℃；

2) 加入白糖，将鸡蛋在室温下搅打 15～20 min；

3) 将低筋粉和复合膨松剂分别过筛，分批加入到搅打好的蛋糊中，低速搅拌均匀，时间约为 1～2 min；

4) 预先将蛋糕模涂油，然后装模；

5) 烘烤 25～30 min，至蛋糕完全熟透取出，冷却后即可食用。

二、复合膨松剂配方举例

1. 可用于饼干生产中的复合膨松剂配方

1) 15%酸式磷酸钙、25%小苏打、3%酒石酸、38%淀粉、19%酒石酸氢钾。

2) 22%酸式磷酸钙、35%小苏打、3%钾明矾、15%淀粉。

2. 发酵粉配方　发酵粉配方见表 14-3。

表 14-3 发酵粉配方举例

	酒石酸	铵明矾	酒石酸氢钾	碳酸氢钠	烧明矾	玉米淀粉	磷酸二氢钠	轻质碳酸钙	葡萄糖-δ-内酯	富马酸	钾明矾	酸性磷酸钙	磷酸氢钙
1[a]	3.2	6.0	4.0	12.0	6.0	8.8							
2				56.0		54.0	70.0						
3	6.0			2.0		1.5							
4				20.0	26.0	2.5		1.5					
5			9.2	12.6	11.0	10.25			6.6	0.35			
6			26.0	12.5		11.5							
7			6.0	30.0		29.0					15.0	20.0	
8	3.0		26.0	23.0		33.0							15.0
9				35.0	14.0	16.0					35.0		

注：配方 1、4、5 中的淀粉为玉米淀粉；操作工艺：将各物料研磨过筛，按配方比混合均匀即得发酵粉，发酵粉用于面制品发泡，使用时面粉与发酵粉之比为(50～25)∶1。

a. 将配方 1 各组分研磨后混合均匀即得，用于馒头等面制品发酵发泡。

3. 无铝膨松剂配方 具体配方见表 14-4。

表 14-4 无铝膨松剂配方举例

食品	蛋糕[a]	油条[b]	油条[b]
碳酸氢钠	29.5%	3.2%	
（小苏打+碳酸氢铵）			2.5%
葡萄糖酸-δ-内酯	14.8%	3.2%	2.5%
食盐	15%		
柠檬酸	8.5%		
酒石酸氢钾	11.4%	0.4%	1.2%
蔗糖脂肪酸酯	16.6%		
磷酸二氢钙	4.2%	0.8%	2.4%

a. 在蛋糕中的最佳添加范围为 2.0%～2.25%。

b. 以各成分占面粉重量的百分数计。

4. 无铝无磷速冻米面食品膨松剂配方 碳酸氢钠 32%，柠檬酸 9%、葡萄糖酸-δ-内酯 7%，维生素 C 0.5%、植物胶体 7.5%，碳酸钙 10%。

5. 花生渣杂粮威化饼干的制作

(1) 加工工艺：

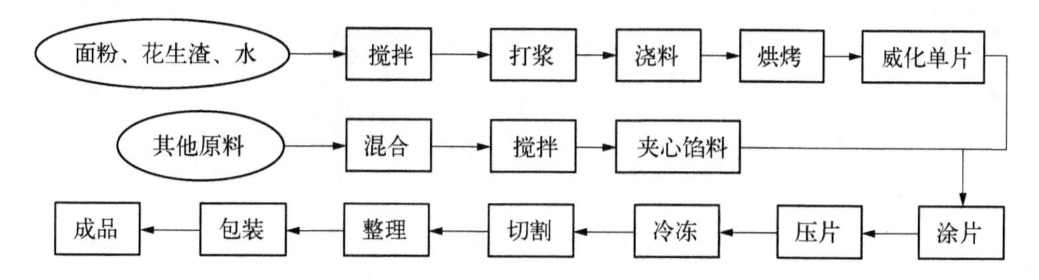

(2) 操作要点：

1) 原料的质量要求：花生的质量要求椭圆形，外种皮粉红色，色泽鲜艳，无裂纹，无黑色晕斑，内种皮橙黄色，籽仁整齐饱满。面粉选用中筋面粉。

2) 花生渣原料的制备：选择新鲜、饱满花生，浸泡后用豆浆机将花生压榨，过滤后得湿花生渣；将花生渣于 160～180℃烘约 2 h，60℃再烘约 3 h，期间间断翻动数次，使受热均匀，水分散失；将烘干的豆渣粉碎，并过 100 目不锈钢筛，备用。花生渣和膨松剂混合。

3）威化饼烘烤：开机将烤模加热升温，约 40 min 后用少量水洒到烤模上，水冒白烟成圆珠即可，然后用植物油将上下摩擦一遍，待油稍干后即可注入浆烘烤。烘烤 6 min。

4）注浆时要控制好浆量，浆液尽量铺开。

5）选片：挑出块形不完整饼片进行人工切割。

6）切割：先检查切刀尺寸和钢丝松紧，切割时要认真，防止乱饼。

（3）材料及用量：材料：白砂糖粉、人造奶油、中筋面粉、植物油、食盐、膨松剂（碳酸氢钠、碳酸氢铵）。

用量：水 180%；花生渣 20%；膨松剂：碳酸氢铵 0.2%＋碳酸钠 0.14%。

第十五章

食品稳定凝固

我国使用凝固剂的历史悠久，早在两千年前的东汉时期，就已用盐卤点制豆腐，作为一种传统方法沿用至今。其中盐卤就是凝固剂，属于盐类凝固剂，也属于无机类稳定凝固剂。如今为了便于豆腐的机械化、连续化生产，常用葡萄糖酸-δ-内酯作为豆腐的凝固剂，属于酸类凝固剂，也属于有机类稳定凝固剂。

除了在豆腐中的应用外，人们还常将氯化钙、碳酸钙、葡萄糖酸钙等稳定凝固剂应用于水果和蔬菜，使其中的果胶酸形成果胶酸钙，防止果蔬软化。

第一节　稳定剂和凝固剂作用机制

稳定剂和凝固剂是指使食品结构稳定或使食品组织结构不变，增强黏性固形物的物质，是能够使蛋白质、果胶凝固形成不溶性凝胶状物质的一类食品添加剂。

稳定剂和凝固剂能够使食品中的果胶、蛋白质等溶胶凝固成不溶性凝胶状物质，从而达到增强食品中黏性固形物的强度、提高食品组织性能、改善食品口感和外形等目的。在食品工业中主要应用于以下三个方面：① 果蔬罐头与果冻食品的制作；② 豆腐的生产；③ 能与金属离子在其分子内形成内环，使其形成稳定而能溶解的复合物。

李时珍所著的《本草纲目》中，详细完整记述了传统豆腐的制作工艺，“凡黑豆、黄豆、白豆、泥豆、豌豆、绿豆之类，皆可为之。造法：水浸硙碎，滤去滓煎成，以盐卤汁，或山矾叶，或酸浆、醋淀，就釜收之。又有入缸内，以石膏末收者。大抵得咸苦酸辛之物，皆可收敛尔。”其中盐卤汁、山矾叶、酸浆、醋淀、石膏末就起着凝固剂的作用。现在研究认为，当豆乳中的蛋白质浓度小于10%时，豆浆加热后，会发生蛋白质热变性，随着蛋白质分子运动加快，在相互撞击下，构成蛋白质的多肽链的侧链断裂，变为开链状态，大豆蛋白质分子原来有序的紧密结构变为疏松的无规则状态。这时加入凝固剂，变性的蛋白质分子相互凝聚、相互穿插缠结成网状的凝聚体，水被包在网状结构的网眼后，转变成蛋白质凝胶。在生产豆腐过程中，此工艺过程称为点脑、点卤或点浆。

凝固剂可分为盐类凝固剂（如氯化钙）和酸类凝固剂（如葡萄糖酸-δ-内酯）两类。关于凝固剂的作用机制，有很多学说。其中一种认为凝固剂都是使溶液的pH降低，当pH接近蛋白质等电点时使蛋白质凝固。

稳定剂和凝固剂在使用中需注意：① 温度可影响凝固速度，温度过高，凝固过快，成品持水性差，温度过低，凝聚速度慢，产品难成形；② pH离蛋白质等电点越近越易凝固。大豆蛋白等电点的pH为4.6，原料及水质偏碱性，则不易成形，甚至会凝固不完全。现在有研究显示，凝固剂除了对豆腐的组织形态的影响外，还是影响豆腐风味的最主要因素之一。

为了防止果蔬软化，将稳定凝固剂如乳酸钙等盐类应用于水果和蔬菜。果胶存在于植物细胞汁液中，果胶水溶液中含有大量果胶酸，果胶酸和Ca^{2+}生成不溶性的果胶酸钙，这使果胶分子之间的交联作用得到加强，进一步形成凝胶状结构，从而使果蔬加工制品具有一定的脆度和硬度。

第二节　稳定剂和凝固剂分类

按照使用方法，凝固剂可分为单一稳定凝固剂和复合稳定凝固剂两大类，其中单一稳定凝固剂又可分为无机类稳定凝固剂、有机类稳定凝固剂、酶类稳定凝固剂等。

一、单一稳定剂和凝固剂

1. 无机类稳定剂和凝固剂 我国 GB 2760—2011《食品安全国家标准 食品添加剂使用标准》规定，常使用的无机类稳定凝固剂有硫酸钙、氯化钙、氯化镁等，也被称为盐类凝固剂。

盐类凝固剂是最早使用的豆腐凝固剂，主要包括石膏（主要成分为硫酸钙）和盐卤（主要成分为氯化镁）等，因为性质不同，使用石膏或盐卤生产出的豆腐品质不同。南豆腐（嫩豆腐）组织光滑细腻、保水性能好、出品率高。南豆腐是用石膏作为凝固剂生产的，石膏在水中的溶解度小，在溶液中的 Ca^{2+} 浓度小，因此蛋白质凝固速率慢，容易掌控凝固操作，但在豆腐中难免会有一些未溶解的石膏小颗粒（硫酸钙），而带有苦涩味；同时由于石膏的密度大于水的密度，因此石膏会在同一缸豆腐中分布不均匀，常出现上、中、下各层豆腐品质有差别，其中下层豆腐可能会发苦、发涩。

北豆腐（老豆腐）一般使用盐卤作为凝固剂制作。由于天然卤水具有特殊的甜味和香气，且在舌头上的存留感长，因此北豆腐风味鲜美。但是用盐卤制作豆腐，产量低，豆腐持水性差，而且产品放置时间不宜过长。盐卤的溶解性较好，与蛋白质的反应速度较快，所以凝固操作较难控制，一般使用点浆操作。为解决盐卤点卤时蛋白质凝固速率过快、不易操作的问题，已开发了可延迟蛋白质凝固的微胶囊包埋型卤水凝固剂。

2. 有机类稳定剂和凝固剂 我国 GB 2760—2011《食品安全国家标准 食品添加剂使用标准》规定，常使用的有机类稳定剂和凝固剂有丙二醇、乙二胺四乙酸二钠、柠檬酸亚锡二钠、葡萄糖酸-δ-内酯、薪草提取物、刺梧桐胶等。

葡萄糖酸-δ-内酯也被称为酸类凝固剂，在 1962 年首次用于日本绢豆腐（Kinugoshi）的生产。在我国俗称内酯豆腐，质地爽口滑润，持水性好，弹性大，但口味平淡、略带酸味，质地偏软，不适合煎炒。

此外，乙酸、乳酸、柠檬酸、苹果酸等酸性物质也可使豆乳凝固，古代就有使用酸浆、醋淀、山矾叶用于豆腐生产的记载，现在消费者更青睐天然凝固剂的使用。目前有很多这方面的研究，如使用柠檬汁、橙汁、柚子汁等新鲜果汁可以有效地凝固豆乳，而且果汁的使用还会使豆腐呈现彩色。

3. 酶类稳定剂和凝固剂 很早以前人们就已经开始利用酶来使蛋白质凝固了。例如，利用凝乳酶使乳蛋白质凝聚形成奶酪。但是凝乳酶虽然可以使牛乳凝固，但不能使豆乳凝固。随着人们对蛋白质胶凝作用地不断研究，发现很多酶包括无花果蛋白酶、菠萝蛋白酶、碱性蛋白酶及某些微生物分泌产生的蛋白酶都具有凝聚蛋白质的作用。1987 年，首次报导了某些商品微生物蛋白酶制剂具有使大豆蛋白质胶凝的功效，并采用评价凝乳酶活力的方法比较了多种商品蛋白酶制剂胶凝大豆蛋白质的能力。目前对蛋白酶凝固豆乳的机制尚不清楚。在酶凝固剂中研究最多而且已经应用的是谷氨酰胺转氨酶。

二、复合稳定剂和凝固剂

为了克服单一稳定凝固剂各自的缺点，可以将两种或两种以上的稳定凝固剂与其他辅助物质按照一定比例混合起来使用，这就是复合稳定剂和凝固剂，同时也综合了单个稳定凝固剂的优点。因此复合稳定凝固剂更稳定、效果更优良，使产品的质量更好。如在果汁饮料中经常使用的复合稳定剂见表 15-1。目前，为了更方便地使用，通常在稳定凝固剂表面涂上一层难溶性的包裹层，使其溶解速率受到控制，即将稳定凝固剂包埋起来，制成固体粉末状产品。包埋剂一般选用冷时不融化、受热时才融化的油脂，如硬化油、酪朊酸钠、变性淀粉、明胶等。

表 15-1 常见果汁饮料中的复合稳定剂组成

饮料品种	复合稳定剂的组成
粒粒橙汁	0.15%琼脂+0.10% CMC
柑橘类果汁	0.02%～0.06%黄原胶+0.02%～0.06% CMC
天然西瓜汁	0.08%琼脂+0.12% CMC
红枣汁	0.10%琼脂+0.10% CMC
粒粒黄桃汁	0.08%卡拉胶+0.10%果胶
天然芒果汁	0.20%海藻酸丙二醇酯+0.10%黄原胶
枸杞苹果混合汁	0.10%海藻酸丙二醇酯+0.10% CMC+0.05%黄原胶

按照用途，稳定剂和凝固剂也可分为五类。

1. 凝固物　凝固剂可以使蛋白质、淀粉等凝固为不溶性凝胶状物质，如使豆浆凝固为豆腐脑，薪草提取物使淀粉凝固为凉粉等。可分为盐类凝固剂（硫酸钙、氯化镁、氯化钙）、酸类（葡萄糖酸-δ-内酯）、酶类（谷氨酰胺转氨酶）和其他凝固剂（薪草提取物）。

2. 果蔬硬化物　钙离子、镁离子与果蔬原料中的果胶物质生成不溶性盐，可以提高原料的硬度、耐煮性和疏脆性，一般在糖制前对原料进行硬化处理。

3. 保湿物　丙二醇可用于生湿面、糕点中，能增加光泽、提高柔软性和保水性。

4. 螯合物　很多螯合剂对食品稳定和凝固起重要作用。许多金属在生物体中心以螯合状态存在，如叶绿素中的镁；各种酶中的铜、铁、锌和锰；铁蛋白中的铁；血红蛋白卟啉环中的铁；肌红蛋白卟啉环中的铁。植物在采摘后、动物在屠宰后或在食品加工中都可能会使物质水解或降解，造成这些离子被释放。这些离子会引起一些反应并导致食品的品质改变，如变色、浑浊，甚至氧化性酸败、味道改变。螯合剂能够和这些金属离子形成络合物，消除其有害作用，因此如果有选择地适当加入螯合剂，可以提高食品的品质，增加食品的稳定性。例如，螯合剂可以螯合蔬菜中的金属和去除细胞壁果胶中的钙，所以在蔬菜清洗漂烫前加入螯合剂，可以保持蔬菜的色泽和鲜嫩度。另外，将适量的螯合剂加入到动物食品中，也可起到稳定作用。例如，海产品罐头中容易有鸟粪石或玻璃状晶体的生成，原因是海产品中含有 Mg^{2+}，一般数量较多，在海产品存放过程中，磷酸铵和 Mg^{2+} 会反应产生磷酸铵镁（$MgNH_4PO_4 \cdot 6H_2O$）的玻璃状晶体。生产中可以加入多磷酸盐或 EDTA 来阻止鸟粪石的形成。螯合剂也可螯合海产食品中其他金属离子，如铁、铜、锌等，能够阻止这些金属离子与硫化物进行反应，最终防止产品变色。

在稳定剂和凝固剂中利用其螯合作用的物质有：山梨酸、磷酸盐、乙二胺四乙酸二钠、葡萄糖酸-δ-内酯、乳酸钙等。

5. 除氧物质　柠檬酸亚锡二钠可用于水果罐头、蔬菜罐头、食用菌和藻类罐头中，能逐渐与罐内的残留氧发生作用，可起到抗氧化、护色、防腐蚀的作用，并且不影响罐头的风味。

三、常用的稳定剂和凝固剂

1. 硫酸钙

（1）理化性质：硫酸钙（calcium sulfate，CNS 号：18.001，INS 号：516）分子式 $CaSO_4$，俗称石膏或生石膏，为白色结晶性粉末，无臭，有涩味，相对密度 2.32，熔点 1450℃。微溶于水，不溶于乙醇，溶液呈中性。硫酸钙加热至 100℃成为含半水的煅石膏（$CaSO_4 \cdot 0.5H_2O$），又称烧石膏、熟石膏。加热至 194℃以上成为无水物。

（2）安全性：其 ADI 不作特殊规定（FAO/WHO，1994）；GRAS（FDA－21CFR：184.1230）。

（3）应用：按照 GB 2760—2011《食品安全国家标准　食品添加剂使用标准》规定，硫酸钙可作为稳定剂和凝固剂、增稠剂、酸度调节剂使用，在豆类制品中可按生产需要适量使用，在面包、糕点、饼干中的最大使用量为 10.0 g/kg，在腌腊肉制品（如咸肉、腊肉、板鸭、中式火腿、腊肠等）的最大使用量为 5.0 g/kg，在肉灌肠类中的最大使用量为 3.0 g/kg。

生产豆腐常用磨细的煅石膏作为凝固剂，效果最好。煅石膏用于嫩豆腐生产，使蛋白质凝固的作用缓和，产品质地细嫩、持水性好（含水量高）、有弹性，产量高，但由于石膏难溶于水，易残留涩味和杂质，不适合豆干、油炸豆腐的生产。使用量为原料的 2.25%～4.1%。另外硫酸钙还可用作西红柿罐头和马铃薯罐头的硬化剂，使用量为 0.1%～0.3%。

2. 氯化钙

（1）理化性质：氯化钙（calcium chloride，CNS 号：18.002，INS 号：509）分子式 $CaCl_2 \cdot 2H_2O$，为白色坚硬的碎块或颗粒，无臭，味微苦，相对密度 1.835，易溶于水和乙醇。氯化钙置于空气中极易潮解，加热至 260℃变成无水物。可与可溶性果胶酸反应生成果胶酸钙，保持果蔬制品的脆性和硬度；也可在豆腐生产中用作凝固剂。

（2）安全性：大鼠经口 LD_{50} 为 1000 mg/kg；其 ADI 不作特殊规定（FAO/WHO，1994）；GRAS（FDA－

21CFR：184.1193)。

(3) 应用：按照 GB 2760—2011《食品安全国家标准　食品添加剂使用标准》规定，氯化钙可作为稳定剂和凝固剂、增稠剂应用于以下食品中：在稀奶油和豆类制品中按生产需要适量使用，在水果罐头、果酱、蔬菜罐头中最大使用量为 1.0 g/kg，在装饰糖果(如工艺造型，或用于蛋糕装饰)、顶饰(非水果材料)和甜汁以及调味糖浆中的最大使用量是 0.4 g/kg，在其他饮用水(自然来源饮用水除外)中最大使用量是 0.1 g/L(以 Ca 计 36 mg/L)。

3. 氯化镁

(1) 理化性质：氯化镁(magnesium chloride，CNS 号：18.003，INS 号：511)分子式 $MgCl_2 \cdot 6H_2O$，为无色无臭的小片、颗粒、块状单斜晶系晶体，味苦。氯化镁有吸潮性，水溶液呈中性。本品加热至 100℃时失去结晶水，加热至 110℃时放出部分氯化氢，高温时分解。无水物为无色六方结晶，相对密度 2.177，熔点 708℃。氯化镁是盐卤的主要成分。

(2) 安全性：大鼠经口 LD_{50} 大于 800 mg/kg；其 ADI 不作特殊规定(FAO/WHO，1994)；GRAS(FDA－21CFR：182.5446，182.1426)。

(3) 应用：按照 GB 2760—2011《食品安全国家标准　食品添加剂使用标准》规定，氯化镁可作为稳定剂和凝固剂应用于豆类制品，按生产需要适量使用。

经常使用的盐卤和卤片就是以氯化镁为主要成分的物质。盐卤又称卤水、苦卤，其中的主要成分包括：氯化镁 15%～19%，硫酸镁 6%～9%，氯化钾 2%～4%，氯化钠 2%～6%，溴化镁 0.2%～0.4%。盐卤是由海水或咸湖水经浓缩、结晶制取食盐后所残留的母液，为淡黄色液体，味涩、苦。盐卤的浓度一般为 25%～30%。以纯 $MgCl_2$ 计，其最适使用量为 0.13%～0.22%。

氯化镁制作的豆腐比硫酸钙制作的豆腐质嫩味鲜，豆浆凝固快，硬度较强，含水量低，具有独特的甜味和香味；但制品持水性差、易破，制作较难，产量低。适合老豆腐、豆干、油炸豆腐的生产，难于制作嫩豆腐。

4. 丙二醇

(1) 理化性质：丙二醇(propylene glycol，CNS 号：18.004，INS 号：1520)分子式 $C_3H_8O_2$，丙二醇为无色透明糖浆状液体，无臭，略有辛辣味和甜味，在潮湿空气中易吸水。相对密度 1.0381，沸点 188.2℃，凝固点 −59℃，闪点 104℃，20℃时黏度 0.056 Pa·s，混溶于水、丙酮、乙酸乙酯、氯仿，溶于乙醚，可溶解许多精油，但与石油醚、石蜡和油脂不能混溶。对光对热稳定，低温时更稳定。

(2) 安全性：小鼠经口 LD_{50} 为 22～23 mg/kg，大鼠经口 LD_{50} 为 21.0～33.5 mg/kg；其 ADI 为 0～25 mg/kg(FAO/WHO，1994)；GRAS(FDA－21CFR：184.1666)。

(3) 应用：按照 GB 2760—2011《食品安全国家标准　食品添加剂使用标准》规定，丙二醇除了作为稳定剂和凝固剂使用外，还可作为抗结剂、消泡剂、乳化剂、水分保持剂、增稠剂。在生湿面制品(如面条、饺子皮、馄饨皮等)中的最大使用量为 1.5 g/kg，在糕点中的最大使用量为 3.0 g/kg。

5. 乙二胺四乙酸二钠

(1) 理化性质：乙二胺四乙酸二钠(disodium ethylene-diamine-tetra-acetate，CNS 号：18.005，INS 号：386)简称 EDTA 二钠，分子式 $C_{10}H_{14}N_2Na_2O_8 \cdot 2H_2O$，白色结晶颗粒或白色结晶性粉末，无臭，溶于水，几乎不溶于乙醇。相对分子质量 372.24。2%水溶液的 pH 为 4.7。常温下稳定，加热至 100℃时结晶水开始挥发，至 120℃时失去结晶水而成为无水物。熔点为 240℃(分解)。

(2) 安全性：大鼠经口 LD_{50} 为 2 g/kg；其 ADI 为 0～2.5 mg/kg(FAO/WHO，1994)；GRAS(FDA－21CFR：172.135)

(3) 应用：按照 GB 2760—2011《食品安全国家标准　食品添加剂使用标准》规定，乙二胺四乙酸二钠可作为稳定剂和凝固剂、抗氧化剂和防腐剂使用，在果酱和蔬菜泥(酱)(西红柿沙司除外)中的最大使用量为 0.07 g/kg，在果脯类(仅限地瓜果脯)、腌渍的蔬菜、蔬菜罐头、坚果与籽类罐头、八宝粥罐头中的最大使用量为 0.25 g/kg，在复合调味料中的最大使用量为 0.075 g/kg，在饮料类(14.01 包装饮用水类除外)中的最大使用量为 0.03 g/kg。

乙二胺四乙酸二钠是果汁饮料或蔬菜汁良好的护色剂，可以和维生素C、柠檬酸等物质一同使用。采用1.0g/L柠檬酸+6.5g/L乙二胺四乙酸二钠+25.0g/L氯化钙处理核桃仁，核桃仁种皮有很好的改善效果。用乙二胺四乙酸盐作多价螯合剂可明显提高人造奶油香料的稳定性。

6. 柠檬酸亚锡二钠

(1) 理化性质：柠檬酸亚锡二钠(disodium stannous citrate，CNS号：18.006)分子式$C_6H_6O_8SnNa_2$，相对分子质量370.80(按2007年国际相对原子质量)，无色或白色结晶或粉末。食品添加剂柠檬酸亚锡二钠主要是以柠檬酸、氯化亚锡、氢氧化钠为主要原料反应制得的。极易溶于水，易吸湿潮解，极易氧化。加热至250℃开始分解，260℃开始变黄，283℃变成棕色。

(2) 安全性：小鼠经口LD_{50}为2.7g/kg。

(3) 应用：柠檬酸亚锡二钠易被氧化，在罐头食品中能逐渐消耗罐内残余的氧气，使亚锡离子(Sn^{2+})氧化成锡离子(Sn^{4+})，因此具有抗氧化、防腐蚀和护色作用。因此广泛用于罐头食品，使用时按比例直接添加到汤汁中溶解即可。按照GB 2760—2011《食品安全国家标准　食品添加剂使用标准》规定，柠檬酸亚锡二钠作为稳定剂和凝固剂使用，在水果罐头、蔬菜罐头、食用菌和藻类罐头中的最大使用量为0.3g/kg。

7. 葡萄糖酸-δ-内酯

(1) 理化性质：葡萄糖酸-δ-内酯(glucono delta-lactone，CNS号：18.007，INS号：575)简称内酯或GDL，相对分子质量178.14。分子式$C_6H_{10}O_6$，为白色结晶或结晶性粉末，无臭，口感先甜后酸，易溶于水(60g/100mL)，微溶于乙醇(1g/100mL)，几乎不溶于乙醚，在大约135℃时分解。在水中缓慢水解成葡萄糖酸以及其α-和γ-内酯的平衡混合物。其水解速率可因温度或溶液的pH而有所不同，温度越高或pH越高，水解速率越快，通常1%水溶液的pH为3.5左右，2h后变为pH 2.5。

(2) 安全性：兔静脉注射LD_{50}为7.63g/kg；其ADI不作特殊规定(FAO/WHO，2001)；GRAS(FDA-21CFR：184.1318)

(3) 应用：在国外，葡萄糖酸-δ-内酯用于午餐肉和碎猪肉罐头，有助于发色，还能降低制品中亚硝胺的生成，最大使用量为0.3%；用于糕点防腐，一般使用量为0.5%～2%；作为复合膨松剂中的酸味剂应用于糕点制作，与碳酸氢钠并用，可缩短制作时间，增大起发体积，使结构细密，不产生异味。

按照GB 2760—2011《食品安全国家标准　食品添加剂使用标准》规定，葡萄糖酸-δ-内酯作为稳定剂和凝固剂使用，可以在各类食品中按生产需要适量使用。

8. 薪草提取物

(1) 理化性质：薪草提取物(mesona chinensis benth extract，CNS号；18.009)是从草本植物唇形科仙草(凉粉草)干品中提取而得的具有凝胶性的多糖，水解得葡萄糖、半乳糖、阿拉伯糖、木糖、鼠李糖和半乳糖醛酸等。提取物为淡黄色粉末，溶于水和丙二醇。薪草，又名仙草、仙人草、仙人冻、凉粉草，是一年生草本植物，属于唇形科仙草属，一直以来民间用它做凉粉和凉茶的原料。在我国主要分布于南方地区，如福建、广东、广西、江西、海南、云南、浙江、台湾等地，在东南亚地区也有分布。

薪草提取物也有人称凉粉草胶(mesona blume gum，简称MBG)，在凉粉草中加入水，进行熬煮，直到煮烂，一般需要几个小时，然后过滤，从中提取胶体物质，加入适量的米浆，煮熟后冷却，得到的半透明的黑褐色的糕状食物，就是黑凉粉。这种凉粉在广东、广西、江西、福建等我国南方地区很受欢迎。在民间人们常在夏天采用凉粉草制作凉粉或凉膏，凉粉草具有有凝固食品和清凉的作用。而薪草提取物就是用仙草干品经粉碎、水煮抽提、过滤、浓缩、喷雾干燥制得的，具有很好的耐热、耐碱性，并具有良好的清除自由基和抗氧化能力。

(2) 应用：按照GB 2760—2011《食品安全国家标准　食品添加剂使用标准》规定，薪草提取物作为稳定剂和凝固剂使用，可以在豆腐类食品中按生产需要适量使用。

9. 刺梧桐胶

刺梧桐胶(karaya gum，CNS号：18.010，INS号：416)又称苹婆树胶，是由罗克斯苹婆树及其他苹婆树种植物，划破其树干，采取其分泌物的胶状物质，经干燥、粉碎而制成。主要成分是高相对分子质量酸性多糖类,含有43%的D-半乳糖醛酸、14%的D-半乳糖、15%的L-鼠李糖及少量葡萄糖醛酸。

(1) 理化性质:刺梧桐胶为淡黄色至淡红褐色粉末或片状。未粉碎的呈浅黄色至红棕色,半透明。味感黏稠并稍带乙酸气味。不溶于乙醇,在60%的乙醇溶液中溶胀。不溶于水,但用碱脱乙酰则成水溶液,在水中泡胀成凝胶,可吸附本身容积的100倍水。可受热分解,黏度下降,85℃以上时不稳定。粉状刺梧桐胶与水作用,起初其黏度增长率很快,但是对于粒度为80~200目的刺梧桐胶,其黏度的实际增长率比同质量的粒度更细小的粉状胶更慢。

(2) 安全性:ADI不作特殊规定(FAO/WHO,2001)。

(3) 应用:刺梧桐胶在水中可以大量吸水、膨胀,形成凝胶。在中性pH条件下,刺梧桐胶的溶解性最好。刺梧桐胶具有一定的黏合性,在奶酪、调味酱、肉制品中都可应用。刺梧桐胶对水的吸收和持水能力很好,与酸的可混性极佳,使它适用于某些食品。加入刺梧桐胶,能防止水的分离,并能使其扩散性更好。

按照GB 2760—2011《食品安全国家标准 食品添加剂使用标准》规定,刺梧桐胶作为稳定剂使用,可以在调制乳、水油状脂肪乳化制品等食品中按生产需要适量使用。

10. 谷氨酰胺转氨酶

(1) 理化性质:谷氨酰胺转氨酶(transglutaminase, TGase;EC2.3.2.13)也称为谷氨酰胺转胺酶、转谷氨酰胺酶,它的系统名称是蛋白质-谷氨酸-γ-谷氨酰胺基转移酶。TGase是具有催化转酰基作用的酶,可以催化同种或不同蛋白质分子之间的交联,包括分子内的交联、分子间的交联、蛋白质和氨基酸之间的连接,也可催化蛋白质分子内谷氨酰胺基的水解,从而可以改善蛋白质功能性质,如乳化性、溶解性、凝胶性、黏度、热稳定性等,也可提高蛋白质的营养价值。

谷氨酰胺转氨酶来源不同,其理化性质不同,如分子质量、等电点、最适pH、最佳反应温度、热稳定性、Ca^{2+}的影响、氨基酸序列等都有所差异。

(2) 来源:TGase广泛存在于自然界中。TGase最初是1957年Clarke等在豚鼠肝脏中发现的,随后,研究者在植物、动物、微生物中都发现了谷氨酰胺转氨酶。现在尚未有植物来源的谷氨酰胺转氨酶用于商业化生产。因此,目前根据来源可将谷氨酰胺转氨酶分为两类,一类是从哺乳动物组织或体液中提取得到的,也称组织谷氨酰胺转氨酶,即TTGase,另一类是由微生物发酵制得的,简称MTGase或MTG;还可以利用能够产生谷氨酰胺转氨酶的基因工程菌,通过发酵来获得谷氨酰胺转氨酶。

相比较而言,动物来源的谷氨酰胺转氨酶来源少,分离提纯困难,生产工艺复杂,成本较高;而微生物来源的谷氨酰胺转氨酶来源多,而且属于微生物胞外酶,可直接从培养基中分离得到,产酶周期短,分离纯化较容易,可进行大规模工业化生产,生产成本较低,近年来逐渐成为谷氨酰胺转氨酶的主要来源。

此外,微生物来源的谷氨酰胺转氨酶对Ca^{2+}不依赖,对热稳定性好、pH稳定范围较宽,比动物来源的谷氨酰胺转氨酶具有更多优点。

(3) 应用:在食品工业中应用谷氨酰胺转氨酶,能够改善蛋白质凝胶的特性,提高蛋白质的乳化稳定性,提高蛋白质的热稳定性,提高蛋白质的营养价值,改善肉制品口感和风味等特性,提高蛋白质的成膜性能。

按照GB 2760—2011《食品安全国家标准 食品添加剂使用标准》规定,谷氨酰胺转氨酶作为稳定剂和凝固剂使用,可以在豆制品中使用,最大使用量为0.25 g/kg。

另外,乳酸钙和可得然胶也可用于稳定剂和凝固剂,如可得然胶用于豆腐制作,可增强豆腐耐热、耐冷冻性,改良食感,改善成形。

按照GB 2760—2011《食品安全国家标准 食品添加剂使用标准》规定,还可用于稳定剂的有:丙二醇脂肪酸酯、D-甘露醇、果胶、海藻酸丙二醇酯、黄原胶、甲壳素、聚甘油蓖麻醇酯(PGPR)、聚甘油脂肪酸酯、聚葡萄糖、吐温20、吐温40、吐温60、吐温80、卡拉胶、硫酸铝钾(硫酸铝铵)、麦芽糖醇和麦芽糖醇液、乳酸钠、乳糖醇、碳酸镁、山梨酸及其钾盐、山梨糖醇和山梨糖醇液、硬脂酰乳酸钠(硬脂酰乳酸钙)、柠檬酸钠、羟丙基淀粉、碳酸氢钠、微晶纤维素等。

第三节　稳定剂和凝固剂应用实例

1. 豆腐的加工制作

(1) 基本工艺流程：大豆 → 浸泡 → 磨浆 → 煮浆 → 冷却 → 凝固 → 豆腐。

(2) 稳定剂和凝固剂的使用量：2%～3.5%(以大豆质量计)。

(3) 常用豆腐凝固剂配方：见表 15-2。

表 15-2　常用豆腐凝固剂配方

编号	配方
1	硫酸钙：葡萄糖酸-δ-内酯 = 1：1
2	硫酸钙：葡萄糖酸-δ-内酯 = 7：3
3	硫酸钙：柠檬酸 = 6.25：1
4	乳酸钙：葡萄糖酸-δ-内酯 = 3：4[使用量为 3.5%(以大豆重量计)]
	硫酸钙：氯化镁 = 4：6
5	硫酸钙：葡萄糖酸-δ-内酯：氯化钠 = 63：36：1
6	葡萄糖酸-δ-内酯：氯化镁：碳酸钙：蔗糖脂肪酸酯：磷酸氢二钾= 70：24.84：3：2：0.16
7	硫酸钙：葡萄糖酸-δ-内酯：氯化镁：葡萄糖：蔗糖脂肪酸酯 = 65：4：20：9：2

2. 冬瓜硬化　将冬瓜去皮，浸泡在 0.1%氯化钙溶液中，抽真空 20～25 min。

3. 乙二胺四乙酸二钠应用举例

(1) 酸菜、泡菜：用量一般为 20 g/100 kg，对酸菜有一定的固色保鲜作用，保存期明显延长。

(2) 清水蔬菜罐头、水果罐头和蘑菇罐头：用量一般为 20 g/100 kg，可起到护色作用，还可以防止汁液混浊。

(3) 调味酱、人造奶油：一般用量为 0.02%，可有护色、抗氧化作用。

(4) 腐乳：一般用量为 0.03%，有防褐变作用，并可提高腐乳表面色泽的稳定性。

(5) 饮料：一般用量为 0.01%～0.06%，可起到防止褐变、保护颜色的作用。

4. 刺梧桐胶的应用

(1) 冰汽水和土耳其冰果子露的制作：可防止自由水的析出和大颗粒冰晶的生成，使用量为 0.2%～0.4%。

(2) 涂抹干酪的制作：可使用 0.8%或 0.8%以下浓度的刺梧桐胶，其酸性不会妨碍这类乳制品的生产。

(3) 肉制品：0.25%的刺梧桐胶可应用于肉馅制品，虽然黏性较小但可使产品持水性提高，具有光滑的外观。

5. 酸乳饮料的制作

(1) 加工工艺：

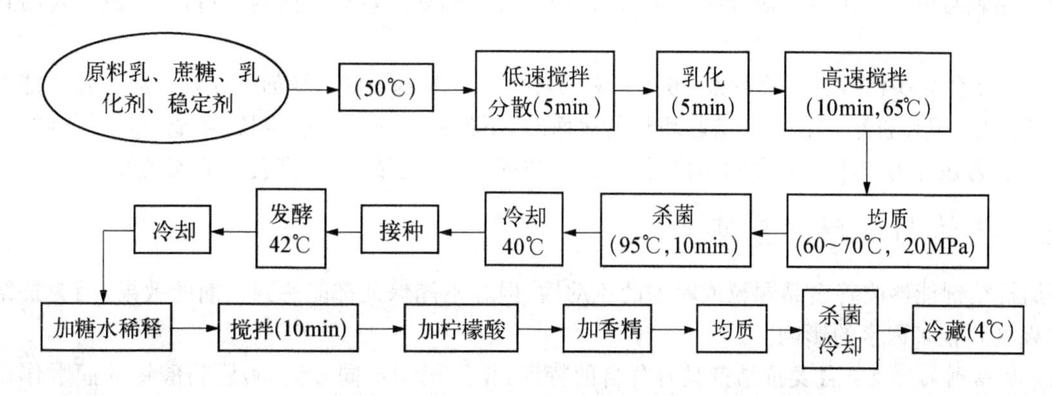

(2) 配方：蔗糖 5%～10%；稳定剂：果胶、CMC、PGA 的添加量分别为 0.056%、0.050%、0.055%，总的添加量为 0.161%。

第十六章 食品抗结

第一节　概　　述

一、抗结剂的定义及特点

抗结剂(anti-caking agent)是用来防止颗粒或粉状食品聚集结块,保持其松散或自由流动状态的食品添加剂。有时称为流动调节剂、润滑剂、抗结块剂、滑动剂等。

抗结剂具有以下特点:① 颗粒细小(2～9 μm),比表面积大(310～675 m^2/g),比容高(80～465 m^3/kg)。② 呈微小多孔状,具有极高的吸附能力,易吸附过量的水分和其他物质(如液体油脂)。

二、抗结剂的作用机制

抗结剂能够使颗粒或粉末食品的表面保持干爽、无油腻、从而达到防止食品结块的目的,其本质是改善基料的流动性和提高其抗结块能力。通常抗结剂微粒必须能黏附在食品颗粒表面,从而影响食品颗粒的物性。有时抗结剂能够覆盖食品颗粒的全部表面,有时只是黏附部分表面。抗结剂的作用机制主要表现在以下几个方面。

(1) 提供物理阻隔作用:当抗结剂把食品颗粒的表面完全包裹后,由于抗结剂分子之间的作用力较小,形成了阻隔食品颗粒相互作用的物理屏障。这样起到两方面作用,其一,食品颗粒也许残存一些游离水分,或者会吸湿,这样食品颗粒之间会形成液桥,抗结剂阻挡了食品颗粒表面的亲水性物质,阻断了颗粒间的液桥;另一方面,食品颗粒表面被抗结剂包裹,使食品颗粒间的摩擦力降低,提高了食品颗粒的流动性,这就是抗结剂的润滑作用。

(2) 通过与食品颗粒竞争吸湿,改善食品颗粒的吸湿结块倾向:抗结剂本身颗粒细小、松散多孔,具有很强的吸湿能力,因此会避免食品颗粒吸湿,从而减少结块现象。

(3) 通过消除食品颗粒表面的静电荷和分子作用力来改善食品颗粒的流动性:食品颗粒一般带有同种电荷,彼此之间会相互排斥,但这些静电荷常常会与生产装置、包装材料的摩擦静电产生相互作用,从而使食品颗粒流动性下降。添加抗结剂后,抗结剂会中和食品颗粒表面的电荷,从而改善食品颗粒的流动性。

(4) 改变食品颗粒结晶体的晶格,形成一种易碎的晶体结构:将抗结剂加入到食品颗粒中能结晶物质的水溶液中,或使抗结剂覆盖已结晶颗粒的表面时,不但能阻止晶体的生长,还能改变晶体结构,进而产生一种容易在外力作用下碎裂的晶体,使食品颗粒疏松,避免结块,提高食品的流动性。

三、抗结剂使用注意事项

添加抗结剂能够改善食品颗粒或粉末的流动性,但并不能保证都能达到预期的效果,因为抗结剂的使用效果受到很多因素的影响。

(1) 抗结剂的种类:各类抗结剂具有各自的特点,作用机制不同。例如,硬脂酸钙的润滑作用非常好;而二氧化硅、硅酸盐和磷酸三钙的润滑作用就较差,甚至添加这些抗结剂反而会使食品颗粒内部的摩擦力稍有提高;而硅酸盐类抗结剂能够阻隔食品颗粒表面的液桥,进而起到抗结块的作用。因此,选取抗结剂时，要考虑是否与食品颗粒的物性相适应，以期达到良好效果。

(2) 抗结剂的添加量：并不是抗结剂的使用量越多，效果就越好。实际上，每种抗结剂都有有效使用的浓度范围。当使用量超过此范围时，不仅没有作用，甚至适得其反。另外，同一种抗结剂，使用目的不同，最适使用量也不同。

(3) 加入方式：抗结剂的加入方式多种多样，产生的效果也不同。例如，可以将二氧化硅和硅酸盐与食品颗粒干混合，搅拌均匀即可。而磷酸盐必须加入到食品的水溶液中，再经乳化、干燥脱水后起抗结作用。因此，对于各种抗结剂，要根据其作用机制和具体使用情况来正确使用。

(4) 食品的品质：对于含水量过大的食品，单纯使用抗结剂来改善其流动性，作用并不明显，因此同时应限制这类食品的水分含量。当食品表面油脂含量过高时，通过添加抗结剂来改善流动性是徒劳的，因为抗结剂具有非常强的吸湿能力和吸油能力，而且本身是精细粉末，所以如果抗结剂过度地吸湿、吸油会导致其自身的聚集结块。对于颗粒粒度范围分布过宽的食品，食品本身大、中、小颗粒的叠加就会导致食品结块现象的发生，因此添加同量的抗结剂，对粒度分布范围较小的食品的抗结效果要好于粒度范围过宽的食品。

第二节　抗结剂分类

一、分类

在食品工业中使用的抗结剂可分为五大类。

1) 硅酸盐类　如二氧化硅、硅酸钙、硅铝酸钠、硅酸镁、硅铝酸钙钠，通过提供阻隔食品颗粒表面液滴作用以起到抗结作用，润滑作用较差。

2) 硬脂酸盐类　如硬脂酸镁、硬脂酸钙、硬脂酸钾，硬脂酸钙的润滑作用非常优良。

3) 铁盐类　如柠檬酸铁铵、氰铁钠。

4) 磷酸盐类　如磷酸镁、磷酸钙。

5) 其他种类抗结剂　如碳酸镁、二氧化锌、微晶纤维素、高岭土等。

它们除了抗结作用外，还有其他功效，如硬脂酸镁、硬脂酸钙、硬脂酸钾还有乳化作用。微晶纤维素还有增稠和稳定的作用。

二、抗结剂各论

1. 亚铁氰化钾

(1) 理化性质：亚铁氰化钾(potassium ferrocyanide，CNS号：02.001，INS号：536)分子式 $K_4Fe(CN)_6 \cdot 3H_2O$，又称黄血盐、黄血盐钾，浅黄色单斜体结晶颗粒或结晶粉末，无臭、味咸，相对密度1.853，在空气中稳定，加热到70℃时失去结晶水并变成白色，100℃时完全失去结晶水变成白色粉末无水物，强烈灼烧时分解，放出氮气并生成氰化钾和碳化铁。遇酸生成氢氰酸，遇碱生成氰化钠。因其氰根与铁结合牢固，属低毒性。可溶于水，不溶于乙醇、乙醚、乙酸甲酯和液氨。其水溶液遇光分解为氢氧化铁，与过量 Fe^{3+} 反应，生成普鲁士蓝颜料。

(2) 制备方法：氰熔体法、氰化钠法及氢氰酸法。

(3) 安全性：大鼠经口 LD_{50} 为1.6～3.2g/kg，ADI为0～0.25mg/kg(FAO/WHO，2001)。亚铁氰化钾对热较稳定，只有在高温条件(大于400℃)下才可能发生分解，产生氰化钾；而在日常烹调时，一般温度低于340℃，因此在烹调温度下亚铁氰化钾分解的可能性极小。

(4) 应用：按照GB 2760—2011《食品安全国家标准　食品添加剂使用标准》规定，亚铁氰化钾可在盐及代盐制品中使用，最大使用量为0.01g/kg(以亚铁氰根计)。

亚铁氰化钾可用于防止细粉、结晶性食品板结，如防止食盐因堆放日久的板结现象，这是由于亚铁氰化钾能使食盐的正六面体结晶转变为星状结晶，而不易发生结块。

在《中华人民共和国农业行业标准　绿色食品　食品添加剂使用准则》(NY/T 392—2000)中规定，在生产绿色食品时不得使用亚铁氰化钾。

2. 硅铝酸钠

(1) 理化性质：硅铝酸钠(sodium aluminosilicate，CNS 号：02.002，INS 号：554)主要成分是含水的硅铝酸钠，约 Na_2O：Al_2O_3：SiO_2＝1：1：13.2(物质的量比)。为白色无定形细粉或小珠，无臭、无味，相对密度 2.6，熔点 1000～1100℃，折射率约 1.54。不溶于水、乙醇和其他有机溶剂。在 80～100℃时，部分溶于强酸及氢氧化钠溶液。用无二氧化碳的水制备的 20%浆液 pH 为 6.5～10.5。

(2) 制备方法：由火山熔岩与氢氧化钠等制成。

(3) 安全性：硅铝酸钠的 ADI 值不作特殊规定(FAO/WHO，1994)。GRAS(FDA－21CFR：182.2727)。

(4) 应用：按照 GB 2760—2011《食品安全国家标准 食品添加剂使用标准》规定，硅铝酸钠可在乳粉(包括加糖乳粉)和奶油粉及其调制产品、干酪、其他油脂或油脂制品(仅限植脂末)、可可制品(包括以可可为主要原料的脂、粉、浆、酱、馅等)、淀粉及淀粉类制品、食糖、餐桌甜味料、盐及代盐制品、香辛料及粉、复合调味料、固体饮料类、酵母菌及酵母菌类制品等食品中按生产需要适量使用。

3. 磷酸三钙

(1) 理化性质：磷酸三钙(tricalcium orthophosphate，CNS 号：02.003，INS 号：341iii)为不同磷酸钙组成的混合物，分子式为 $Ca_3(PO_4)_2$。白色无定形粉末，无臭、无味，在空气中稳定，相对密度 3.18，熔点 1670℃，折射率 1.63，几乎不溶于水，不溶于乙醇和丙酮，易溶于强酸。

(2) 制备方法：将氯化钙溶液与三磷酸钠，在过量的氨存在下反应，或由熟石灰与磷酸反应而得。

(3) 安全性：ADI 为 70 mg/kg(以各种来源的总磷计，FAD/WHO，1994)；GRAS(FDA－21CFR：181.29，182.1217，182.5212，182.8217)。

(4) 应用：按照 GB 2760—2011《食品安全国家标准 食品添加剂使用标准》规定，磷酸氢钙可用于以下食品：其他固体复合调味料(仅限方便湿面调味料包)，最大使用量 80.0 g/kg[可单独或混合使用，最大使用量以磷酸根(PO_4^{3-})计]；其他油脂或油脂制品(仅限植脂末)、复合调味料，最大使用量 20.0 g/kg[可单独或混合使用，最大使用量以磷酸根(PO_4^{3-})计]；焙烤食品，最大使用量 15.0 g/kg[可单独或混合使用，最大使用量以磷酸根(PO_4^{3-})计]；乳粉和奶油粉、调味糖浆，最大使用量 10.0 g/kg[可单独或混合使用，最大使用量以磷酸根(PO_4^{3-})计]；乳及乳制品(01.01.01、01.01.02、13.0 涉及品种除外)、水油状脂肪乳化制品、02.02 类以外的脂肪乳化制品，包括混合的和(或)调味的脂肪乳化制品、冷冻饮品(03.01 冰淇淋、雪糕类、03.04 食用冰除外)、蔬菜罐头、可可制品、巧克力和巧克力制品(包括代可可脂巧克力及制品)以及糖果、小麦粉及其制品、小麦粉、生湿面制品(如面条、饺子皮、馄饨皮等)、杂粮粉、食用淀粉、即食谷物[包括碾轧燕麦(片)]、方便米面制品、冷冻米面制品、预制肉制品、熟肉制品、冷冻鱼糜制品(包括鱼丸等)、饮料类(14.01 包装饮用水类除外)、果冻，最大使用量 5.0 g/kg[可单独或混合使用，最大使用量以磷酸根(PO_4^{3-})计]；熟制坚果与籽类(仅限油炸坚果与籽类)、膨化食品，最大使用量 2.0 g/kg[可单独或混合使用，最大使用量以磷酸根(PO_4^{3-})计]；其他杂粮制品(仅限冷冻薯条、冷冻薯饼、杂粮甜品罐头)，最大使用量 1.5 g/kg[可单独或混合使用，最大使用量以磷酸根(PO_4^{3-})计]；米粉(包括汤圆粉)、八宝粥罐头、谷类和淀粉类甜品(如米布丁、木薯布丁)(仅限谷类甜品罐头)、预制水产品(半成品)、水产品罐头、婴幼儿配方食品、婴幼儿辅助食品，最大使用量 1.0 g/kg[可单独或混合使用，最大使用量以磷酸根(PO_4^{3-})计]。

如在葡萄糖粉和甘蔗粉中使用，最大使用量 1.5%；用于奶粉，使用量为 0.5%；用于可可粉，使用量为 1%。

4. 二氧化硅

(1) 理化性质：二氧化硅(silicon dioxide，CNS 号：02.004，INS 号：551)的分子式 SiO_2，供食品所用的为无定形物质，不同制备方法的产品不尽相同。由干法制得的胶体硅为白色、蓬松、无砂、吸湿、粒度非常微小的粉末；湿法硅为白色蓬松粉末或微孔颗粒，吸湿或易从空气中吸收水分。二氧化硅相对密度 2.2～2.6，熔点 1710℃，无臭、无味，不溶于水、酸和有机溶剂，溶于氢氟酸和热浓碱液。

(2) 制备方法：二氧化硅的制备方法有以下两种。

1) 干法　在铁硅合金中通入氯化氢制成四氯化硅,然后在氢氧焰中加热分解而得。

2) 湿法　由硅酸钠溶于硫酸或盐酸中成为溶胶,调节成胶体状凝胶,用水洗涤除去其中酸和盐等杂质,再通过各种严格条件建立起胶的物性,然后经洗涤、干燥和筛分,用特殊的研磨技术,控制粒径分布,生产出满足各种需求的成品。

(3) 安全性:大鼠经口 LD_{50} 为大于 5 g/kg。微核试验显示未见有致突变性。其 ADI 值不作特殊规定(FAO/WHO,1994)。

(4) 应用:按照 GB 2760—2011《食品安全国家标准　食品添加剂使用标准》规定,二氧化硅可在乳粉(包括加糖乳粉)和奶油粉及其调制产品、其他油脂或油脂制品(仅限植脂末)、可可制品(包括以可可为主要原料的脂、粉、浆、酱、馅等)、脱水蛋制品(如蛋白粉、蛋黄粉、蛋白片)、其他甜味料(仅限糖粉)、固体饮料类中使用,最大使用量为 15.0 g/kg;在盐及代盐制品、香辛料类、固体复合调味料中的最大使用量为 20.0 g/kg;在冷冻饮品(03.04 食用冰除外)中的最大使用量为 0.5 g/kg;在原粮中的最大使用量为 1.2 g/kg;在其他(豆制品工艺用)中最大使用量为 0.025 g/kg(复配消泡剂用,以每千克黄豆的使用量计)。

5. 微晶纤维素

(1) 理化性质:微晶纤维素(microcrystalline cellulose,CNS 号:02.005,INS 号:460i)又称纤维素胶、结晶纤维素,微晶纤维素的主要成分是以 β-1,4 葡萄糖苷键结合的直链式多糖类。聚合度为 3000~10 000 个葡萄糖分子,在一般的植物纤维中,微晶纤维素约占 70%,剩余 30%为无定形纤维素,经水解除去后,即留下微小、耐酸的微晶纤维素。微晶纤维素为白色或几乎白色的细小粉末,大小一般为 20~80 μm;无毒、无味,折射率 1.55,平均密度 0.43 g/cm^3,熔程 260~270℃(焦化)。可压成自身黏合的小片,能分散于水。不溶于水、稀酸、稀碱溶液和大多数有机溶剂,可吸水膨润。

(2) 制备方法:用纤维植物原料(木质纤维或棉纤维)与无机酸捣成浆状,制成 α-纤维素,再经处理使纤维素部分解聚,然后再除去无定形纤维部分,剩下聚合度较低的针状微小的晶体,经提纯而得产品。

(3) 安全性:小鼠经口 LD_{50} 为 21.5 g/kg。其 ADI 不作特殊规定(FAO/WHO,2001)。

(4) 应用:按照 GB 2760—2011《食品安全国家标准　食品添加剂使用标准》规定,微晶纤维素可在各类食品中按生产需要适量使用。

6. 硬脂酸镁

(1) 理化性质:硬脂酸镁(magnesium stearate,CNS 号:02.006,INS 号:470)又称十八酸镁,分子式为 $Mg[CH_3(CH_2)_{16}COO]_2$,白色松散粉末,无臭无味,细腻无砂粒感,有清淡的特征性香气,相对密度 1.028,熔点 88.5℃(纯品)或 132℃(工业品),不溶于水、乙醇和乙醚。遇强酸分解为硬脂酸和相应的镁盐。商品为硬脂酸镁和棕榈酸镁按不定比例组成的混合体,可能含有少量的油酸镁和氧化镁。

(2) 安全性:其 ADI 不作特殊规定(FAO/WHO,1994)。GRAS(FDA-21CFR:184.1440)。

(3) 应用:按照 GB 2760—2011《食品安全国家标准　食品添加剂使用标准》规定,硬脂酸镁可在蜜饯凉果类食品中使用,最大使用量为 0.8 g/kg;在可可制品、巧克力和巧克力制品(包括代可可脂巧克力及制品)以及糖果中可按生产需要适量使用。还可用作乳化剂。

7. 滑石粉

(1) 理化性质:滑石粉(talc,CNS 号:02.007,INS 号:553iii)又称水合硅酸镁超细粉,分子式为 $Mg_3(Si_4O_{10})(OH)_2$ 或 $3MgO\cdot4SiO_2\cdot H_2O$,是天然的含水硅酸镁(硅酸氢镁),有时可含有少量的硅酸铝。为白色或灰白色无臭无味结晶性细粉末,细腻滑润,易黏附于皮肤。对酸、碱、热十分稳定,易与砂性颗粒分离,相对密度2.7~2.8,熔点 800℃,不溶于水、碱和乙醇,微溶于稀的无机酸。滑石粉实际无毒,但不能吸入肺部以免引起粉尘性肺炎;有的滑石粉产品中含有杂质石棉,石棉是一种致癌物,因此应选用不含石棉的滑石粉。

(2) 安全性:长期大量摄入具有致癌性。大鼠经口 LD_{50} 为 1870 mg/kg。

(3) 应用:按照 GB 2760—2011《食品安全国家标准　食品添加剂使用标准》规定,滑石粉可在凉果类食品、话化类(甘草制品)食品中使用,最大使用量为 20.0 g/kg。

8. 亚铁氰化钠

(1) 理化性质：亚铁氰化钠(sodium ferrocyanide,CNS 号：02.008,INS 号：535)又称黄血盐钠，分子式 $Na_4Fe(CN)_6 \cdot 10H_2O$,相对分子质量 484.09(按 2010 年国际相对原子质量),柠檬黄色单斜晶系菱形或针状结晶。产品为淡黄色结晶或结晶粉末，溶于水，不溶于醇易风化，在 50～60℃的温度下，晶形会很快失去结晶水。在更高的温度下进行干燥，则结成坚硬的块状。强烈灼烧时完全分解放出氮气，并生成氰化钠和碳化铁。

黄血盐钠在不加热的稀酸中不分解，但在煮沸的浓酸中，生成游离的氢氰酸。与硝酸银作用，生成乳白色的 $Ag_4Fe(CN)_6$ 沉淀。与硫酸亚铁作用生成白色的 $Fe_2[Fe(CN)_6]$ 沉淀，继而氧化生成普鲁士蓝 $Fe_4[Fe(CN)_6]$。在氧化剂的影响下，氧化为铁氰化钠。

(2) 制备方法：以氰化钠和硫酸亚铁或者以还原铁粉、氢氧化钠和氰化氢气体为原料生产食品添加剂亚铁氰化钠。

(3) 应用：按照 GB 2760—2011《食品安全国家标准　食品添加剂使用标准》规定，亚铁氰化钠可在盐及代盐制品中使用，最大使用量为 0.01g/kg(以亚铁氰根计)。

9. 硅酸钙

(1) 理化性质：硅酸钙(calcium silicate,CNS 号：02.009,INS 号：552)为白色至灰白色易流动粉末，由新熟化的石灰与二氧化硅在高温下煅烧熔融而成，由不同比例的 CaO 和 SiO_2 组成，包括硅酸三钙和硅酸二钙；并分为有水和无水两种。硅酸钙不溶于水，但可与无机酸形成凝胶。

(2) 安全性：其 ADI 不作特殊规定(FAO/WHO,2001)。GRAS(FDA - 21CFR：172.410;182.2227,2000)。

(3) 应用：按照 GB 2760—2011 规定，微晶纤维素可在乳粉(包括加糖乳粉)和奶油粉及其调制产品、干酪、可可制品(包括以可可为主要原料的脂、粉、浆、酱、馅等)、淀粉及淀粉类制品、食糖、餐桌甜味料、盐及代盐制品、香辛料及粉、复合调味料、固体饮料类、酵母菌及酵母菌类制品等食品中按生产需要适量使用。

另外，按照 GB 2760—2011《食品安全国家标准　食品添加剂使用标准》规定，巴西棕榈蜡、丙二醇、聚甘油脂肪酸酯、可溶性大豆多糖、碳酸镁、辛烯基琥珀酸铝淀粉、硬脂酸钙、硬脂酸钾也可用于抗结剂。

第三节　抗结剂应用实例

1. 抗结剂在枣粉中的应用

(1) 工艺流程：

抗结剂
↓
枣 → 去核 → 干燥 → 磨粉 → 包装 → 产品

(2) 枣粉生产的工艺条件：去核干枣水分含量在 3%以下，磨粉环境相对湿度控制在 30%～35%,复合抗结剂为 0.7%微晶纤维素+0.6%二氧化硅+0.7%磷酸三钙，枣粉的粒度为 120 目或 140 目，内包装充气量为 30%。

2. 抗结剂在鸡粉调味料中的应用

(1) 工艺流程：

按配方称取各种原料→混合→微波干燥→粉碎、筛分→包装→成品

(2) 优化的生产工艺条件：蔗糖添加量 4%,干燥温度 90℃,产品粒度为 50 目，抗结剂(SiO_2)添加量 0.50%。

3. 二氧化硅在奶茶粉中的应用

(1) 原料配方：鲜牛乳 70%;茶叶 2.5%～5%;精盐 0.8%;炒米粉 5%;二氧化硅 1.0%。

（2）工艺流程：

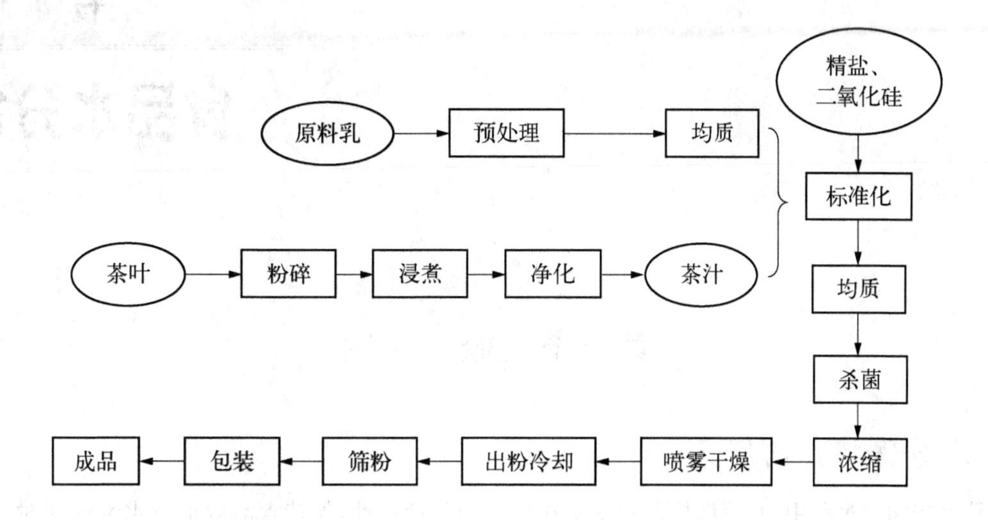

第十七章

食品水分保持

第一节　概　　述

一、水分保持剂的定义

在食品生产加工过程中，水分保持剂的使用在提高产品稳定性，保持食品内部持水性的同时，还可以改善食品的形态、风味、色泽等。通常指磷酸盐类、缩合磷酸盐类等。一般用于肉类和水产品加工，目的是增强水分稳定，提高产品持水性，属于食品添加剂中品质改良剂的范畴。磷酸盐普遍用于肉类制品的生产加工，不但可以保持肉的持水性，增进结着力，保持肉的营养成分，而且可以增加产品的柔嫩性。磷酸盐用于肉制品，提高肉的持水性的机制如下：① 通过提高肉的pH，使其偏离肉蛋白质的等电点(pH5.5)；② 螯合肉中的金属离子；③ 增加肉的离子强度，使肌肉蛋白更易于转变为疏松状态；④ 解离肌肉蛋白质中的肌动球蛋白，从而增加肉的嫩度。

添加磷酸盐后，肉的微观结构呈现明显的变化，蛋白质聚合体消失的同时乳胶体分布更加均匀。鲜肉和冻肉的乳化能力均随着磷酸盐添加量的增加而增大。原因可能是由于磷酸盐添加量的加大，肉蛋白质的可溶性增强，缓慢水解释放出磷酸根离子，使得肉的pH上升。

除了持水性作用外，磷酸盐还是一类具有多种功能的食品添加剂，在食品加工中广泛用于各种肉禽、蛋、水产品、乳制品、谷物产品、饮料、果蔬、油脂以及改性淀粉，添加后具有明显的品质改善作用。具体作用包括：防止啤酒、饮料浑浊；防止肉中脂肪酸败产生不良气味的作用；用于鸡蛋外壳的清洗，防止鸡蛋因清洗而变质；可以络合金属离子，包括Cu^{2+}、Fe^{3+}等，抑制由此引起的氧化、变色和维生素C的分解等多种问题，延长果蔬的储存期；另外，还具有乳化作用，防止蛋白质、脂肪与水分离，改善食品组织结构，使组织柔软多汁等。此外，还可用作酸度调节剂。

由于磷酸盐在人体内与钙能形成难溶于水的正磷酸钙，从而降低人体对钙的吸收率，因此在使用时，要注意钙、磷比例。钙、磷比例在婴幼儿食品中不宜小于1∶1.2。我国《食品安全国家标准　食品添加剂使用标准》(GB 2760—2011)允许使用的水分保持剂包括三聚磷酸钠、六偏磷酸钠、磷酸三钠、磷酸氢二钠、磷酸二氢钠、焦磷酸钠、焦磷酸二氢二钠、磷酸二氢钙、磷酸氢二钾、磷酸二氢钾，乳酸钾、乳酸钙、甘油。2012年8月，我国卫生部2012年第15号公告正式批准焦磷酸一氢三钠为食品添加剂新品种，可作为水分保持剂在预制肉制品、熟肉制品、冷冻制品及冷冻鱼糜制品等中应用，因此，截至目前我国允许使用的水分保持剂共有14种。

二、水分保持剂的发展方向

目前，水分保持剂正在从单一型向复配型的方向发展，即由几种品质改良剂按一定配方复合而成复配型品质改良剂。这类复配型添加剂近几年在国内外发展十分迅速，实验证明，与单一型的添加剂相比，复配型产品使用起来更加方便有效。在美国，卡拉胶－磷酸盐添加剂已成功地用于生产低脂、低盐、低热量和高蛋白的具有保健作用的禽肉产品。这类复配型的食品添加剂主要用来保持禽肉中的水分，降低产品含盐量，与此同时还可增加蒸煮禽肉产品的体积、保持产品香味、改良结构、提高可切性等。表17－1列出了几种常见的复合型水分保持剂。

表17-1 几种常见的复合型水分保持剂

用途	形状	组成/%
冰淇淋、火腿、香肠	粉末	无水焦磷酸钠60，聚磷酸钠10，偏磷酸钠30
香肠	粉末	无水焦磷酸钠30，聚磷酸钠40，偏磷酸钠扔，偏磷酸钾10
肉糜	粉末	无水焦磷酸钠2，无水焦磷酸钾2，聚磷酸钠60，偏磷酸钠22，偏磷酸钾14

第二节 水分保持剂分类

食品工业中，应用最广泛的水分保持剂是磷酸盐类，包括正磷酸盐、聚磷酸盐和偏磷酸盐三大类。

一、正磷酸盐

1. 磷酸三钠 磷酸三钠(trisodium phosphate)又称磷酸钠、正磷酸钠，分子式 $Na_3PO_4 \cdot 12H_2O$，相对分子质量380.16；CNS号：15.001；INS号：339。

(1) 性状与性能：为无色至白色的六方晶系结晶或结晶性粉末，密度1.62g/cm³。在干燥的空气中易风化，吸收空气中的二氧化碳，生成磷酸二氢钠和碳酸氢钠。加热至55～65℃可成十水合物，加热至60～100℃成六水合物，加热到100℃以上成为一水合物，加热到212℃以上成为无水物。磷酸三钠易溶于水，不溶于乙醇，在水溶液中几乎全部分解为磷酸氢二钠和氢氧化钠，呈强碱性，1%的水溶液pH为11.5～12.1。它具有持水结着、缓冲、乳化、络合金属离子、改善色调和色泽、调整pH和组织结构等作用。另外，用于面条可使面筋蛋白更具弹性，且增加风味以及防止面条颜色发黄等。

(2) 毒性：土拨鼠经口 LD_{50} ＞2g/kg。ADI值为0～70mg/kg(指食品和食品添加剂中的总量，以磷计，并且要注意与钙的平衡)。磷对所有活的机体是一个重要的元素，常以磷酸根的形式为生物体所利用，它在能量传递，人体组织(如牙齿、骨骼及部分酶)以及糖类、脂肪、蛋白质代谢方面都是不可缺少的部分。因此磷酸盐又常用作食品的营养强化剂。在正常用量下，不会导致磷和钙的失衡，但用量过多，会与肠道中的钙结合成难溶于水的正磷酸钙，从而降低钙的吸收。

(3) 应用：磷酸三钠用于再制干酪，最大使用量为14g/kg，可单独或与其他磷酸盐混合使用，最大使用量以磷酸根(PO_4^{3-})计(卫生部2012年第1号公告)。

2. 磷酸氢二钠 磷酸氢二钠(disodium hydrogen phosphate)又称磷酸二钠，其十二水合物分子式 $Na_2HPO_4 \cdot 12H_2O$，相对分子质量385.7；CNS号：15.006；INS号：339。

(1) 性状：十二水合物为无色半透明结晶至白色结晶或结晶性粉末，相对密度1.52g/cm³，熔点34.6℃。易溶于水，不溶于乙醇，水溶液呈碱性(3.5%水溶液的pH为9.0～9.4)。磷酸氢二钠在空气中迅速风化成七水盐，加热至100℃失去全部结晶水成为白色粉末无水物，无水物为白色粉末，具吸湿性。在250℃时分解成焦磷酸钠。

(2) 制法：浓磷酸加碳酸钠或氢氧化钠溶液，将pH调整到8.9～9.0，蒸发浓缩。35℃以下可制得十二水的制品，在35.4～48.35℃得七水制品，48.35～95℃得二水制品，95℃以上得无水盐。

2011年版新国标删除了磷酸二氢钠、磷酸氢二钠可在各类食品中按生产需要适量使用的规定。

3. 磷酸氢二钾 磷酸氢二钾(dipotassium hydrogen phosphate)别名三水合磷酸氢二钾，分子式 $K_2HPO_4 \cdot 3H_2O$，相对分子质量228.22；CNS号：15.009；INS号：340ii。

(1) 性状：外观为白色结晶或无定形白色粉末，易溶于水，水溶液呈微碱性，微溶于乙醇，有吸湿性，温度较高时自溶。

(2) 制法：按计算量向氢氧化钾溶液加磷酸，经过滤、浓缩、放冷、固化后粉碎而制得。

4. 磷酸二氢钠 磷酸二氢钠(sodium dihydrogen phosphate)又称酸性磷酸钠，磷酸一钠，分子式 $NaH_2PO_4 \cdot 2H_2O$，相对分子质量156.01；CNS号：15.005；INS号：339。

(1) 性状：磷酸二氢钠分为无水物与二水物。二水物为无色至白色结晶或结晶性粉末，无水物为白色粉末或颗粒，易溶于水，水溶液呈酸性，几乎不溶于乙醇。加热则逐渐失去结晶水，100℃失去结晶水后继续加热，则生成酸性焦酸酸钠和偏磷酸钠。

(2) 制法：浓磷酸加氢氧化钠或碳酸钠，在pH为4.4～4.6下控制浓缩，于41℃以下结晶，制得含二分子结合水的磷酸二氢钠。

5. 磷酸二氢钾 磷酸二氢钾(potassium dihydrogen phosphate)又称磷酸一钾，分子式KH_2PO_4，相对分子质量136.09；CNS号：15.010；INS号：340。

(1) 性状：无色正方晶系结晶或白色颗粒，或白色结晶性粉末，无臭，在空气中稳定，在400℃时失去水，变成偏磷酸盐。溶于水，水溶液呈酸性，不溶于乙醇，有潮解性。

(2) 制法：由氢氧化钾溶液与磷酸反应，经精制、结晶而得，或由适当比例的磷酸与碳酸钾作用而得。

6. 磷酸二氢钙 磷酸二氢钙(calcium dihydrogen phosphate)又称磷酸一钙、二磷酸钙、酸性磷酸钙，分子式$Ca(H_2PO_4)_2 \cdot H_2O$或$Ca(H_2PO_4)_2$，相对分子质量252.07；CNS号：15.007；INS号：341。

(1) 性状：无色或白色结晶性粉末，一水合物的相对密度2.22，有吸湿性，略溶于水(30℃，1.8%)，水溶液呈酸性(pH为3)，加热至105℃失去结晶水，203℃分解成偏磷酸盐。可溶于盐酸和硝酸，不溶于乙醇。

(2) 制法：2mol/L磷酸与1mol/L氢氧化钙或碳酸钙作用，冷却至0℃，过滤结晶。或者由磷矿石(正磷酸钙)与盐酸反应。

二、聚磷酸盐

聚磷酸盐是由聚磷酸所构成的盐类，有以下分类。

1. 三聚磷酸钠 三聚磷酸钠(sodium tripolyphosphate, pentasodium triphosphate, sodium triphosphate)又称三磷酸五钠、三磷酸钠，分子式$Na_5P_3O_{10}$或$Na_5P_3O_{10} \cdot 6H_2O$，相对分子质量475.86；CNS号：15.003；INS号：451i。

(1) 性状：三聚磷酸钠有无水物和六水结合物两类产品。白色粉末，易溶于水，水溶液呈碱性，有潮解性，在水溶液中水解成焦磷酸盐和正磷酸盐，能与铁离子、铜离子、镍离子以及碱金属形成稳定的水溶性络合物。

(2) 应用：按照GB 2760—2011《食品安全国家标准 食品添加剂使用标准》规定，用于热凝固蛋制品，最大使用量为5.0g/kg，可单独使用或与六偏磷酸钠、焦磷酸钠复配使用；用于复合调味料，最大使用量5.0g/kg，以肉制品终产品中磷酸根(PO_4^{3-})计(卫生部2012年第15号公告)。

2. 焦磷酸钠 焦磷酸钠(sodium pyrophosphate, tetrasodium pyrophosphate)又称二磷酸四钠，分子式$Na_4P_2O_7 \cdot 10H_2O$；相对分子质量446.05；CNS号15.004；INS号：450。

(1) 性状：焦磷酸钠有无水物与十水合物之分。十水合物为无色或白色结晶或结晶性粉末，无水物为白色粉末。有吸湿性。溶于水，水溶液呈碱性，不溶于乙醇及其他有机溶剂。与Cu^{2+}、Fe^{3+}、Mn^{2+}等金属离子络合能力强，水溶液在70℃以下尚稳定，煮沸则水解成磷酸氢二钠。能与铁离子以及碱金属形成稳定的水溶性络合物。经常被用做水分保持剂、品质改良剂等，可显著提高食品络合金属离子的能力，改善食品的结着性和持水力。

(2) 应用：焦磷酸钠作为品质改良剂具有乳化性、分散性，调节pH等性能，在食品中有广泛的应用。另外我国《食品安全国家标准食品添加剂使用标准》(GB2760—2011)规定：焦磷酸钠可用于再制干酪的生产，最大添加量为14g/kg；可单独或与其他磷酸盐混合使用，最大使用量以磷酸根(PO_4^{3-})计(卫生部2012年第1号公告)。

(3) 制法：磷酸氢二钠在200～300℃加热，生成无水焦磷酸钠，溶于水，浓缩后得结晶焦磷酸钠。

3. 焦磷酸二氢二钠 焦磷酸二氢二钠(disodium dihydrogen pyrophosphate)又称焦磷酸二钠、酸性焦磷酸钠，分子式$Na_2H_2P_2O_7$；相对分子质量219.92；CNS号：15.008；INS号：450。

(1) 性状：白色单斜晶系结晶性粉末或熔融体，相对密度1.862，加热到220℃以上分解成偏磷酸钠。易溶于水(10g/100g，20℃)，水溶液呈酸性，1%水溶液pH为4～4.5。可与Mg^{2+}、Fe^{2+}形成螯合物，水溶液与稀无机酸加热可水解成磷酸。

(2) 制法：磷酸二氢钠加热到200℃脱水制得，或者磷酸加入碳酸钠，再加热到200℃脱水制得。

4. 焦磷酸一氢三钠(Trisodium monohydrogen diphosphate)

(1) 性状：白色粉末或结晶，分为无水型($Na_3HP_2O_7$)和一水型($Na_3HP_2O_7 \cdot H_2O$)。

2012年8月，《中华人民共和国食品安全法》和《食品添加剂新品种管理办法》规定，批准焦磷酸一氢三钠为食品添加剂新品种,可作为水分保持剂使用。

(2) 应用:焦磷酸一氢三钠是2012年新被批准的食品添加剂(卫生部公告2012年第15号附件)。关于焦磷酸一氢三钠的具体使用量见表17-2。

表17-2　焦磷酸一氢三钠使用标准

食品分类号	食品名称	使用量/g/kg	备注
08.02 08.03 09.02.01 09.02.03	预制肉制品 熟肉制品 冷冻制品 冷冻鱼糜制品(包括鱼丸等)	5	可单独或混合使用,最大使用量为5g/kg,以磷酸根(PO_4^{3-})计

(3) 制法:以焦磷酸二氢二钠和氢氧化钠为原料反应后制得焦磷酸一氢三钠。

三、偏磷酸盐

偏磷酸盐为环状或长链网状结构,大体可以分为环状偏磷酸盐、不溶性偏磷酸盐和偏磷酸钠玻璃体。后两者主要是链状聚磷酸盐,因链较长,故称为偏磷酸。

1. 六偏磷酸钠　六偏磷酸钠(sodium hexametaphosphate)又称偏磷酸钠玻璃体(sodium polyphosphates glassy)、四聚磷酸钠(sodium tetrapholyphosphate)、格兰汉姆盐(Graham's salt);CNS号:15.002;INS号:452。

(1) 性状:无色至白色玻璃状块无定形体,呈片状、纤维状或粉末。六偏磷酸钠易溶于水,潮解性强,能溶于水,不溶于乙醇及乙醚等有机溶剂。水溶液可与金属离子形成络合物。二价金属离子的络合物较一价金属离子的络合物稳定,在温水、酸或碱溶液中易水解为正磷酸盐。

(2) 应用:按照GB 2760—2011规定,用于再制干酪,最大使用量为14g/kg,可单独或与其他磷酸盐混合使用,最大使用量以磷酸根(PO_4^{3-})计(卫生部2012年第1号公告);用于热凝固蛋制品,最大使用量为5.0g/kg,单独使用或与三聚磷酸钠、焦磷酸钠复配使用(卫生部2010年第16号公告)。

(3) 其他:

1) 使用注意事项。本品可单独使用,也可与其他磷酸盐配制成复合磷酸盐使用。

2) 复合磷酸盐的配方见表17-3(以百分量计算)。

3) 常用水分保持剂使用标准见17-4。

表17-3　复合磷酸盐常用配方

种类	配方1	配方2	配方3	配方4	配方5	配方6
三聚磷酸钠	23	26	85	10	40	25
六偏磷酸钠	77	72	12	30	20	27
焦磷酸钠		2	3	60	40	48

表17-4　常用水分保持剂使用标准

磷酸,焦磷酸二氢二钠,焦磷酸钠,磷酸二氢钙,磷酸二氢钾,磷酸氢二铵,磷酸氢二钾,磷酸氢钙,磷酸三钙,磷酸三钾,磷酸三钠,六偏磷酸钠,三聚磷酸钠,磷酸二氢钠,磷酸氢二钠,聚偏磷酸钾		CNS号:01.106,15.008,15.004,15.007,15.010,06.008,15.009,06.006,02.003,01.308,15.001,15.002,15.003,15.005,15.006	INS号:338,450,450,341,340,342,340,341,341,340,339,452,451,339,339
食品分类号	食品名称	最大使用量/(g/kg)	备注
01.0	乳及乳制品 (01.01.01、01.01.02、13.0涉及品种除外)	5.0	可单独或混合使用,最大使用量以磷酸根(PO_4^{3-})计,下同
01.03.01	乳粉和奶油粉	10.0	

续 表

食品分类号	食品名称	最大使用量/(g/kg)	备注
02.02	水油状脂肪乳化制品	5.0	
02.03	02.02类以外的脂肪乳化制品，包括混合的和(或)调味的脂肪乳化制品	5.0	
02.05	其他油脂或油脂制品(仅限植脂末)	20.0	
03.0	冷冻饮品(03.01冰淇淋、雪糕类、03.04食用冰除外)	5.0	
04.02.02.04	蔬菜罐头	5.0	
04.05.02.01	熟制坚果与籽类(仅限油炸坚果与籽类)	2.0	
05.0	可可制品、巧克力和巧克力制品(包括代可可脂巧克力及制品)以及糖果	5.0	
06.02.03	米粉(包括汤圆粉)	1.0	
06.03	小麦粉及其制品	3.0	
06.03.01	小麦粉	5.0	
06.03.02.01	生湿面制品(包括面条、饺子皮、馄饨皮等)	5.0	
06.04.01	杂粮粉	5.0	
06.04.02.01	八宝粥罐头	1.0	
06.04.02.02	其他杂粮制品(仅限冷冻薯条、冷冻薯饼、杂粮甜品罐头)	1.5	
06.05.01	食用淀粉	5.0	
06.06	即食谷物[包括碾轧燕麦(片)]	5.0	
06.07	方便米面制品	5.0	
06.08	冷冻米面制品	5.0	
06.09	谷物淀粉类甜品(如米布丁、木薯布丁)，仅限谷类甜品罐头	1.0	
07.0	焙烤食品	15.0	
08.02	预制肉制品	5.0	
08.03	熟肉制品	5.0	
09.02.03	冷冻鱼糜制品(包括鱼丸等)	5.0	
09.03	预制水产品(半成品)	1.0	
09.05	水产品罐头	1.0	
11.05	调味糖浆	10.0	
12.10	复合调味料	20.0	
12.10.01.03	其他固体复合调味料(仅限方便湿面调味料包)	80.0	
13.01	婴幼儿配方食品	1.0	仅限使用磷酸氢钙和磷酸二氢钙
13.02	婴幼儿辅助食品	1.0	仅限使用磷酸氢钙和磷酸二氢钙
14.0	饮料类(14.01包装饮用水除外)	5.0	
16.01	果冻	5.0	
16.06	膨化食品	2.0	

四、其他

1. 乳酸钠和乳酸钾　乳酸钠(sodium lactate)，相对分子质量为112.06；CNS号：15.012，INS号：325。

乳酸钾(potassium lactate)，相对分子质量为121.87；CNS号：15.011，INS号：326。

(1) 性状：乳酸钠分子式$C_3H_5NaO_3$，为无色或微黄色透明糖浆状液体，有很强的吸水能力，混溶于水、乙醇和甘油。乳酸钠可作为水分保持剂、酸度调节剂、抗氧化剂、膨松剂、增稠剂和稳定剂应用于生湿面制品。

乳酸钾分子式为$C_3H_5KO_3$，透明无色或基本无色的黏稠液体，无臭或略有不愉快的气味，混溶于水、乙醇和甘油。应用于食品的保鲜、保湿、增香及制药原料等。

(2) 应用：按照GB 2760—2011《食品安全国家标准　食品添加剂使用标准》规定，乳酸钠和乳酸钾可在各类食品中按生产需要适量添加。除了作为水分保持剂，乳酸钠还可作为酸度调节剂、抗氧化剂、膨松剂、增稠剂、稳定剂等。用于生湿面制品(如面条、饺子皮、馄饨皮等)中,最大使用量为2.4g/kg。

2. 山梨糖醇和山梨糖醇液 山梨糖醇(sorbitol)又称山梨糖醇,即己六醇。分子式 $C_6H_{14}O_6$,相对分子质量182.17,CNS号:19.006;INS号:420i,420ii。

(1)性状:*D*-山梨糖醇为白色吸湿性粉末或晶状粉末、片状或颗粒。无臭,有清凉甜味,易溶于水,微溶于乙醇和乙酸,耐酸、耐热性能好,与氨基酸、蛋白质等不易发生美拉德反应。*D*-山梨糖醇液为无色、透明稠状液体。

山梨糖醇具有良好的保湿性能,可使食品保持一定的水分,防止干燥,还可防止糖、盐等析出结晶,能保持甜、酸、苦味强度的平衡,增强食品的风味,由于它是不挥发的多元醇,所以还有保持食品香气的功能。

山梨糖醇毒性:小老鼠经口 LD_{50} 及ADI不作特殊规定,内服过量能引起腹泻和消化紊乱。

山梨糖醇制法:以食用葡萄糖为原料,在镍催化剂存在下,经加氢反应而得。

(2)应用:除用于甜味剂、膨松剂、乳化剂、稳定剂、增稠剂之外,还可以用于水分保持剂。用于生湿面制品(如面条、饺子皮、馄饨皮等)等,最大使用量为30.0g/kg。用于冷冻鱼糜制品(包括鱼丸等),最大使用量为0.5g/kg。用于其他产品,如炼乳及其调制产品、糖果、巧克力和巧克力制品(可可制品除外)、膨化食品、调味品、面包、饼干等,均可按生产需要适量使用。

(3)制法:工业生产山梨糖醇的主要方式是还原葡萄糖。将葡萄糖溶液在镍催化下,经加热、加压、催化加氢后可制得原始品,再经脱色、去除重金属离子等步骤制成。

3. 甘油 甘油(glycerin)又称丙三醇,分子式 $C_3H_8O_3$,相对分子质量92.09,CNS号:15.014,INS号:422。

(1)性状:丙三醇是无色无臭有甜味的澄明黏稠液体。吸水性很强,能与水、乙醇混溶,不溶于苯、氯仿等有机溶剂。可从空气中吸收潮气。

(2)应用:在食品工业中,甘油主要作为甜味剂和保湿剂来使用。较多的用在运动食品和代乳品中。在果汁、果脯、肉制品中也有广泛应用,具体如下。

1)在果汁、果醋等制品中的应用。不同种类的水果,都含有不同程度的单宁,而单宁又是水果中苦涩味的来源,甘油可迅速分解果汁、果醋饮料中的苦涩味,增进果汁本身的滋味和香味,使其外观鲜亮,酸甜可口。

2)在肉干、香肠、腊肉行业的运用。在加工制作肉干、香肠、腊肉等制品时,将植物精化甘油用50度以上纯粮酒稀释后,均匀喷洒在肉上或切好的肉中,充分搓揉或搅拌。有锁水、保湿,达到增重等效果,还可延长保质期。

3)果脯在加工制作时,因存放问题使产品容易失水,干硬,加入适量甘油,同样可以起到锁水、保湿,抑制单宁异性增生,达到护色、保鲜、增重效果,从而延长保质期。

在各类食品中的具体使用量可按生产需要适量加入。

第三节 水分保持剂应用实例

一、水分保持剂在食品工业中的应用

水分保持剂可以通过保水、保湿、黏结、填充、增塑、稠化、增溶、改善流变性能和螯合金属离子等改善食品品质,即改进产品的感官质量和理化性质。例如,面包、糕点等经保水、吸湿可避免表层干燥,经黏结作用可避免破碎成屑;肉制品通过保水、吸湿等作用可以提高其弹性和嫩度;而果酱类和涂抹食品通过增稠和改善流变性可提高口感等。

人们通过对不同肉及肉制品中磷酸盐的分析研究,发现原料肉中的磷酸盐含量≥0.5%时,卤肉制品磷酸盐超标的问题与生产厂家的添加剂剂量成正相关。因此,建立符合国家标准的卤肉制品生产工艺,并科学添加,显得十分重要。张永明等(2008)通过复合食品添加剂来提高鸡胸肉的保水性,以改善油炸鸡胸肉的品质为目标。实验采用了多种具有保水作用的食品添加剂进行复配研究,通过对产品的失水率、出品率和样品感官评定进行综合评价分析。综合各实验结果确定最佳的复配食品添加剂及剂量,即复合磷酸盐0.3%、氯

化钙0.4%，卡拉胶0.90%，山梨糖醇0.52%。但这种复合食品添加剂并不是油炸鸡胸肉最完美的组合，仍需要进一步研究和提高样品的保水性和食用品质。李苗云(2008)等的研究结果表明，不同的磷酸盐对肉品保水性的不同指标影响不同，其中以焦磷酸盐对肉品的保水性能较好。含量为0.2%、0.3%的焦磷酸盐可降低滴水损失；0.3%的六偏磷酸盐却显著增大了产品的离心损失，保水效果并不理想。王修俊等(2008)将复合磷酸盐食品添加剂应用于鲜切苹果保鲜中，利用复合磷酸盐中各组分的协同作用，既能有效防止酶促褐变，又能很好地解决叶绿素的褐变问题。结果表明，复合磷酸盐食品添加剂(磷酸盐∶维生素C∶柠檬酸)的最佳配比为0.4%∶0.04%∶0.8%，最适用量(复合磷酸盐水溶液∶鲜切苹果)为100mL∶100g，且温度控制在15℃保鲜效果最好。李苗云等(2008)对肉制品保水性能进行研究，蒸煮损失最小时，复合磷酸盐(焦磷酸钠∶多聚磷酸钠∶六偏磷酸盐)的最佳配比为13∶18∶20，灌肠出品率最大但不考虑其感官指标时三者比例为19∶30∶10；灌肠感官评定最好时，多聚磷酸钠与焦磷酸钠的比例为1∶1；灌肠成品率最大且其感官评定最好时三者比例为11∶30∶10；蒸煮损失最小，灌肠成品率最大且其感官评定最好时三者的比例为17∶30∶10。

1. 在面制品中的应用　馒头、面包、面条等面制品营养价值丰富、风味良好，深受我国人民的喜爱。但这些含丰富淀粉类的产品在冷却、贮藏过程中面临着一个突出的问题，即容易失去一部分水分，从而使得产品变得坚硬、褶皱，柔软性丧失，弹性下降，产品变得干燥易掉渣，品质恶化。而水分保持剂的使用可以很好的改善这种状况，增强淀粉类制品的持水性。原因可能归结为水分保持剂的高离子强度可与面筋蛋白的水合作用，同时一部分水分保持剂还可以填充到膨胀的淀粉颗粒中间，增加其与水结合的能力。实际应用中，水分保持剂一般不单独使用，通常会与乳化剂、面粉处理剂等一起组成改良剂共同使用。以面条制作为例，在添加单甘酯、硬脂酰乳酸钠的同时，添加增稠剂、复合磷酸盐(酸式焦磷酸钠、焦磷酸钠、三聚磷酸钠、六偏磷酸钠等)，可使面条不易断条、不粘连、不浑汤、口感细腻、咀嚼性好。磷酸盐在面条中的应用实例如表17-5。

表17-5 磷酸盐在面条中的应用实例

编号	配方
1	焦磷酸钠(无水)20%，淀粉31%，磷酸氢二钠20%，柠檬酸4%，脱水明矾25%
2	焦磷酸钠(无水)20%，淀粉31%，磷酸氢二钠20%，柠檬酸4%，脱水明矾25%
3	焦磷酸钠(无水)24%，偏磷酸钠18%，淀粉7%，磷酸氢二钠(无水)，磷酸二氢钠(无水)32%
4	焦磷酸钠(无水)12%，偏磷酸钠18%，淀粉42.5%，聚丙烯酸钠2.5%，丙二醇25%
5	焦磷酸钠(无水)20%或焦磷酸钾30%，淀粉38%，磷酸三钠5%，酸式焦磷酸钠12%

2. 碱式磷酸盐在乳制品加工中的作用　在我国，随着人民生活的不断提高，营养丰富的乳类产品生产量和消费量在不断增加。作为离子强度较高的弱酸盐类，水分保持剂在乳制品生产中发挥了多种重要作用，包括乳化、水分保持、pH调节、稳定体系、凝固等。乳类制品中加入水分保持剂后，离子强度提高，从而使溶液的pH偏离蛋白质的等电点，这样不仅增加了蛋白质与水分子的相互作用，而且使蛋白质链之间相互排斥，能使更多的水溶入，体系的保水性和乳化性也随之增强，同时可以调节溶液的酸碱性，使溶液酸度稳定。另外，离子强度的适当增加，可促进盐溶作用的发生，从而增加蛋白质的溶解性；水分保持剂的阴离子效应能使蛋白质的水溶胶质在脂肪球表面形成一种胶膜，使脂肪更均匀有效地分散在水中，有效防止酪蛋白与脂肪和水分的分离，增强酪蛋白结合水的能力，稳定了乳化体系。

3. 水分保持剂在肉制品中的应用　我国是肉类大国，肉类生产量的增长受世界关注，产量居世界第一。以现代科技为基础的肉类加工制品随着国民经济的发展正在迅速增长，但我国的加工总量还很小(不足总产量的10%)，加工水平还很低，出口量只有1%。要想在激烈的竞争中处于不败之地，合理正确地使用食品添加剂变得尤为重要，它不仅能改善肉制品的色、香、味、形，而且在提高产品质量、降低产品成本方面也起着关键作用。而复合磷酸盐在肉制品中虽然用量很少，却至关重要。主要作用包括：提高肉制品的离子强度；改变肉的pH；螯合肉中的金属离子；解离肉中的肌动球蛋白，增加产品的柔嫩度。还可以当作斩拌助剂，但其添加量应严格控制在0.2%～0.5%范围内，若过少则产品结构松散，过多则会影响斩拌效果，产品发酸发涩。磷酸盐有多种形式，各有特色，为达到最优效果，通常将它们科学调配后混合使用。如混合粉主要就是由几种磷酸盐组合而成。使用时一般将磷酸盐配成溶液浸泡肉块或火腿。磷酸盐在肉制品中的应用实例如下。

配方1(在火腿肠生产中的应用)：猪瘦肉70kg，肥膘20kg，淀粉10kg，白糖2kg，胡椒200g，味精100g，亚硝酸盐50g，精盐3kg，磷酸盐400g，卡拉胶400g，酪蛋白酸钠250g，水适量。

配方2(叉烧米粉肉，以100kg五花猪肉计)：① 腌制剂，亚硝酸盐8g，盐15kg，山梨酸50g，异抗坏血酸钠100g，味精150g，焦磷酸钠80g，三聚磷酸钠200g，没食子酸丙酯4g；② 调味汁，八角50g，肉蔻10g，丁香5g，白芷10g，良姜15g，荜拨15g，花椒50g，甘草10g，鲜姜50g；③ 熬汁，白糖粉2.5kg，CMC 10g，绍兴老酒300mL，老抽王2.51kg，味精200g，镇江醋10mL，明胶170g，水10kg。

4. 其他作用 除了上述作用外，水分保持剂还有很多其他的作用，如可用于海产品罐头的加工，阻止鸟粪石或磷酸铵镁($MgNH_4PO_4 \cdot 6H_2O$)玻璃状晶体的生成，螯合海产食品中的铁、铜和锌离子，阻止它们与硫化物反应所引起的产品变色。另外，水分保持剂还可防止啤酒、饮料混浊，用于果蔬加工中的护色等等。

二、水分保持剂使用注意事项

使用水分保持剂最需要注意的问题就是剂量，量太少，达不到改善产品的效果；过量使用则会适得其反，对食品产生许多不利的影响。比如，高浓度的磷酸盐会产生令人不愉快的金属涩味，导致产品风味恶化，组织结构变得粗糙等；碱性磷酸盐在调节pH时，会使肉的颜色发生变化，出现呈色不良等现象；如果添加剂量不合适，使得肉制品的pH过高，会造成脂肪分解，口感劣化，货架期缩短。此外，磷酸盐在肉制品容易产生沉淀作用，在产品储藏期间，表面或切面处会出现透明或半透明的晶体。同时长时间过量使用磷酸盐会对人体造成一定的危害。短时间内大量摄入可能会导致腹泻、腹痛，长期影响主要在于导致机体的钙、磷比例失衡，造成发育迟缓、骨骼畸形，增加代谢性骨病发生的可能性。

三、新型水分保持剂及其应用简介

目前，国内外报道了很多新型的无磷水分保持剂，主要集中在变性淀粉、蛋白质酶解产物、酰胺化低甲氧基果胶、海藻糖、多聚糖等物质。

1. 氨基酸保湿剂 三甲基甘氨酸(甜菜碱)是一种纯天然的、可食用的氨基酸，存在于甜菜根、菠菜、椰菜以及甲壳类生物中。为白色结晶状粉末或微球体，容易与水分子结合，但有别于其他多元醇保湿剂，物理条件改变时，它很容易把水分子释放，便于活细胞利用。

2. 聚谷氨酸 γ-聚谷氨酸是由L-谷氨酸和D-谷氨酸通过γ-酰胺键结合形成的一种多肽分子。微生物合成的γ-聚谷氨酸是一种水溶性可降解的生物高分子，相对分子质量通常为100 000～1 000 000。不同的生物合成方法将会得到不同交联度的聚谷氨酸分子。由于聚谷氨酸分子链上有许多游离的羧基，从而具有一般聚羧酸的性质，如强吸水、能与金属螯合等特点，此外，大量的活性位点便于材料的功能化，因此用途十分广泛。聚谷氨酸最大特点之一是保湿性极强。γ-聚谷氨酸还可作为增稠剂、膳食纤维、保健食品原料、稳定剂等应用于食品工业，以及作为蔬菜水果的防冻剂应用于农业领域。

3. 壳聚糖 壳聚糖是一种由甲壳素脱乙酰基后的产物，壳聚糖因其独特的分子结构，是天然多糖中唯一大量存在的碱性氨基多糖，因而具有一系列特殊功能性质。壳聚糖有α、β、γ三种构象，其分子链以螺旋形式存在，其中研究α的最多，因为这种构象的壳聚糖存在最多也最容易制备。对β型则关注的相对较少，然而这种构象的特征是具有很弱的分子间作用力，并且证实了在不同的调节反应中会显示比α型更高的活性和对溶剂有更高的亲和力。壳聚糖特别是相对分子质量特别低的甲壳低聚糖，由于极性基团的存在，对水有很高的亲和力和保持力，因而对食品的保湿有重要作用。

4. 褐藻提取物 褐藻胶低聚糖是线形长链聚合物，基本单元由糖醛酸构成，有专利报道其是一种新型的益生元，也是一种新型的药品、保健品、食品添加剂或饲料添加剂。早在2004年褐藻胶低聚糖就已研发成功，现在已规模化生产。据文献报道褐藻胶低聚糖具有较好的抑菌和吸湿特性，而食品添加剂中常用的褐藻酸钠也具有吸湿性。最近，我国也有研究褐藻酸钠裂解产物对对虾及罗非鱼保水效果的报道，但目前该裂解产物还没有商品化，还停留在实验室研发阶段。

目前水分保持剂有原来单一的磷酸盐向多种品种发展的趋势。常见的有多羟基醇类、糖类、蛋白质衍生物等。人们也在不断开发高分子化合物，这些化合物具有很强的保湿吸水性能，可广泛应用于食品、保健品、药品的生产，相信随着技术的发展，将会有更多的新品种应用到食品中。

实践探索创新（包括复习思考、实验、调查、课题研究等）

小知识：

食品质构（texture）也称食品的质地，它是食品的一个重要属性。关于质构的定义，（美国食品科学技术学会 IFT）规定，“食品的质构是指眼睛、口中的黏膜及肌肉所感觉到的食品的性质，包括粗细、滑爽、颗粒感等”。ISO（国际标准化组织）规定的食品质构是指用“力学的、触觉的，可能的话还包括视觉的、听觉的方法能够感知的食品流变学特性的综合感觉”。

食品质构是食品的物理性质通过感觉而得到的感知，它与食品的密度、黏度、表面张力以及其他物理性质相关，其中，食物在口腔和咽喉内的移动或流动状态对食品质量的感知作用最大。有人称之为物理的味觉，它与食品的基本成分、组织结构和温度有关，是食品品质品评的重要方面。食品的质构是食品除色、香、味之外另一种重要的性质，它是在食品加工中很难控制的因素，却是决定食品档次的最重要的关键指标之一。

复习思考：

1. HLB值的定义是什么？其大小与食品乳化剂的亲水性、亲油性有什么关系？
2. 乳化剂可以分为哪几类？其作用机制是什么？
3. 食品增稠剂如何分类？具有哪些特性？乳制品中常见的增稠剂有哪些？
4. 膨松剂有哪些分类？其特性是什么？
5. 什么是食品抗结剂？其作用机制是什么？
6. 通常食品结块的原因是什么？哪些食品在加工储运的过程中容易出现结块现象？
7. 举例说明食品增稠剂之间的协同效应。
8. 以食品乳化剂和增稠剂为例，阐述复配食品添加剂对食品工业的影响。
9. 食品水分保持剂可分为哪几类？其作用机制是什么？

第四篇　营养强化及其他食品添加剂

案例导入

随着科技的发展，食品添加剂已经广泛应用到日常食物中，令食品工业有滋有味，食品产品中添加和使用食品添加剂是现代食品加工生产的需要，对于防止食品腐败变质，保证食品供应，繁荣食品市场，满足人们对食品营养、质量以及色、香、味的追求，起到了重要作用。

今天，人们日常生活中所接触的每一种食品几乎都与食品添加剂相关，普通人每天可能摄入十几种到几十种食品添加剂。可以说，现代食品工业不能没有食品添加剂，人们在日常生活中拒绝食品添加剂既不现实也不可能，从某种意义上说，如果没有添加剂，可能就不会有现代化的食品加工业。纵观近年发生的各类食品安全事件，大家熟知的"瘦肉精"事件尘埃未落，"染色馒头"、"牛肉膏"接踵而至，大多与添加剂密切相关，社会出现谈"剂"色变的现象。乃至于时至今日，添加剂俨然成了不少消费者眼中的"洪水猛兽"。

最近出现的一滴香以及它的替代品肉香精等成为街头巷尾热议话题，加入一滴，食物会变得出奇的香；加入一种添加剂，食物就会变成另外一种食物的味道……让消费者深感困惑，也凸显食品添加剂专业素养的贫乏。走在大街上随便问一两个人，都能告诉你一两个食品添加剂的种类，最普及的知识是防腐剂、色素、香精，稍微罕见的有抗氧化剂、膨松剂、漂白剂，再生僻点的就是抗结剂、消泡剂等。因此，本篇进一步探讨与我们生活息息相关的其他食品添加剂的相关知识。

本篇要解决的主要问题

一、什么是食品营养强化剂？

二、什么是食品加工助剂？如何充分认识食品加工助剂在食品加工中的重要性以及广泛性？

三、熟悉食品酶制剂管理，掌握常用食品酶制剂的特性、使用和注意事项。

第十八章

食品营养强化剂

第一节　概　　述

一、食品营养强化剂的定义

在食品加工、烹调等处理过程中营养素或多或少地会受到损失，因此在食品中往往需要添加营养强化剂以提高营养价值。食品营养强化剂(nutrition enhancer)通常指为增强营养成分而加入食品中的天然的或人工合成的，属于天然营养素范围的食品添加剂。包括四大类：氨基酸、维生素、无机盐和脂肪酸。社会进步和生活水平的提高使食品营养强化剂在提高人们营养水平上发挥着越来越重要的作用，如面粉、大米、婴幼儿配方食品、乳及乳制品、酱油、鱼露、糖果和饼干等都不同程度地添加了营养强化剂。不同的术语表示营养素加入的不同，如复原(restoration)：补充食品加工中损失的营养素；强化(fortification)：向食品中添加原来含量不足的营养素；标准(standardization)：将营养素加到食品标准中所规定的水平；维生素化(vitaminization)：向原来不含某种维生素的食品中添加该维生素。为了使食品中原有的营养成分基本保存，或者为了防止食品中营养素缺乏，向食品中添加一定量的食品营养强化剂，以提高其营养价值，这样的食品称为营养强化食品。

二、食品营养强化剂的发展现状

早在20世纪50年代，在婴儿代乳粉配方设计时，就以豆粉和奶粉为主要原料，通过添加骨粉或乳酸钙等强化元素来增加钙质。另外，在给婴儿配制喂养餐时，通过加入鱼肝油来补充维生素A和维生素D。自此，我国开始小规模进行食物的营养强化，其营养素的来源为高含量的食物或药物营养素。20世纪60～70年代，经历自然灾害与“文化大革命”的浩劫，营养工作基本停滞。20世纪80年代，随着改革开放的进行，一些企业开始自发在面粉等主食中添加强化钙、铁、赖氨酸等，同时还开展铁强化酱油、钙醋、碘盐等方面的试验。与此同时，有中国特色的营养保健品也开始起步。这个时期由于营养强化和保健品在生产、销售等方面无章可循，对添加的营养素无确切的质量标准，添加量也无限制，曾一度造成市场上的产品出现良莠不齐等现象。为规范营养相关食品与营养强化剂的生产、销售和管理，卫生部于1986年底开始，颁布一系列的法规和管理办法等，使营养强化剂的研发、生产、应用步入正轨。1994年2月22日由卫生部批准颁布并于1994年9月1日实施《食品营养强化剂使用卫生标准》(GB 14880～1994)，同时每年以卫生部公告的形式扩大或增补新的营养素品种和使用范围。随着我国乳品标准(特别是婴幼儿食品标准)清理工作的完成和其他相关基础标准(包括GB 2760～2011等)的修订和公布，为更好地做好与相关标准的有效衔接、方便企业使用和消费者理解，根据《中华人民共和国食品安全法》的要求，卫生部在旧版《食品营养强化剂使用卫生标准》(GB 14880～1994)的基础上，借鉴国际食品法典委员会和相关国家食物强化的管理经验，结合我国居民的营养状况，修订并公布了新版食品安全国家标准《食品营养强化剂使用标准》(GB 14880～2012)，已于2013年1月1日起正式施行。

世界上食品强化剂总数达130种左右，中国列入GB14880《食品营养强化剂使用卫生标准》的品种包括氨基酸及含氮化合物类、脂肪酸类、维生素类、矿物质类，基本涵盖目前所有的维生素和常用的矿物元素。至2003年，列入GB14880的营养强化剂中单体种类已达到121种。纵观近年来营养强化业的发展，可以说是成绩斐然。从量上来看，营养强化剂从2000年的8万t，到2005年的10.2万t，直到2007年的18.4万t，生产量逐年上升。

三、食品营养强化剂的作用

食品营养强化最初是作为一种公众健康问题的解决方案提出的。食品强化总的目的是保证人们在各生长发育阶段及各种劳动条件下获得全面的合理的营养，满足人体生理、生活和劳动的正常需要，以维持和提高人类的健康水平。营养强化剂能提高食品的营养、感官以及保藏性能。由于天然的单一食物仅能供应人体所需的某些营养素，人们为了获得全面的营养需要，就要同时食用好多种类的食物，食谱比较广泛，膳食处理也就比较复杂。采用食品强化就可以克服这些复杂的膳食处理。食用较少种类和单纯食品即可获得全面营养，从而为简化膳食处理提供方便。这对某些特殊职业的人群具有重要意义，如军队以及从事矿井、高温、低温作业及某些易引起职业病的工作人员，由于劳动条件特殊，均需要高能量、高营养的特殊食品。

食品营养强化可以弥补天然食物的缺陷，使其营养趋于均衡。人类的天然食物，几乎没有一种单纯食物可以满足人体的全部营养需要，由于各国人民的膳食习惯，地区的食物收获品种及生产、生活水平等的限制，很少能使日常的膳食中包含所有的营养素，往往会出现某些营养上的缺陷。根据营养调查，各地普遍缺少维生素 B_2，食用精白米、精白面的地区缺少维生素 B_1，果蔬缺乏的地区常有维生素 C 缺乏，而内地往往缺碘。这些问题如能在当地的基础膳食中有的放矢地通过营养强化来解决，就能减少和防止疾病的发生，增强人体体质，弥补营养素的损失，维持食品的天然营养特性。食品在加工、贮藏和运输中往往会损失某些营养素，如精白面中维生素 B_1 已损失了相当大的比例。同一种原料，因加工方法不同，其营养素的损失也不同。在实际生产中，应该尽量减少食品在加工过程中的损耗。

第二节 食品营养强化剂的分类

食品营养强化剂通常包括氨基酸、维生素、无机盐和脂肪酸四大类。

1. 氨基酸类 蛋白质的基本结构单位是氨基酸，而氨基酸是代谢所需其他胺类物质的前体。组成蛋白质的氨基酸有 20 多种，其中大部分在体内可由其他物质合成。但赖氨酸、色氨酸、苯丙氨酸、蛋氨酸、苏氨酸、异亮氨酸、亮氨酸、缬氨酸在体内不能合成或合成速度不能满足人体需要，必须由食物供给。机体不能合成的这 8 种氨基酸称为必需氨基酸。组氨酸为小儿生长发育期间的必需氨基酸，精氨酸、胱氨酸、酪氨酸、牛磺酸为早产儿所必需。作为食品强化用的氨基酸主要是这些必需氨基酸或它们的盐类。它们中有的因为人类膳食中比较缺乏，或称为限制氨基酸的，主要是赖氨酸、蛋氨酸、苏氨酸和色氨酸四种，其中尤以赖氨酸为最重要。此外，对于婴幼儿尚有必要适当强化牛磺酸。

2. 维生素类 维生素是维持正常的生理功能而必需从食物中获得的一类微量有机物质。它不能或几乎不能在人体内合成，必须从外界不断摄取。当膳食中长期缺乏某种维生素时，就会引起代谢失调、生长停滞。而维生素强化剂在食品强化中占有重要地位。维生素的种类很多，化学结构差异很大，通常按其溶解性分为两大类：脂溶性维生素和水溶性维生素。脂溶性维生素包括维生素 A、维生素 D、维生素 E 和维生素 K 四种。人体易于缺乏，需要予以强化的是维生素 A 和维生素 D，近来来认为适当强化维生素 E 也很重要。水溶性维生素包括维生素 B 复合物和维生素 C，通常需要强化的 B 族维生素主要是维生素 B_1（硫胺素）、维生素 B_2（核黄素）、维生素 B_3（烟酸，烟酰胺）、维生素 B_6（包括吡哆醇、吡哆醛和吡哆胺）、维生素 B_{12}（钴胺素）以及维生素 B_9（叶酸）等。它们在人体内通过构成辅酶而发挥对物质代谢的影响。对于婴幼儿还有进一步强化胆碱、肌醇的必要。维生素 C 又称抗坏血酸，用于食品强化的有 *L*-抗坏血酸、*L*-抗坏血酸钠、抗坏血酸棕榈酸酯和维生素 C 磷酸酯镁等。

3. 无机盐类 无机盐又称矿物质，它是构成人体组织和维持机体正常生理活动所必需的成分。无机盐既不能在机体内合成，除了排出体外，也不会在新陈代谢过程中消失。人体每天都有一定量排出，所以需要从膳食中摄取足够量的各种无机盐来补充。构成人体的无机元素，按其含量多少，一般可分为大量或常量元素，以及微量或痕量元素两类。前者含量较大，通常以百分比计，有钙、磷、钾、钠、硫、氯、镁等 7 种。后者含量甚微，食品中含量通常以 mg/kg 计。目前所知的必需微量元素有 14 种，即 Fe、Zn、Cu、I、Mn、Mo、Co、

Se、Cr、Ni、Sn、Si、F和V。无机盐不仅是构成机体骨骼支架的成分，而且对维持神经、肌肉内的正常生理功能起着十分重要的作用，同时还参与调节体液的渗透压和酸碱度，又是机体多种酶的组成成分，或是某些具有生物活性的大分子物质的组成成分。无机盐在食物中分布很广，一般均能满足机体需要，只有某些种类比较易于缺乏，如钙、铁和碘等。特别是对正在生长发育的婴幼儿、青少年、孕妇和乳母，铁的缺乏较为常见，而碘和硒的缺乏，则依环境条件而异。对不能经常吃到海产食物的山区人民，则易缺碘，某些贫硒地区易缺硒。钙是人体含量最丰富的矿物质，其含量占体重的1.5%～2%。99%都集中于骨骼和牙齿中，并且是其重要的组成成分。其余1%存在于软组织和体液中。血中的钙作为有机酸盐维持细胞的活力。钙对神经的感应性、肌肉的收缩和血液的凝固等都是必需的，并且它还是机体许多酶系统的激活剂。缺乏时可引起骨骼和牙齿疏松，儿童生长停滞(骨骼畸形，如佝偻病；机体抵抗力降低等)。用于食品强化的钙盐品种很多，它们不一定是可溶性的(易溶于水，利于吸收)，但应是较细的颗粒。摄取时应注意维持适当的钙、磷比例。食品中植酸等含量高，可影响钙的吸收，而维生素D则可促进钙的吸收。铁是人体最丰富的微量元素，含量为体重的3.5×10^{-5}～5.0×10^{-5}。其中，血红蛋白含铁最多，约占总铁量的65%，肌红蛋白占5%。其余则以铁蛋白等形式储存，在机体中参与氧的运转、交换，以及组织呼吸过程。如果铁的携氧能力受阻，或铁的数量不足，则可产生缺铁性或营养性贫血，必须给予补充。用于强化的铁盐，种类也很多。一般来说，凡是容易在胃肠道中转变为离子状态的铁，易于吸收，二价铁比三价铁易于吸收。抗坏血酸和肉类可增加铁的吸收，而植酸盐和磷酸盐等则可降低铁的吸收。铁化合物一般对光不稳定，抗氧化剂可与铁离子反应而着色。因此，凡使用抗氧化剂的食品最好不用铁强化剂。除了钙盐和铁盐以外，还有锌盐、钾盐、镁盐、铜盐、锰盐以及碘、硒等。它们在人体内含量甚微，但对维持机体的正常生长发育非常重要，缺乏时亦可引起各种不同程度的病症。

4. 脂肪酸类 脂肪酸(fatty acid)是一类羧酸化合物，由碳氢组成的烃类基团连结羧基所构成，是中性脂肪、磷脂和糖脂的主要成分。根据碳氢链饱和与不饱和的不同可分为三类，即：饱和脂肪酸(saturated fatty acid，SFA)，碳氢上没有不饱和键；单不饱和脂肪酸(monounsaturated fatty acid，MUFA)，其碳氢链有一个不饱和键；多不饱和脂肪(polyunsaturated fatty acid，PUFA)，其碳氢链有两个或两个以上不饱和键。按营养角度分为非必需脂肪酸和必需脂肪酸两类，非必需脂肪酸是机体可以自行合成，不必依靠食物供应的脂肪酸，它包括饱和脂肪酸和一些单不饱和脂肪酸。而必需脂肪酸为人体健康和生命所必需，但机体不能合成，必须依赖食物供给，它们都是不饱和脂肪酸，均属于ω～3族和ω～6族多不饱和脂肪酸。现已确认的强化脂肪酸有：ω-6多烯不饱和脂肪酸(PUFA)和ω-3多烯不饱和脂肪酸，二十二碳六烯酸(DHA，脑黄金)和二十碳五烯酸(EPA，脑白金)。人的大脑结构60%是脂类，DHA和AA(二十碳四烯酸)是两种主要的大脑多烯不饱和脂肪酸，局限于细胞膜的磷脂中，一起构成人脑总磷脂的30%以上。强化脂肪酸类可以增进神经系统功能，益智健脑，预防阿尔茨海默病；抑制血小板凝集，减少血栓的形成，预防心肌梗死和脑梗死；降血脂，预防和治疗动脉粥样硬化；抑制肿瘤生长，抗炎，抑制过敏反应，保护视力等。

第三节 营养强化剂应用实例

一、食品营养强化剂使用实例

目前的营养强化主要是强化蛋白质和氨基酸类(如牛磺酸和赖氨酸)矿物质及微量元素类、维生素类、不饱和脂肪酸类(如DHA)等，可单一或多种营养素混合进行营养强化，营养强化的科学依据是营养平衡。营养强化需要合适的强化量，既不能过少也不能过多，过多同样会造成营养不平衡而不利于健康。目前，市场上常见的强化食品主要有粮食、奶和奶制品、饮料、调味品、植物油、糖果等。在食品中通过使用营养强化剂来防治某些疾病成效显著，如加碘盐的强制推广，已经使我国的碘缺乏病患者每年减少数百万人，我国克山病区、大骨节病区在食盐中强化硒并获得了较好的效果，发病率明显降低。

使用营养强化剂可以有效防止食品在正常加工、储存时造成的营养素损失；可以通过强化营养素改善一些地区出现的特定人群营养素摄入水平低或缺乏导致的健康影响状况，如在此地域内向营养素缺乏人群提供强化营养素的食品;此外有证据表明当某些人群由于饮食习惯或其他原因可能出现某些营养素及其他营养物质的摄入量水平较低或缺乏,可以通过添加营养强化剂改善上述营养素及其他营养物质摄入水平低或缺乏导致的健康影响;还可以用于生产传统食品的替代食品时增加替代食品的营养成分;当然补充和调整特殊膳食中营养素及其他营养物质的含量也是其很重要的使用目的。

1. 食品营养强化剂强化方法

1) 在原料或必要的食物中添加　如面粉、谷类、米、饮用水、食盐等,这种强化剂都有一定的程度损失。

2) 在食品加工过程中添加　这是食品强化最普遍采用的方法,各类牛奶、糖果、糕点、焙烤食品、婴儿食品、饮料罐头等都采用这种方法,采用这种方法时要注意制定适宜的工艺,以保证强化剂的稳定。

3) 在成品中加入　为了减少强化剂在加工前原料的处理过程及加工中的破坏损失,可在成品的最后工序中加入。奶粉类、各种冲调食品类、压缩食品类及一些军用食品都采用这种方法。

4) 用生物学方法添加　先使强化剂被生物吸收利用,使其成为生物有机体,然后再将这类含有强化剂的生物有机体加工成产品或者直接食用,如碘蛋、乳、富硒食品等,也可以用发酵等方法获取,如维生素发酵制品。

5) 用物理化学方法添加　如用紫外线照射牛乳使其中的麦角甾醇变成维生素 D。

2. 食品营养强化剂使用实例　我国人民几千年来基本形成了以粮谷类为主食,其他肉类、蔬菜瓜果为副食的饮食传统,一直延续至今。在营养素总供给量中,约70%的热能及50%左右的蛋白质由粮食提供,特别是在广大农村,由粮食提供的营养素占有很大比例。随着保健意识的提高,现在越来越多的人认识到,与动物性食物为主食的西方膳食相比,粮食为主的饮食是一种良好的膳食结构,可以减少肥胖、高血压、心脏病、糖尿病、癌症等的危险性。然而,粮食本身也存在着某些营养缺陷,在主食中进行营养强化很有必要。谷类食物中虽然含有人体所需的各种营养成分,但这些营养成分并不完全符合人体营养的需要,特别是粮食的蛋白质含量不足,缺少赖氨酸、苏氨酸及色氨酸等人体所必需的氨基酸。加工精度过高,烹调过度会丢失可观的微量营养素。就目前而言,食品的营养强化对食品添加剂工业提出了一些新的课题,比如大米的强化就比面粉的强化困难得多。目前强化大米的方式主要有喷涂法和制造营养米粒法。采用喷涂法强化会对大米外观有影响,因为有的营养素如维生素 B_2 等颜色较深。面粉、玉米粉一类的粉类主食覆盖人群广、价格低廉、方便可行、安全可靠,所以,面粉是向人类提供微量营养素的适宜载体,现在国家已制定出面粉营养强化标准。面粉强化可直接将面粉质量的0.1%～0.4%的赖氨酸等强化剂加在面粉中,然后加工制成面包、饼干等;也可按营养要求用量将氨基酸溶在水中,然后用水溶液调制各种食品原料,加工成各种食品;还可在制成的食品上洒粉末状氨基酸,可以搅拌的食品要再将其搅拌均匀。就目前而言,食品的营养强化对食品添加剂工业提出了一些新的课题,如大米的强化比面粉的强化困难得多。大米在精制和淘洗过程中B族维生素流失较多,另外B族维生素易被长时间煮沸所破坏,故米饭中流失也较多;所以在大米和米饭中一般强化维生素B族。目前强化大米的方式主要有喷涂法和制造营养米粒法。采用喷涂法强化会对大米外观有影响,因为有的营养素如维生素 B_2 等颜色较深。

二、食品营养强化剂使用注意事项

食品的强化是很复杂的工作,在进行食品的营养强化时,应注意以下几点。

1) 严格执行《营养强化剂使用卫生标准》和《营养强化剂卫生管理办法》,营养强化剂应经济合理,符合我国使用卫生标准和质量规格标准。

2) 添加的营养素应是大多数人的膳食中的含量低于所需的营养素。营养强化剂易被机体吸收利用,强化对象最好是大众化的、日常食用的食品和奶粉主副食、调味品等。

3) 营养强化的理论基础是营养素平衡,滥加强化剂不但不能达到增加营养的目的,反而造成营养失调而有害健康。为保证强化食品的营养水平,避免强化不当而引起的不良影响,使用强化剂时首先要合理确定出各种营养素的使用量。食品强化要符合营养学原理,强化剂的添加不得破坏必需营养素之间的平衡关系,强化剂量要适当,应不致破坏机体营养平衡,更不致于因摄取过量而引起中毒。一般强化量以人体每日推荐膳食供给量的1/2～1/3为宜。产品应有使用指导,防止消费者由于时尚或偏见而误食或过量摄入,导致中毒。

4）营养强化剂在食品加工、保存等过程中，应不易分解、破坏，或转变成其他物质，有较好的稳定性，并且不能影响食品的色、香、味等感官性状，降低食品品质。

5）食品中的强化剂是针对某一个问题来强化的，它并非表明真正的合理营养，所以，在使用这种产品应有的放矢，要非常谨慎。

6）食品加工中，没有必要将食物中原来所缺乏的和在加工过程中损失的某些营养素都进行强化补充，要在全面基础上来确定食品是否需要强化营养素，如事先调查当地居民饮食情况和营养状况等。

第十九章

食品加工助剂

食品加工助剂(简称“加工助剂”)是指在加工食品原料、食品或其配料时,因加工工艺需要,为了保证加工过程顺利进行而使用的物质,一般应在食品终产品中除去,但可能会带来非有意但又无法避免的残留物或衍生物。

食品加工助剂就是有助于食品加工顺利进行的各种物质。这些物质与食品本身无关,如助滤、澄清、吸附、润滑、脱模、脱色、脱皮、提取溶剂、发酵用营养物质等。

食品加工助剂一般应在食品中除去而不应成为最终食品的成分,或仅有残留;在最终产品中没有任何工艺功能;不需在产品成分中标明。

第一节 酶制剂

酶制剂是指从生物中提取的具有酶特性的一类物质,主要作用是催化食品加工过程中各种化学反应,改进食品加工方法。

我国已批准的有木瓜蛋白酶、α-淀粉酶制剂、精制果胶酶、β-葡萄糖酶等6种。酶制剂来源于生物,一般较为安全,可按生产需要适量使用。

一、酶制剂定义

食品酶制剂是指从动物、植物、微生物材料中提取、分离、纯化各种酶并将它们制成供各种工业和医疗用的制剂。食品酶制剂是以符合食品添加剂GB 2760要求的来源菌种按照食品添加剂卫生标准要求和酶制剂生产环境、设备要求生产的作为食品加工助剂的生物酶制剂。

二、酶制剂分类

1. 按水解底物的差异分类

1) 糖加工利用中的酶制剂　α-淀粉酶、β-淀粉酶、糖化酶、支链淀粉酶、葡萄糖异构酶、纤维素酶、葡萄糖氧化酶、葡萄糖基转移酶、木聚糖酶、果胶酶、乳糖酶等。

2) 蛋白质加工利用的酶制剂　木瓜蛋白酶、胃蛋白酶、凝乳酶、菠萝蛋白酶等。

3) 酯加工酶制剂　脂肪酶、磷脂酶、脂肪氧化酶。

4) 单宁酶。

5) 溶菌酶。

2. 按来源分类

1) 动物自身酶　由动物的各种分泌腺产生和分泌的,几乎包括了动物所需的各种酶。

2) 人工酶　人工提取的酶主要是消化酶类。

3. 按作用机制分类

1) 加水分解酶　这类酶主要包括淀粉酶、蛋白酶、脂肪酶、纤维素酶、植酸酶、果胶酶等。

2) 氧化还原酶　氧化还原酶是指参与有机物质氧化还原的酶类。主要有脱氢酶和细胞色素氧化酶等,存在于动植物体的体液和组织中。

4. 按动物能否合成分类

1) 消化酶　畜禽体内能够合成这类酶并消化营养物质,但因某种原因需要强化和补充。这类酶主要包括淀粉酶、蛋白酶和脂肪酶等。

2）非消化酶　动物自身不能分泌到消化道内的酶，多来源于微生物，这类酶能消化动物自身不能消化的物质或降解一些抗营养因子。

5. 按制剂类型分类

1）单一酶制剂　如淀粉酶、脂肪酶、蛋白酶、纤维素酶和植酸酶等。

2）复合酶制剂　由一种或几种单一酶制剂为主体，加上其他单一酶制剂混合而成，或者由一种或几种微生物发酵获得。

复合酶可同时降解饲粮中多种需要降解的底物（多种抗营养因子和多种养分），可最大限度地提高饲料的营养价值。国内外饲料酶制剂产品主要是复合酶制剂。

三、常用食品酶制剂介绍

1. α-淀粉酶　α-淀粉酶（α-amylase）又称液化型淀粉酶、细菌α-淀粉酶、退浆淀粉酶、糊精化淀粉酶和高温淀粉酶等。α-淀粉酶是内切酶型，故称为内淀粉酶，随机作用于淀粉、糖原的α-1,4-糖苷键，对α-1,6-糖苷键则不能水解。水解直链淀粉时，先切开淀粉分子中间部分的α-1,4-糖苷键，使长链淀粉很快地分解成短链的糊精，糊精再继续水解，最后产物为α-麦芽糖和少量的葡萄糖，降解直链淀粉产物是葡萄糖、麦芽糖、麦芽三糖。在水解支链淀粉时，由于它不能水解分支点的α-1,6-糖苷键，因此作用的产物中不仅有麦芽糖和少量葡萄糖，还产生了异麦芽糖，降解支链淀粉产物是葡萄糖、麦芽糖、麦芽三糖和异麦芽糖。异麦芽糖是支链淀粉分子的分支点，是由两个葡萄糖以α-1,6-糖苷键相连的双糖。由于α-淀粉酶在水解淀粉时反应速度很快，所以反应底物淀粉的黏度下降得很快。由于其水解产物没有专一性，产物构型仍为α-型，故称作α-淀粉酶。

α-淀粉酶已用在淀粉加工业、面包工业、发酵工业和饲料制造等方面。在市场上，α-淀粉酶是产量最大的酶类。它的水解终产物中除含麦芽糖、少量葡萄糖、麦芽寡糖外，还残留一系列具有α-1,6-键的极限糊精和含多个葡萄糖残基的带α-1,6-键的低聚糖。因为所产生的还原糖在光学结构上是α型的，故将此酶称为α-淀粉酶。α-淀粉酶通常在pH 5.5～8时稳定，pH 4以下时易失活，其最适pH为5～6，但不同来源的酶的最适pH差别很大。温度对酶活性有很大的影响，纯化的α-淀粉酶，在50℃易失活，但在Ca^{2+}存在或在高浓度的淀粉液中酶对热的稳定性增加。α-淀粉酶是一种金属酶，每分子酶至少含有一个Ca^{2+}，可使酶分子保持相当稳定的活性构象。α-淀粉酶可由微生物发酵产生，也可从植物和动物中提取。

2. β-淀粉酶　β-淀粉酶（β-amylase）是一种外切酶，水解支链淀粉、糖原及有关低聚糖的α-1,4-糖苷键，从链的非还原末端依次切下二糖单位，同时发生沃尔登转位反应（Wanlden inversion），原来的α连接被转型，产物为β-淀粉酶，所以此酶被称为β-淀粉酶。

β-淀粉酶水解淀粉产生麦芽糖。长期以来，β-淀粉酶主要来源于大麦等粮食作物，应用受到限制；微生物β-淀粉酶可全部或部分代替植物来源的β-淀粉酶，用来生产高麦芽糖浆、高纯度麦芽糖、医用针剂麦芽糖、麦芽糖醇、麦芽糊精、啤酒等。一些植物的作用最适pH为5.0～6.0；微生物β-淀粉酶最适pH为6.0～7.0，植物的pH稳定范围为5.0～8.0，微生物的为4.0～9.0，β-淀粉酶对热的稳定性因酶源不同而有差别。一些植物酶在60～65℃很快失活；微生物酶耐热性更差，通常在40～50℃反应为宜。钙离子对β-淀粉酶有降低稳定性的作用，这与对α-淀粉酶有提高稳定性的效果相反，利用这一差别可在70℃、pH 6.0～7.0，有钙离子存在时使β-淀粉酶失活，以纯化α-淀粉酶。

3. 葡萄糖淀粉酶　葡萄糖淀粉酶[glucamylase，EC. 3. 2. (3).]是一种外切酶，又称糖化酶。化学名称为α-1,4-葡萄糖水解酶（α-1,4-glucan glucohydrolace），能将直链淀粉和支链淀粉分解为葡萄糖，它作用于淀粉时，从非还原性末端逐次切下一个葡萄糖单位，并将其构型由α-型转变为β-型。

虽然葡萄糖淀粉酶能作用于α-1,6-糖苷键，但是它仍然不能使支链淀粉完全降解。据推测，在支链淀粉中，一些α-1,6-糖苷键可能因它的排列方式而让葡萄糖淀粉酶不易使它水解。然而当有α-淀粉酶参加作用时，葡萄糖淀粉酶可使支链淀粉完全降解。葡萄糖淀粉酶水解α-1,4-糖苷键的速度随底物相对分子质量的增加而提高，当相对分子质量超过麦芽五糖时，这个规律不存在。

葡萄糖淀粉酶是工业上用途广泛的酶制剂，我国已大规模生产，主要用于食品工业。可作为淀粉的糖化剂，使用糖化酶对淀粉水解比较安全，可提高出酒率，麸曲法能减少杂菌感染，节约粮食，改善劳动条件。糖化酶对设备没有腐蚀性，使用安全，使用糖化酶有利于生产机械化，有利于实现文明生产；使用糖化酶工艺简单、性能稳定，可降低劳动强度，有利于稳定生产，广泛用于葡萄糖工业、酿酒和乙醇工业及发酵工业作为糖化剂，在改进食品加工技术、提高食品质量、改善食品风味等方面有显著的作用。

第二节　其他食品工业用加工助剂

一、助滤剂

助滤剂(filter aid)是指在食品加工的过滤单元操作中，为防止滤渣堆积过于密实，使过滤顺利进行，需要使用的细碎程度不同的不溶性惰性材料，这种以帮助过滤为目的，兼有脱色作用的食品添加剂即为助滤剂。主要有活性炭、硅藻土、高岭土等产品。

1. 活性炭　活性炭用于对淀粉糖浆进行脱色和提纯(也可用于油脂和酒类的脱色、脱臭)。用活性炭脱色之前，将糖液中的胶黏物滤去，然后将其蒸发至浓度为48%～52%，再加入一定量的活性炭进行脱色，并压滤以便将残存糖液中的一些微量色素脱除干净，得到无色澄清的糖液。

活性炭脱色作用的影响因素有以下几点。

1) 温度　温度高，糖液黏度小，使杂质容易渗透进入活性炭的组织内部，一般以70～80℃为宜。

2) 搅拌　糖液充分与活性炭接触，增加脱色作用，通常为100～120 r/min。

3) pH　脱色效率一般在酸性条件下较好，适宜范围为pH为4.0～4.8，不宜太高。

4) 时间　一般为30 min。

5) 浓度　一般48%～52%，浓度太低，效果不好；浓度过高，难以脱色。

2. 硅藻土　硅藻土(diatomaceous earth)是由硅藻的硅质细胞壁组成的一种沉积岩，主要成分为二氧化硅的水合物。为白色至浅灰色或米色多孔性粉末；质轻，有强吸水性；能吸收自身质量1.5～4倍的水；不溶于水、酸类(氢氟酸除外)和稀碱；溶于强碱。

常作为砂糖精制、葡萄酒、啤酒、饮料等加工的助滤剂；若与活性炭并用可提高脱色效果和吸附胶质作用；但同高岭土等不溶性矿物质一样除万不得已，不得用于食品加工，在成品中应将这些物质除去。使用硅藻土时，应先将硅藻土放在水中搅匀，然后流经过滤机网片，使其在网片上形成硅藻土薄层，当硅藻薄层达1cm左右，即可过滤得到澄清的制品。

3. 高岭土　高岭土又称白陶土、瓷土，主要成分为含水硅酸铝。纯净的高岭土为白色粉末，一般含有杂质，呈灰色或淡黄色，质软，易分散于水或其他液体中，有滑腻感，并有土味。其毒性：ADI不需要规定。高岭土既有助滤、脱色作用，又可作为抗结剂、沉降剂等，如用于葡萄糖的澄清。其使用方法同硅藻土。

二、食品加工助剂的使用原则

1) 食品加工过程中加工助剂的使用量应限制在能达到预期效果的最低量。

2) 加工助剂在食品终产品中的残留量应在当前的工艺水平下尽可能降到最低，不会对食品本身产生任何物理的或其他作用。

3) 食品加工助剂在工艺需要的同时应强调安全性，追求低用量、低残留。其在食品终产品中的残留量不能对健康造成任何危害，不对食品终产品有功能作用。

使用举例：如功能为碱性剂、清洗剂的氨水，使用范围为饮用纯净水、饮料，按生产需要适量使用，残留量无；功能为脱色剂的凹凸棒黏土，用量≤30 kg/t，残留量无；功能为萃取剂的正己烷，使用范围为食用植物油，按生产需要适量使用，残留量≤10 mg/kg；功能为消毒剂的甲醛，使用在饮用纯净水、饮料中，按生产需要适量使用，残留量无；甲醛使用在啤酒和麦芽饮料中，功能为微生物生长抑制剂、澄清剂，使用量≤200 mg/L，残留量≤2 mg/L。

第二十章 其他食品添加剂

第一节 面粉处理剂

面粉处理剂是指能促进面粉熟化(尽快地达到面筋强度要求)、增白和提高制品质量的一类食品添加剂,又称面粉品质改良剂。面粉品质改良剂是专用于小麦面粉及其制品品质和食品加工性能的改善,食品保质期的延长,增强食品营养价值的一类化学合成或天然物质。

按照《食品添加剂使用卫生标准》(GB 2760—1996)规定,我国许可使用的过氧化苯甲酰、溴酸钾和偶氮甲酰胺等均有一定的氧化漂白作用,而它们还具有一定的熟成作用,在面粉中添加过氧化苯甲酰等氧化剂可加快熟化过程。与此同时,还可抑制小麦粉中蛋白质分解酶的作用,避免蛋白质分解,借以增强面团弹性、延伸性、持气性,改善面团质构,从而提高焙烤制品的质量。具有还原作用的L-半胱氨酸盐酸盐,除可促进面筋蛋白网状结构的形成,防止老化提高制品质量外,尚可缩短发酵时间。值得注意的是,溴酸钾尽管有良好的效果,但因近年发现其安全性有问题(有一定的致癌作用),不少国家相继禁用,自2005年7月1日起,在《食品添加剂使用卫生标准》(GB 2760)中取消溴酸钾作为面粉处理剂使用。市场上面粉中增白剂超标事件层出不穷,屡禁不止,对食品安全已造成了严重威胁,由于技术上难以控制添加均匀;还有就是不排除少数企业为了提高白度而超标滥用。更有甚者,有的不法添加剂厂商搭掩护车,为降低成本,用滑石粉作稀释剂生产过氧化苯甲酰,甚至用甲醛次硫酸氢钠(俗称吊白块)来代替过氧化苯甲酰添加到面粉中,严重危害了消费者的身体健康。2011年3月,卫生部联合工业和信息化部等七部门联合发布公告,撤销过氧化苯甲酰作为食品添加剂,并于2011年5月1日起正式禁用。

目前国际上许可使用的品种还有过氧化丙酮、过氧化钙、过硫酸钾等,碘酸钙、碘酸钾等也有应用。为了加强它们的安全使用和方便有效,除应适当开发新品种外,还有必要进一步研究其最佳使用问题,如溴酸钾不得在最终成品中检出的最佳使用等。

一、偶氮二甲酰胺

1. 性状 偶氮二甲酰胺(azodicarbonamide,ADA),为黄色至橘红色结晶性粉末,具有漂白与氧化双重作用,是一种面粉快速处理剂,在国外已广泛应用,并已通过WHO和FDA的批准,是替代溴酸钾的理想产品。

偶氮甲酰胺具有氧化性,是一种速效氧化剂,其活性能保持较长时间,通过N═N双键,脱掉蛋白质中的—SH基中的H原子(本身变成缩二脲),从而使蛋白质链相互连接而构成立体网状结构,改善面团的弹性、韧性及均匀性,使生产出的面制品具有较大的体积、较好的组织结构。

毒理:小鼠经口LD_{50}大于10g/kg(广东省食品卫生监督检验所),ADI 0~45mg/kg(WHO/FAO,1994)。

2. 作用特点及使用量 ADA在面粉潮湿后就立即起作用,所以起效更快,基本在和面阶段就可以使面团达到成熟,对制粉行业要求缩短仓储期、烘焙行业要求快速发酵极有意义。

使用量:45mg/kg。

二、*L*-半胱氨酸盐酸盐(面筋弱化)

1. 性状 *L*-半胱氨酸盐酸盐分子式$C_3H_7NO_2S \cdot HCl \cdot H_2O$,相对分子质量为175.64。为无色至白

色结晶或结晶性粉末，有特异臭和酸味，具有还原性，熔点175℃（分解），有抗氧化和防止非酶褐变的作用。溶于水，水溶液呈酸性，1%溶液的pH约为1.7，0.1%溶液pH约为2.4。可溶于醇、氨水和乙酸，不溶于乙醚、丙酮、苯等。*L*-半胱氨酸非常不稳定，而其盐酸盐比较稳定。

2. 机制 *L*-半胱氨酸作为还原剂，在面粉蛋白中其—SH破坏形成的—S—S—，减少面筋网络结构的形成，使面筋蛋白质由大分子结构断裂成小分子结构，从而降低面团弹性、韧性，起到减筋作用。用于缩短面包发酵时间或其他非焙烤类食物的面团制作；提高延伸性等的效果；还可增大面包体积和防止老化并延长货架期。

3. 使用 我国GB 2760—2007规定，用于发酵面制品，0.06 g/kg。例如，制作面包一般发酵时间为3～5 h，加入*L*-半胱氨酸盐酸盐30～90 mg/kg，可缩短发酵时间二分之一。

第二节 胶姆糖基础剂

胶基糖果中基础剂物质一般是以高分子胶状物质如天然橡胶、合成橡胶、树脂胶加上软化剂、填充剂、抗氧剂和增塑剂等组成的食品添加剂。具有赋予胶姆糖起泡、增塑、耐咀嚼的性能。《食品添加剂使用卫生标准》(GB 2760—81)中只允许石蜡和聚乙酸乙烯酯用于胶基糖果。胶姆糖中胶基占20%～30%，其余为糖、香料等成分。《食品添加剂使用卫生标准》(GB 2760—1986)(1990年增补品种)首次制定了胶基及其配料的推荐名单，包括16种允许使用的和6种暂时允许使用的物质。其中还对丁苯橡胶和悬浮聚苯乙烯规定了苯乙烯残留量为20 mg/kg。

一、胶姆糖基础剂发展简史

胶姆糖（包括口香糖、泡泡糖）是现代社会发展中产生的消费品种，是人们日常最喜爱的小食品之一。胶姆糖在世界范围内的流行，促进了胶姆糖基础剂的快速发展；我国胶姆糖的消费从最初的泡泡糖逐渐转向口香糖，到2005年全国胶基总产量已超过3万t。胶姆糖（香口胶、泡泡糖）是由胶基、糖、香精等制成，胶基占胶姆糖的20%～30%。胶基是一种无营养、不消化且不溶于水的易咀嚼性固体，在胶姆糖生产中用于承载甜味剂，香精等物质。胶基必须是惰性不溶物，不易溶于唾液，它是胶姆糖中最基本的咀嚼物质。至于胶基的成分则很复杂，可有天然树胶、合成橡胶胶、树脂、蜡类、乳化剂、软化剂、胶凝剂、胶凝剂、抗氧化剂、防腐剂、填充剂以及色素、色淀、香精等，可制成的胶基有泡泡胶、软性泡泡胶、酸味软性泡泡胶、无糖泡泡胶、香口胶、酸味香口胶、无糖香口胶等，并可根据生产厂家的需要，制作相应的胶基。

中国胶基工业起步较晚，在20世纪90年代外资生产胶姆糖的带动下，外资和民营胶基厂逐步建立和发展，但规模都较小，年产胶基在5000 t以下。2000年以后，胶基行业得到长足进步。同时随着社会的发展，人们生活质量的提高，社会交往的频繁，以及戒烟、保健等功能的强化，其消费量与日俱增，全世界胶姆糖消费量每年达数十万t之多，按胶姆糖中胶基含量25%计算，全世界胶基的需求量近20万t/年。

二、胶姆糖基础剂基本原料

胶基大体是由大量的基本原料和少量的添加剂组成：① 橡胶：提供胶基弹性；② 酯类：增强黏着度和浓度；③ 蜡：在胶基中起软化作用；④ 脂肪：扮演可塑性角色；⑤ 添加剂中乳化剂、抗氧剂等均为食品行业通用的一些品种。

1. 橡胶类 最常用的有丁苯橡胶(SBR)和丁基橡胶。它们赋予胶基弹性、成泡性，在泡泡糖胶基中用量较多。

SBR是由丁二烯与苯乙烯乳液共聚，再经洗涤、脱水干燥所得产品。工业级SBR生产过程中使用的乳化剂、引发剂等非食品用添加剂以及高残留苯乙烯含量，使其不能用于制造胶基。国内大部分厂家使用进口的食用级SBR。

丁基橡胶是异丁烯和少量异戊二烯（质量百分含量约为1.5%～4.5%）共聚而成的一种合成橡胶，简称

IIR，具有良好的化学稳定性和热稳定性。

2. 树脂类 使用最多的是聚乙酸乙烯酯(PVAC)，通常由乙酸乙烯单体经溶液聚合，再经洗涤、净化、干燥而得。外形是无色或浅黄色，无嗅、无味透明玻璃状固体，是中国卫生部门和FDA许可的胶基原料。其有韧性和塑性，亲水性良好，用于改善胶基口感和咀嚼性好，高聚合度(500～600)适用于泡泡糖胶基，低聚合度(200～400)适用于口香糖胶基。PVAC更多的用于口香糖，用量越来越大。

3. 松香酯系列 松树切割流出的松脂，经熔解、沉降、除杂，再由水蒸汽或减压蒸馏，蒸出松节油，产出松香。松香和甘油酯化，生成松香甘油酯(酯胶)，外观是黄色或深褐色透明固体，其分子结构带亲油性和亲水性基因，并有极强的黏合性，用于胶基时，可将各类亲油性、亲水性配料很好乳化融合，它本身也有很好的咀嚼性。因此是胶基中不可或缺的成分之一。

为了改善酯胶的口感和稳定性，各种改性松香甘油酯应运而生。例如，氢化松香甘油酯具有抗氧性好，色泽浅，脆性小，热稳定性高。聚合松香甘油酯软化点高，抗氧化性高，适合制作偏硬的胶基。精制松香甘油酯色泽浅，稳定性好，杜绝了普通松香甘油酯可能残留的苦涩味。在高档胶基中，改性松香甘油酯用量日益增长。

4. 蜡类 主要有石油蜡和微晶石蜡两大类。蜡是石油炼制的副产品。石油蜡主要是由含26～30个碳原子的直链烷烃组成的。微晶石蜡由平均含有41～50个碳原子的带支链烷烃组成。石油蜡外观白色、半透明，无嗅、无味硬质块状，微晶石蜡是白色至浅黄色带柔软性块状固体。蜡类共同特性是有光泽，良好的延展性、可塑性、润滑性、耐水性、耐咀嚼性。

用于食品中的蜡类，必须将粗石蜡或微晶蜡经多道精制，特别是消除其中对人体有害、致癌的多环芳烃，使之符合FDA中紫外吸收光的安全指标。

5. 糖胶树胶、达马树胶 糖胶树胶(chicle)是人心果树乳液凝聚成的粉红至红棕色片状树胶。糖胶树胶含橡胶和杜仲胶(Gutta-percha)，最初用作橡胶代用品。1890年前后大量输入美国，作为口香糖的主要配料。到20世纪40年代，大部分已被合成产品所取代。

达马树胶(Dammar gum)具有优良保色性，粗制品为白色至黄色或浅棕色透明固体，断面为贝壳状，也可为碎块或粉状，有时杂有树皮。精制品呈白色至淡黄色，不得杂有木质碎块。基本上无臭，但可带有精制过程中挥发性油的气味。不溶于水，溶于乙醇和乙醚，易溶于甲苯、苯、石油醚和四氯化碳。

第三节 消 泡 剂

一、消泡剂概念

在食品加工过程中，不同程度地产生起泡现象，常见于食品发酵工艺、豆类加工或者添加高分子化合物的乳化剂时会产生大量泡沫，既影响生产率，又降低产品质量。消泡剂(antifoaming agent)是在食品加工过程中为降低表面张力，消除泡沫的物质。

食品消泡剂(food antifoaming agent)可运用在加热杀菌的发酵工程中或高温状态下的各种发泡液中，它的特点是一次加入，快速消泡、超长抑泡、用量极少、安全无毒、无腐蚀，稳定耐高温。用于酿造工艺最大使用量为1g/kg，豆制品工艺为1.6g/kg，制糖工艺及发酵工艺为3g/kg，一般工业使用添加量0.05%～0.25%。

二、消泡剂分类

消泡剂大致可分两类：一类能消除已产生的气泡，如乙醇等；另一类则能抑制气泡的形成如乳化硅油等。我国规定允许使用的消泡剂有：乳化硅油、高碳醇脂肪酸酯复合物DSA-5、聚氧乙烯聚氧丙烯季戊四醇醚(PPE)、聚氧乙烯聚丙醇胺醚(BAPE)、聚氧丙烯甘油醚、聚氧丙烯氧化乙烯甘油醚、聚二甲基硅氧烷，共7种。

1. 乳化硅油

(1) 概述：乳化硅油是硅油(甲基聚硅氧烷)经乳化而成的，为白色黏稠液体，几乎无臭，不溶于水(可分散于水中)、乙醇、甲醇,溶于苯、甲苯、汽油等芳香族碳氢化物、脂肪族碳氢化物和氯代碳氢化合物(如苯、四氯化碳等)。化学性质稳定,不挥发,不易燃烧,对金属无腐蚀性,久置于空气中也不易胶化。

(2) 作用:消泡剂。乳化硅油为亲油性表面活性剂,表面张力小,消泡能力很强,是良好的食品消泡剂。

(3) 安全性:用含0.3%硅油的饲料喂养大鼠2年,未发现异常,即在生长、死亡、全身状态、行动、血液、器官等方面未发现值得注意的变化,主要内脏器官也无变化。

(4) 使用范围:可用于发酵工艺、饮料。

2. 高碳醇脂肪酸酯复合物

(1) 概述:简称DSA-5,编码GB 03.002。化学结构为十八碳醇的硬脂酸酯、液状石蜡、硬脂酸三乙醇胺组成的混合物。为白色或淡黄色黏稠液体,无腐蚀性,不易燃,不易爆,不挥发,性质稳定。黏度高,流动性差。−30~−25℃时黏度增大。室温下及加热时易流动。

(2) 作用:消泡剂。DSA-5的主要成分为表面活性剂,能显著地降低泡沫液壁的局部表面张力,加速排液过程使泡沫破裂消除。DSA-5消泡效果好,在标准范围内使用,消泡率达96%~98%。

(3) 安全性:大鼠经口LD_{50}>15g/kg。用含8% DSA-5的饲料喂养大鼠3个月,未发现异常。经污染物致突变性检测(鼠伤寒沙门氏菌/哺乳动物微粒体酶试验),大鼠骨髓细胞染色体畸变试验和显性致突变试验均为阴性。致畸试验和胚胎毒性试验均未发现有毒性作用。

(4) 使用范围:可用于酿造工艺、豆制品工艺、制糖工艺、发酵工艺。

3. 聚氧乙烯聚氧丙烯季戊四醇醚

(1) 概述:简称PPE,编码GB03.003。平均相对分子质量4000~5000。为无色透明油状液体,难溶于水,能与低级脂肪醇、乙醚、丙酮、苯、甲苯、芳香族化合物等有机溶剂混溶,不溶于煤油等矿物油,与酸、碱不发生化学反应,热稳定性良好。

(2) 作用:消泡剂。

(3) 安全性:LD_{50}:大鼠经口10.8g/kg(雌性),14.7g/kg(雄性)。小鼠经口12.6g/kg(雌性),17.1g/kg(雄性)。致突变试验:Ames试验及骨髓细胞微核试验无致突变作用。90天喂养试验:无作用剂量为4000mg/kg。

(4) 使用范围:可按生产需要适量用于发酵工艺。

4. 聚氧乙烯聚丙醇胺醚

(1) 概述:又称含氮聚醚、BAPE,编码GB 03.004。相对分子质量3000~4200。为无色或微黄色的非挥发性油状液体,溶于苯及其他芳香族溶剂,也溶于乙醚、乙醇、丙酮、四氯化碳等溶剂。在冷水中溶解度比在热水中大。

(2) 作用:消泡剂。在味精生产中应用具有产酸高、生物素减少、转化率提高等优点。

(3) 安全性:Ames试验、小鼠骨髓细胞微核试验、小鼠睾丸染色体畸变试验,均无致突变作用。

(4) 使用范围:可按生产需要适量用于发酵工艺。

5. 聚氧丙烯甘油醚

(1) 概述:又称GP型消泡剂,编码GB 03.005。为无色或黄色非挥发性油状液体。溶于苯及其他芳烃溶剂,也溶于乙醚、乙醇、丙酮、四氯化碳等溶剂,难溶于水,热稳定性好。

(2) 作用:消泡剂。聚氧丙烯甘油醚不溶或难溶于发泡介质中,但有一定的亲水性,注入发泡液中,能迅速进入形成泡沫的物质中,其分子能在泡沫表面伸展扩散。

(3) 安全性:Ames试验、小鼠骨髓细胞微核试验和小鼠精子畸变试验,均无致突变作用。

(4) 使用范围:可按生产需要适量用于发酵工艺。

6. 聚氧丙烯氧化乙烯甘油醚

(1) 概述:又称GPE消泡剂,编码GB 03.006。平均相对分子质量约3500。为无色或黄色非挥发性油状液体。溶于苯及其他芳烃溶剂,也溶于乙醚、乙醇、丙酮、四氯化碳等溶剂。在冷水中溶解较热水中容易。

(2) 作用:消泡剂。

(3) 安全性:Ames试验、小鼠骨髓细胞微核试验和小鼠精子畸变试验,均无致突变作用。

(4) 使用范围：可按生产需要适量用于发酵工艺。

7. 聚二甲基硅氧烷

(1) 概述：聚二甲基硅醚(PDMS)又称二甲基聚硅氧烷或二甲硅油，平均相对分子质量 13 500～30 000。为无色透明黏稠状液体，无臭，无味，相对密度 0.964～0.977。不溶于水和乙醇，溶于苯、乙醚、甲苯、氯仿、四氯化碳及其他有机溶剂。

(2) 作用：消泡剂。

(3) 安全性：聚二甲基硅氧烷对人及哺乳动物均无明显的急性及慢性中毒反应，也无致变及致癌作用。

(4) 使用范围：可用于豆制品工艺、肉制品、啤酒工艺、果汁、浓缩果汁、饮料、速溶食品、冰淇淋、调味品、果酱和蔬菜加工工艺、发酵工艺、焦糖色工艺。

第四节　被 膜 剂

一、被膜剂概念

被膜剂(coating agent)是指用于食品外表涂抹，起保质、保鲜、上光、防止水分蒸发等作用的物质。被膜剂是一种覆盖在食物表面而后能形成薄膜的物质，其目的是为了抑制水份蒸发，调节呼吸作用，减少营养物质消耗，防止细菌侵袭，改善外观，从而保持其新鲜度，提高商品价值。

现允许使用的被膜剂有紫胶、石蜡、白色油(液状石蜡)、吗啉脂肪酸盐 (果蜡)、松香季戊四醇酯等 7 种，主要应用于水果、蔬菜、软糖、鸡蛋等食品的保鲜。

二、常用被膜剂

1. 紫胶　紫胶又称虫胶，属于寄生于豆科或桑科植物上的紫胶虫所分泌的树脂状物质(称为紫梗)。该胶为淡黄色至褐色片状物，有光泽，可溶于碱、乙醇，不溶于酸，有一定的防潮能力。一般制法采用热滤法工艺或溶剂法工艺。使用虫胶溶液喷淋或浸渍水果表面而形成保护膜后，可以有效地抑制水分蒸发、调节果实呼吸的作用，还能防止细菌入侵，起保鲜作用。涂于要求防潮的食品如糖果的表面，可形成光亮膜，起到隔离水分、保持食品质量稳定和使产品美观的作用。但是虫胶使用有一定局限性，如在湿度较高的季节就不能使用虫胶涂膜，虫胶片的储存期较短，一般有效期为半年。虫胶片在储运过程中水分高，极易结块，应在干燥处储存，将水分控制在 4%以下，避免结块。

2. 石蜡　石蜡(paraffin, paraffin wax)又称固体石蜡、矿蜡、微晶石蜡，为固体石蜡烃的混合物，碳链长为 24～36。无臭，无味，手触有油腻感。熔点 50～57℃，相对密度为 0.88～0.915。溶于乙醚、氯仿、苯、二硫化碳、石油醚和挥发油及多数油脂。化学性质稳定，具有良好的隔离性能，可用于柑橘类等水果的涂膜上光，也是胶姆糖的良好基础剂。

石蜡不被机体消化吸收，少量无毒性；长期大量服用，能导致食欲减退；对脂溶性维生素的吸收减少，发生消化器官和肝脏障碍。

3. 白色油　白色油又称液状石蜡或石蜡油，由饱和烷烃组成；碳链长为 16～24。为无色半透明稠状液体，无臭、加热时有轻微的石油气味；不溶于水和乙醇。溶于乙醚、石油醚和油；长时间光照或加热，能缓慢氧化生成过氧化物；具有良好的脱膜性能及消泡、润滑和抑菌作用；不被细菌污染，易乳化，有渗透性、软化性和可塑性，在肠内不易吸收。

用蜡质被膜剂形成的密闭果皮涂膜，可造成果实与外界处于隔离状态，易使糖分分解而降低糖度，时间太长则造成果肉发臭。同时因为蜡涂层水洗不能洗掉，所以必须在用蜡涂料处理前，将果皮上附着的农药和不洁物用水冲掉，这样不但增加了操作上的困难，而且容易把果皮弄伤，促使果皮萎调和腐烂。

三、被膜剂在食品保鲜和加工中的用途

1) 保水　涂布于果蔬表面，形成具有某种通透和阻隔特性的薄膜，可减少水分蒸发，调节呼吸作用，防

止微生物侵袭,从而保持果蔬的新鲜品质。

2) 防腐、抗氧化 被膜剂中添加防腐剂、抗氧化剂等成分,制成复配型被膜剂,还会有抑制或杀灭微生物、抗氧化等保鲜效果。

3) 上光、防潮 巧克力等产品中使用被膜剂,不仅使产品光洁美观,而且还可防潮、防粘、保持质量稳定。

4) 脱膜 需脱膜的食品加工中使用被膜剂,不仅可保持产品完整的形状、花纹等,还可保证生产的正常进行,提高生产效率。

第五节 脂肪替代物

一、脂肪替代物概念

脂肪替代物是一类可以提供脂肪的一些或者全部功能性质的,产生较少的热量的食品组分,它们作为添加剂加入食品后,性质稳定,无色无味,在不与食品中其他组分发生不良反应的同时还可以表现出脂肪感官特点,代谢过程中不被吸收,产生零热量。

二、脂肪替代物分类

脂肪替代物一般可以分为两类,一类是以大分子脂质,合成脂肪酸酯为主的代脂肪(fat substitute),这类代脂肪由于性质和脂肪相近,所以可以完全取代脂肪;另一类是以其他高分子化合物模拟脂肪性状而合成的脂肪模拟物,由于这类物质在生产合成过程中会网罗一定的水分,因此在高温的条件下容易焦化,不能完全取代脂。脂肪替代物按其组成成分又主要可以分为蛋白质基脂肪替代物、脂肪基脂肪替代物及碳水化合物基脂肪替代物这三大类。

1. 蛋白质基脂肪替代物 蛋白质基脂肪替代物原料的制备方法主要是将大豆蛋白、牛乳蛋白、鸡蛋白、玉米醇溶蛋白等蛋白质原料在湿热条件下经高速剪切作用,成为微小的气溶胶粒子,然后被很小的可变形的粒子包裹。蛋白质基脂肪替代物一般用于酸奶、人造黄油及冷冻点心等乳制品和焙烤食品。

2. 脂肪基脂肪替代物 脂肪基脂肪替代物大多是以脂肪酸为基础的酯化产物,具有类似油脂的性质而不参与能量代谢,所以几乎不产生热量。

(1) *蔗糖脂肪酸聚酯*:目前应用最为纯熟的是Procter&Gamble公司生产的蔗糖脂肪酸聚酯(olestra),它是脂肪酸和蔗糖酯化产物,由蔗糖代替甘油和6个、7个或8个脂肪酸分子酯化而成。蔗糖脂肪酸聚酯具有传统脂肪的亲脂性,可以溶解一定量的胆固醇,再加上蔗糖脂肪酸聚酯的不吸收性,从而降低了对胆固醇的吸收。

(2) *低热三甘油酯*:低热三甘油酯是一种由非吸收性长链脂肪酸和两条短链脂肪酸在一起结合而成的甘油三酯。而其所提供的热量仅是普通甘油三酯的55%,因此它是一个可以被接受的脂肪的替代物。

(3) *共轭亚油酸*:共轭亚油酸(conjugated linoleic acid, CLA)是亚油酸的同分异构体,是一系列在9、11或10、12位碳具有双键的亚油酸的位置和几何异构体,是普遍存在于人和动物体内的营养物质。

(4) *其他脂肪基脂肪替代物*:在食品加工过程中,人们直接将天然或加工后的植物以及海产品脂质作为液态脂质或者固态脂质(包括内部乳化的油类)或者作为微胶囊以及预乳化形式加入原料组分中取代脂肪,起到了很好的效果。

3. 碳水化合物基脂肪替代物 碳水化合物在食品中作为部分或完全脂肪替代物已有多年历史。淀粉为基质的脂肪替代品有很多,如豆薯淀粉、玉米淀粉、豌豆淀粉、葡聚糖、米糠纤维、葡聚糖、燕麦大麦提取物、麦芽糊精、果胶等。

(1) *淀粉基脂肪替代物*:淀粉基脂肪替代物是利用米粉、豆粉或者薯粉等原料经过酶法或者酸法的水解,成为糊精,或者进行氧化或交联处理后,形成低DE值的产物,这种产物具有凝胶状的基质,因而可以网罗水分子,形成交联的网络以模仿脂肪的口感和状态,淀粉基脂肪替代物一般用于乳制品和焙烤食品制备。

(2) 葡聚糖：葡聚糖又称右旋糖酐、多糖，存在于某些微生物在生长过程中分泌的黏液中。近年来，葡聚糖作为脂肪替代物被广泛添加于饼干、馅饼、蛋黄酱等多种食品中，由于其在食品中可形成一种松散网络状小液滴，所以将葡聚糖与甘油单硬脂酸酯或瓜尔胶联合使用可以改进面团的特性。

(3) 纤维素：纤维素型脂肪替代物来源于植物，通过机械研磨（如粉状纤维素）、化学分解和湿法机械崩解（如微结晶纤维素/纤维素胶）和化学衍生（如 CMC、甲基纤维素、羟脯氨酰甲基纤维素）形成，加入产品后，产品的硬度、黏度升高；加入肉制品中后，烹调损失以及肉的乳化能力都有所提高。

(4) 果胶：果胶是一种高分子碳水化合物，在食品中使用可以提高黏度，一般作为脂肪替代物使用的果胶主要有卡拉胶、阿拉伯树胶、瓜尔胶等，主要应用于色拉点心、冰淇淋、牛肉粉、焙烤制品、乳制品、汤汁等中。

4. 其他类型的脂肪替代物 Z-特灵是由美国农业部开发的一种脂肪替代物，属于非消化非溶纤维。它是由主要含纤维的燕麦、大豆、大米、谷物或小麦的壳加工成裂解的小分子纤维，并经纯化、干燥、研磨而成的。Z-特灵可再水化，以胶状形式应用于食品中。Z-特灵可提供纤维素、水分、浓厚感和光滑的口感，主要用于干酪、焙烤制品、小馅饼中。

第六节 其他添加剂

一、螯合剂

螯合剂是能与多价金属离子和碱土金属离子络合后形成可溶性金属络合物的一类食品添加剂。很多天然食品中本身络合各种金属离子，如叶绿素中的镁，各种酶中的铜、铁、锌、镁、铬等，肌红蛋白和血红蛋白的铁等，当它们由于水解或降解而释放出这些金属离子后，就会导致脱色、氧化、酸败、浑浊和改变风味反应。如在这类食品中加入螯合剂以稳定其中的金属离子，就可使它们的性质得到稳定，乙二胺四乙酸二钠是其中最典型的螯合剂。但螯合剂尤其是具有强螯合能力的乙二胺四乙酸及其盐类，具有对钙离子以及其他营养性矿物质的螯合作用，使之失去营养价值，所以不宜过量使用。

二、果蔬脱皮剂

具有溶液表面吸附和溶液内部胶束形成特性的表面活性剂，其在溶液中一是为渗透、润湿和分散、乳化、增溶及提高洗净能力等作用，二是可以增加果皮对碱液的亲合性，起到乳化、分散及增溶果皮蜡质的作用，这利于碱液渗透到表皮内层，使果皮的角质和半纤维素被碱液腐蚀分解，原果胶发生水解而失去其胶凝性，而果肉的薄壁细胞相对耐碱一些，这样果皮与果肉就可以实现分离。

三、鱼类品质改良剂

鱼类在加工过程中用于改善其品质的一种功能性食品添加剂即为鱼类改良剂。鱼类改良剂可减少鱼类、贝类等水产鲜制品加工过程中原汁流失，增加持水性，改善其组织及风味，提高成品率；还可有效防止鱼类冷藏时蛋白质变性，保持嫩度，减少冻融损失。

适用范围：鲜鱼肉、鱼类、扇贝等新鲜水产制品。

使用方法：水产制品清理洗净后，将其浸没于鱼类改良剂浓度约1%的水溶液中约 30～60 min 后即可取出，冷藏于冷库中（注：鱼类改良剂的水溶液可重复多次使用）。

实践探索创新

1. 课外分组进行常见食品营养强化剂使用调查，并撰写调查报告。
2. 阅读部分食品添加剂和营养强化剂扩大使用范围及使用量，并分组讨论控制其使用范围和使用量的意义。

附：部分食品添加剂和营养强化剂扩大使用范围及使用量简介

根据《中华人民共和国食品安全法》和《食品添加剂新品种管理办法》的规定，经审核，现批准苯甲酸及其钠盐等17种食品添加剂和酪蛋白磷酸肽等4种营养强化剂扩大使用范围及使用量，批准食品工业用加工助剂珍珠岩可作为助滤剂用于淀粉糖工艺（卫生部公告2012年第1号）。

参考文献

陈坚，刘龙，堵国成. 2012. 中国酶制剂产业的现状与未来展望[J]. 食品与生物技术学报，31(1)：1-7.

陈曦，潘晓琪，王高杰，等. 2011. 核桃仁种皮的护色研究[J]. 食品科学，32(22)：81-84.

程欣乔. 2012. 消除食品添加剂恐慌——访中国工程院院士孙宝国教授[J]. 食品指南，(5)：18-21.

GB 2760—2011 食品添加剂使用标准查询系统[EB/OL]. http://db.foodmate.net/2760—2011/.

高晓平，赵改名，李家乐，等. 2010. 壳聚糖复合膜对冷却肉保水性的影响[J]. 河南农业大学学报，44(3)：326-329.

高彦祥. 2011. 食品添加剂[M]. 北京：中国轻工业出版社.

关于发布《食品营养强化剂使用标准》(GB 14880—2012)和《复配食品添加剂通则》(GB 26687—2011)第1号修改单的公告[J]. 2012. 中国食品添加剂，(2)：219-246.

郝利平，等. 2009. 食品添加剂[M]. 2版. 北京：中国农业大学出版社.

贺蕾，王华丽，张俭波. 2012. 国内外胶姆糖基础剂及其配料管理的比较研究[J]. 中国食品卫生杂志，24(5)：484-489.

黄志蕙. 2012. 调味品市场现状、格局及发展潜力[J]. 中国调味品，37(8)：19-22.

江建军. 2010. 食品添加剂应用技术[M]. 北京：科学出版社.

靳长敏. 2012. 正确认识食品添加剂[J]. 河北企业，(4)：93-94.

鞠国泉，米思. 2010. 无铝复合膨松剂在油条制作中的应用研究[J]. 中国粮油学，25(7)：110-112.

李宏梁. 2012. 食品添加剂安全与应用. 北京：化学工业出版社.

李苗云，张秋会，柳艳霞，等. 2008. 不同磷酸盐对肉品保水性的影响[J]. 河南农业大学学报，42(4)：439-442.

刘香英，康立宁，田志刚，等. 2011. 不同凝固剂对豆腐风味的影响[J]，大豆科学，30(6)：993-996.

聂燕华，杨君. 2012. 花生渣杂粮威化饼干的研制[J]. 现代食品科技，28(5)：538-540.

强亮生. 2010. 食品添加剂与功能性食品[M]. 北京：化学工业出版社.

曲东杰. 2012. 没有食品添加剂就没有现代食品工业——中国食品添加剂和配料协会副秘书长孙瑾女士[J]. 中国食品工业，(2)：20-21.

孙宝国. 2013. 食品添加剂[M]. 2版. 北京：化学工业出版社.

孙沛然，易翠平. 2011. 脂肪替代物研究进展[J]. 中国食品添加剂，(2)：167-171.

孙平. 2009. 食品添加剂[M]. 北京：中国轻工业出版社.

唐劲松. 2012. 食品添加剂应用与检测技术[M]. 北京：中国轻工业出版社.

王修俊，刘颖，邱树毅，等. 2008. 复合磷酸盐食品添加剂对鲜切青苹果保鲜效果的研究[J]. 食品工业科技，29(8)：258-260.

许牡丹，杨雯，杨艳艳. 2011. 枣粉抗结块实验研究[J]. 食品研究与开发，32(12)：78-81.

俞瑜. 2012. 食品添加剂——天使还是魔鬼[J]. 科学24小时，(3)：12-13.

袁丽，高瑞昌，薛长湖，等. 2011. 褐藻酸钠裂解物对冷冻南美白对虾品质的影响[J]. 渔业科学进展，32(6)：121-127.

张永明. 2008. 复合食品添加剂对鸡胸肉保水性的影响[J]. 肉类研究，118(12)：29-31.

中华人民共和国卫生部. 食品安全国家标准　食品添加剂使用标准. GB 2760—2011.

Gonçalves A A, Ribeiro J L D. 2009. Effects of phosphate treatment on quality of red shrimp (*Pleoticus muelleri*) processed with cryomechanical freezing. Food Science and Technology, 42(8): 1435-1438.

Julavittayanukul D, Benjakul S, Visessanguan W. 2006. Effect of phosphate compounds on gel-forming ability of surimi from bigeye snapper (*Priacanthus tayenus*). Food Hydrocolloids, 20(8): 1153-1163.

Masniyom P, Benjakul S, Visessanguan W. 2005. Combination effect of phosphate and modified atmosphere on quality and shelf-life extension of refrigerated seabass slices. Food Science and Technology, 38(7): 745-756.

Munro I C, Shubik P, Hall R. 1998. Principles for the safety evaluation of flavouring substances. Food and Chemical Toxicology, 36(6): 529-540.

Unal S B, Erdogdu F, Ekiz H I. 2006. Effect of temperature on phosphate diffusion in meats. Journal of Food Engineering, 76, (2): 119-127.

附　录

附录1　食品中可能违法添加的非食用物质

序号	名　称	可能添加的食品品种	检　测　方　法
1	吊白块	腐竹、粉丝、面粉、竹笋	GB/T 21126—2007《小麦粉与大米粉及其制品中甲醛次硫酸氢钠含量的测定》;卫生部《关于印发面粉、油脂中过氧化苯甲酰测定等检验方法的通知》(卫监发〔2001〕159号)附件2食品中甲醛次硫酸氢钠的测定方法
2	苏丹红	辣椒粉、含辣椒类的食品(辣椒酱、辣味调味品)	GB/T 19681—2005《食品中苏丹红染料的检测方法　高效液相色谱法》
3	王金黄、块黄	腐皮	超高效液相色谱——串联质谱法
4	蛋白精、三聚氰胺	乳及乳制品	GB/T 22388—2008《原料乳与乳制品中三聚氰胺检测方法》 GB/T 22400—2008《原料乳中三聚氰胺快速检测　液相色谱法》
5	硼酸与硼砂	腐竹、肉丸、凉粉、凉皮、面条、饺子皮	无
6	硫氰酸钠	乳及乳制品	无
7	玫瑰红B	调味品	无
8	美术绿	茶叶	无
9	碱性嫩黄	豆制品	超高效液相色谱——串联质谱法
10	工业用甲醛	海参、鱿鱼等干水产品、血豆腐	SC/T 3025—2006《水产品中甲醛的测定》
11	工业用火碱	海参、鱿鱼等干水产品、生鲜乳	无
12	一氧化碳	金枪鱼、三文鱼	无
13	硫化钠	味精	无
14	工业硫磺	白砂糖、辣椒、蜜饯、银耳、龙眼、胡萝卜、姜等	无
15	工业染料	小米、玉米粉、熟肉制品等	无
16	罂粟壳	火锅底料及小吃类	参照上海市食品药品检验所自建方法
17	革皮水解物	乳与乳制品 含乳饮料	乳与乳制品中动物水解蛋白鉴定——*L*(－)-羟脯氨酸含量测定(检测方法由中国检验检疫科学院食品安全所提供,该方法仅适应于生鲜乳、纯牛奶、奶粉)
18	溴酸钾	小麦粉	GB/T 20188—2006《小麦粉中溴酸盐的测定　离子色谱法》
19	β-内酰胺酶(金玉兰酶制剂)	乳与乳制品	液相色谱法(检测方法由中国检验检疫科学院食品安全所提供。联系方式:Wkzhong@21cn.com)
20	富马酸二甲酯	糕点	气相色谱法(检测方法由中国疾病预防控制中心营养与食品安全所提供)
21	废弃食用油脂	食用油脂	无
22	工业用矿物油	陈化大米	无
23	工业明胶	冰淇淋、肉皮冻等	无
24	工业乙醇	勾兑假酒	无
25	敌敌畏	火腿、鱼干、咸鱼等制品	GB/T 5009.20—2003《食品中有机磷农药残留的测定》
26	毛发水	酱油等	无
27	工业用乙酸	勾兑食醋	GB/T 5009.41—2003《食醋卫生标准的分析方法》

续　表

序号	名　称	可能添加的食品品种	检　测　方　法
28	肾上腺素受体激动剂类药物，即瘦肉精(盐酸克伦特罗，莱克多巴胺等)	猪肉、牛羊肉及肝脏等	GB/T 22286—2008《动物源性食品中多种β-受体激动剂残留量的测定 液相色谱串联质谱法》
29	硝基呋喃类药物	猪肉、禽肉、动物性水产品	GB/T 21311—2007《动物源性食品中硝基呋喃类药物代谢物残留量检测方法 高效液相色谱-串联质谱法》
30	玉米赤霉醇	牛羊肉及肝脏、牛奶	GB/T 21982—2008《动物源食品中玉米赤霉醇、β-玉米赤霉醇、α-玉米赤霉烯醇、β-玉米赤霉烯醇、玉米赤霉酮和赤霉烯酮残留量检测方法 液相色谱-质谱/质谱法》
31	抗生素残渣	猪肉	无，需要研制动物性食品中测定万古霉素的液相色谱-串联质谱法
32	镇静剂	猪肉	参考 GB/T 20763—2006 猪肾和肌肉组织中乙酰丙嗪、氯丙嗪、氟哌啶醇、丙酰二甲氨基丙吩噻嗪、甲苯噻嗪、阿扎哌垄阿扎哌醇、咔唑心安残留量的测定，液相色谱-串联质谱法
33	荧光增白物质	双孢蘑菇、金针菇、白灵菇、面粉	蘑菇样品可通过照射进行定性检测面粉样品无检测方法
34	工业氯化镁	木耳	无
35	磷化铝	木耳	无
36	馅料原料漂白剂	焙烤食品	无，需要研制馅料原料中二氧化硫脲的测定方法
37	酸性橙Ⅱ	黄鱼、鲍汁、腌卤肉制品、红壳瓜子、辣椒面和豆瓣酱	无，需要研制食品中酸性橙Ⅱ的测定方法。参照江苏省疾控创建的鲍汁中酸性橙Ⅱ的高效液相色谱-串联质谱法(说明：水洗方法可作为补充，如果褪色，可怀疑是违法添加了着色剂)
38	氯霉素	生食水产品、肉制品、猪肠衣、蜂蜜	GB/T 22338—2008《动物源性食品中氯霉素类药物残留量测定》
39	喹诺酮类	麻辣烫类食品	无，需要研制麻辣烫类食品中喹诺酮类抗生素的测定方法
40	水玻璃	面制品	无
41	孔雀石绿	鱼类	GB 20361—2006《水产品中孔雀石绿和结晶紫残留量的测定 高效液相色谱荧光检测法》(建议研制水产品中孔雀石绿和结晶紫残留量测定的液相色谱-串联质谱法)
42	乌洛托品	腐竹、米线等	无，需要研制食品中六亚甲基四胺的测定方法
43	五氯酚钠	河蟹	SC/T 3030—2006《水产品中五氯苯酚及其钠盐残留量的测定 气相色谱法》
44	喹乙醇	水产养殖饲料	《水产品中喹乙醇代谢物残留量的测定 高效液相色谱法》(农业部1077号公告-5-2008)；《水产品中喹乙醇残留量的测定 液相色谱法》(SC/T 3019—2004)
45	碱性黄	大黄鱼	无
46	磺胺二甲嘧啶	叉烧肉类	GB 20759—2006《畜禽肉中十六种磺胺类药物残留量的测定 液相色谱-串联质谱法》
47	敌百虫	腌制食品	GB/T 5009.20—2003《食品中有机磷农药残留量的测定》
48	邻苯二甲酸酯类	乳化剂类食品添加剂、使用乳化剂的其他类食品添加剂或食品等	GB/T 21911《食品中邻苯二甲酸酯的测定》

附录2　食品中易滥用的食品添加剂品种

序号	食品品种	可能易滥用的添加剂品种	检测方法
1	渍菜（泡菜等）、葡萄酒	着色剂（胭脂红、柠檬黄、诱惑红、日落黄）等	GB/T 5009.35—2003《食品中合成着色剂的测定》 GB/T 5009.141—2003《食品中诱惑红的测定》
2	水果冻、蛋白冻类	着色剂、防腐剂、酸度调节剂（己二酸等）	GB/T 5009.35—2003《食品中合成着色剂的测定》
3	腌菜	着色剂、防腐剂、甜味剂（糖精钠、甜蜜素等）	GB/T 5009.29—2003《食品中山梨酸、苯甲酸的测定》
4	面点、月饼	乳化剂（蔗糖脂肪酸酯等、乙酰化单甘脂肪酸酯等）、防腐剂、着色剂、甜味剂	GB/T 5009.28—2003《食品中糖精钠的测定》
5	面条、饺子皮	面粉处理剂	高效液相色谱法 GB/T 22325—2008
6	糕点	膨松剂（硫酸铝钾、硫酸铝铵等）、水分保持剂磷酸盐类（磷酸钙、焦磷酸二氢二钠等）、增稠剂（黄原胶、黄蜀葵胶等）、甜味剂（糖精钠、甜蜜素等）	GB/T 5009.182—2003《面制食品中铝的测定》
7	馒头	漂白剂（硫磺）	GB/T 5009.34—2003《食品中亚硫酸盐的测定》
8	油条	膨松剂（硫酸铝钾、硫酸铝铵）	GB/T 5009.141—2003《食品中膨松剂的测定》
9	肉制品和卤制熟食、腌肉料和嫩肉粉类产品	护色剂（硝酸盐、亚硝酸盐）	GB/T 5009.33—2003《食品中亚硝酸盐、硝酸盐的测定》
10	小麦粉	二氧化钛、硫酸铝钾	GB/T 5009.76—2003《食品中二氧化钛的测定》
11	小麦粉	滑石粉	GB 21913—2008《食品中滑石粉的测定》
12	臭豆腐	硫酸亚铁	GB/T 5009.90—2003《食品中铁、镁、锰的测定》
13	乳制品（干酪除外）	山梨酸	GB/T 21703—2008《乳与乳制品中苯甲酸和山梨酸的测定方法》
14	乳制品（干酪除外）	纳他霉素	GB/T 21915—2008《食品中纳他霉素的测定方法》
15	蔬菜干制品	硫酸铜	无
16	酒类（配制酒除外）	甜蜜素	GB/T 5009.97—2003《食品中甜蜜素的测定》
17	酒类	安赛蜜	GB/T 5009.97—2003《食品中甜蜜素的测定》
18	面制品和膨化食品	硫酸铝钾、硫酸铝铵	GB/T 5009.182—2003《面制食品中铝的测定》
19	鲜瘦肉	胭脂红	GB/T 5009.35—2003《食品中合成着色剂的测定》
20	大黄鱼、小黄鱼	柠檬黄	GB/T 5009.35—2003《食品中合成着色剂的测定》
21	陈粮、米粉等	焦亚硫酸钠	GB/T 5009.34—2003《食品中亚硫酸盐的测定》
22	烤鱼片、冷冻虾、烤虾、鱼干、鱿鱼丝、蟹肉、鱼糜等	亚硫酸钠	GB/T 5009.34—2003《食品中亚硫酸盐的测定》

注：滥用食品添加剂的行为包括超量使用或超范围使用食品添加剂的行为。

附录3　可在各类食品中按生产需要适量使用的食品添加剂名单

序号	添加剂名称	CNS 号	英文名称	INS 号	功能
1	5′-呈味核苷酸二钠	12.004	disodium 5′-ribonucleotide	635	增味剂
2	5′-肌苷酸二钠	12.003	disodium 5′-inosinate	631	增味剂
3	5′-鸟苷酸二钠	12.002	disodium 5′-guanylate	627	增味剂
4	*D*-异抗坏血酸及其钠盐	04.004, 04.018	d-isoascorbic acid (erythorbic acid), sodium d-isoascorbate	315,316	抗氧化剂
5	L(+)-酒石酸	01.111	L(+)-tartaric acid	334	酸度调节剂
6	*N*-[*N*-(3,3-二甲基丁基)]-L-α-天门冬氨-L-苯丙氨酸1-甲酯(纽甜)	19.019	neotame	961	甜味剂
7	β-胡萝卜素	08.010	β-carotene	160a	着色剂
8	β-环状糊精	20.024	β-cyclodextrin	459	增稠剂
9	阿拉伯胶	20.008	arabic gum	414	增稠剂
10	半乳甘露聚糖	00.014	galactomannan	—	其他
11	冰乙酸(低压羰基化法)	01.112		—	酸度调节剂
12	赤藓糖醇[a]	19.018	erythritol	—	甜味剂
13	乙酸酯淀粉	20.039	starch acetate	1420	增稠剂
14	单,双甘油脂肪酸酯(油酸、亚油酸、亚麻酸、棕榈酸、山嵛酸、硬脂酸、月桂酸)	10.006	mono- and diglycerides of fatty acids	471	乳化剂
15	改性大豆磷脂	10.019	modified soybean phospholipid	—	乳化剂
16	柑橘黄	08.143	orange yellow	—	着色剂
17	甘油	15.014	glycerine	422	水分保持剂、乳化剂
18	高粱红	08.115	sorghum red	—	着色剂
19	谷氨酸钠	12.001	monosodium glutamate	621	增味剂
20	瓜尔胶	20.025	guar gum	412	增稠剂
21	果胶	20.006	pectin	440	增稠剂
22	海藻酸钾	20.005	potassium alginate	402	增稠剂
23	海藻酸钠	20.004	sodium alginate	401	增稠剂
24	槐豆胶(刺槐豆胶)	20.023	carob bean gum	410	增稠剂
25	黄原胶(汉生胶)	20.009	xanthan gum	415	增稠剂
26	甲基纤维素	20.043	methyl cellulose	461	增稠剂
27	结冷胶	20.027	gellan gum	418	增稠剂
28	酒石酸	01.103	tartaric acid	334	酸度调节剂
29	聚丙烯酸钠	20.036	sodium polyacrylate	—	增稠剂
30	卡拉胶	20.007	carrageenan	407	增稠剂
31	抗坏血酸(又称维生素C)	04.014	ascorbic acid	300	抗氧化剂
32	抗坏血酸钠	—	sodium ascorbate	301	抗氧化剂
33	抗坏血酸钙	04.009	calcium ascorbate	302	抗氧化剂
34	酪蛋白酸钠(酪朊酸钠)	10.002	sodium caseinate	—	乳化剂
35	磷酸酯双淀粉	20.034	distarch phosphate	1412	增稠剂
36	磷脂	04.010	phospholipid	322	抗氧化剂、乳化剂
37	氯化钾	00.008	potassium chloride	508	其他
38	罗汉果甜苷	19.015	lo-han-kuo extract	—	甜味剂
39	酶解大豆磷脂	10.040	enzymatically decomposed soybean phospholipid	—	乳化剂
40	明胶	20.002	gelatin	—	增稠剂
41	木糖醇	19.007	xylitol	967	甜味剂
42	柠檬酸	01.101	citric acid	330	酸度调节剂
43	柠檬酸钾	01.304	tripotassium citrate	332ii	酸度调节剂
44	柠檬酸钠	01.303	trisodium citrate	331iii	酸度调节剂、稳定剂

续 表

序号	添加剂名称	CNS 号	英文名称	INS 号	功能
45	柠檬酸一钠	01.306	sodium dihydrogen citrate	331i	酸度调节剂
46	柠檬酸脂肪酸甘油酯	10.032	citric and fatty acid esters of glycerol	472c	乳化剂
47	苹果酸	01.104	malic acid	296	酸度调节剂
48	葡萄糖酸-δ-内酯	18.007	glucono delta-lactone	575	稳定和凝固剂
49	羟丙基淀粉	20.014	hydroxypropyl starch	1440	增稠剂、膨松剂、乳化剂、稳定剂
50	羟丙基二淀粉磷酸酯	20.016	hydroxy propyl distarch phosphate	1442	增稠剂
51	羟丙基甲基纤维素(HPMC)	20.028	hydroxy propyl methyl cellulose	464	增稠剂
52	琼脂	20.001	agar	406	增稠剂
53	乳酸	01.102	lactic acid	270	酸度调节剂
54	乳酸钾	15.011	potassium lactate	326	水分保持剂
55	乳酸钠	15.012	sodium lactate	325	水分保持剂、酸度调节剂、抗氧化剂、膨松剂、增稠剂、稳定剂
56	乳酸脂肪酸甘油酯	10.031	lactic and fatty acid esters of glycerol	472b	乳化剂
57	乳糖醇(4-O-β-D吡喃半乳糖-D-山梨糖醇)	19.014	lactitol	966	甜味剂
58	双乙酰酒石酸单双甘油酯	10.010	diacetyl tartaric acid ester of mono(di)glycerides	472e	乳化剂
59	酸处理淀粉	20.032	acid treated starch	1401	增稠剂
60	羧甲基纤维素钠	20.003	sodium carboxy methyl cellulose	466	增稠剂
61	碳酸钙(包括轻质和重质碳酸钙)	13.006	calcium carbonate (light and heavy)	170i	膨松剂、面粉处理剂
62	碳酸钾	01.301	potassium carbonate	501i	酸度调节剂
63	碳酸钠	01.302	sodium carbonate	500i	酸度调节剂
64	碳酸氢铵	06.002	ammonium hydrogen carbonate	503ii	膨松剂
65	碳酸氢钾	01.307	potassium hydrogen carbonate	501ii	酸度调节剂
66	碳酸氢钠	06.001	sodium hydrogen carbonate	500ii	膨松剂、酸度调节剂、稳定剂
67	天门冬酰苯丙氨酸甲酯(阿斯巴甜)[b]	19.004	aspartame	951	甜味剂
68	天然胡萝卜素	08.147	natural carotene	—	着色剂
69	甜菜红	08.101	beet red	162	着色剂
70	微晶纤维素	02.005	microcrystalline cellulose	460i	抗结剂、增稠剂、稳定剂
71	辛烯基琥珀酸淀粉钠	10.030	sodium starch octenyl succinate	1450	乳化剂
72	氧化淀粉	20.030	oxidized starch	1404	增稠剂
73	氧化羟丙基淀粉	20.033	oxidized hydroxypropyl starch	—	增稠剂
74	乙酸(醋酸)	01.107	acetic acid	260	酸度调节剂
75	乙酰化单、双甘油脂肪酸酯	10.027	acetylated mono- and diglyceride (acetic and fatty acid esters of glycerol)	472a	乳化剂
76	乙酰化二淀粉磷酸酯	20.015	acetylated distarch phosphate	1414	增稠剂
77	乙酰化双淀粉己二酸酯	20.031	acetylated distarch adipate	1422	增稠剂

a 生产菌株分别为 *Moniliella pollinis*，*Trichosporonides megachiliensis* 和解脂假丝酵母菌 *Candida lipolytica*。
b 添加阿斯巴甜之食品应标明："阿斯巴甜(含苯丙氨酸)"。

附录4　不得添加食用香料、香精的食品名单

食品分类号	食品名称
01.01.01	巴氏杀菌乳
01.01.02	灭菌乳
01.02.01	发酵乳
01.05.01	稀奶油
02.01.01	植物油脂
02.01.02	动物油脂(猪油、牛油、鱼油和其他动物脂肪)
02.01.03	无水黄油、无水乳脂
04.01.01	新鲜水果
04.02.01	新鲜蔬菜
04.02.02.01	冷冻蔬菜
04.03.01	新鲜食用菌和藻类
04.03.02.01	冷冻食用菌和藻类
06.01	原粮
06.02.01	大米
06.03.01	小麦粉
06.04.01	杂粮粉
06.05.01	食用淀粉
08.01	生肉、鲜肉
09.01	鲜水产
10.01	鲜蛋
11.01	食糖
11.03.01	蜂蜜
12.01	盐及代盐制品
13.01	婴幼儿配方食品[a]
14.01.01	饮用天然矿泉水
14.01.02	饮用纯净水
14.01.03	其他饮用水

a 较大婴儿和幼儿配方食品中可以使用香兰素、乙基香兰素和香荚兰豆浸膏，最大使用量分别为5mg/100mL、5mg/100mL和按照生产需要适量使用，其中100mL以即食食品计，生产企业应按照冲调比例折算成配方食品中的使用量；婴幼儿谷类辅助食品中可以使用香兰素，最大使用量为7mg/100g，其中100g以即食食品计，生产企业应按照冲调比例折算成谷类食品中的使用量；凡使用范围涵盖0～6个月婴幼儿配方食品不得添加任何食用香料。

附录5 本课程相关网络资源

食品添加剂网：http://www. foodadd. net. cn/

食品伙伴网：http://www. foodmate. net/

食品添加剂应用网：http://www. cnfoodadd. com/

中国食品安全网：http://foodsafety. ce. cn/

国家食品质量安全网：http://www. nfqs. com. cn/index. asp